国家林业和草原局普通高等教育"十三五"规划教材

中国消防救援学院规划教材

林火原理与应用

齐方忠　殷继艳　主

中国林业出版社

内 容 简 介

本书从林业院校实际需求出发，在同类教材的基础上，对林火原理理论知识部分进行了优化整合，并补充近几年国内外林火方面研究的最新成果，同时加入了大量真实、经典的扑火案例进行解读、分析，将林火理论知识点教学融入到相关扑火案例中去，提高学生的学习能动性和理论联系实际的能力，充分发挥教材的示范功能。全书共7章，主要包括森林防火概述、森林燃烧基本规律、森林可燃物的燃烧性、火源与火源管理、森林燃烧的火环境、林火原理的应用以及案例分析。本书在编写过程中以森林燃烧学和森林生态学的基础理论为主线，注重理论和实践的相互结合，结构合理、系统完善。选取内容广度和深度适中，既考虑到教学适用性和实践教学需求，同时考虑到学科前沿的前瞻性，加入大量真实事件和案例，增强教学内容的可操作性。本书可作为森林防火、消防指挥、林学、森林保护及相关专业的本科生教材，同时可供其他相关专业学生参考，也可为从事森林防灭火教学、科研、管理和生产实践的工作者提供参考。

图书在版编目(CIP)数据

林火原理与应用／齐方忠，殷继艳主编. —北京：中国林业出版社，2020. 10(2025.1重印)
国家林业和草原局普通高等教育"十三五"规划教材
中国消防救援学院规划教材
ISBN 978-7-5219-0768-1

Ⅰ.①林… Ⅱ.①齐… ②殷… Ⅲ.①森林火 – 高等学校 – 教材 Ⅳ.①S762

中国版本图书馆 CIP 数据核字(2020)第 166166 号

中国林业出版社·教育分社

策划、责任编辑：曹鑫茹 高红岩　　　　　　　　责任校对：苏 梅
电　　话：(010)83143560　　　　　　　　　　传　　真：(010)83143516

出版发行　中国林业出版社(100009　北京市西城区德内大街刘海胡同7号)
　　　　　E-mail：jiaocaipublic@163. com　电话：(010)83143500
　　　　　http：∥www. forestry. gov. cn/lycb. html
经　销：新华书店
印　刷：北京中科印刷有限公司
版　次：2020 年 10 月第 1 版
印　次：2025 年 1 月第 4 次印刷
开　本：787mm×1092mm　1/16
印　张：12.75
字　数：300 千字
定　价：38.00 元

《林火原理与应用》编写人员

主　　编：齐方忠　殷继艳

副 主 编：王秋华　郭亚娇

编写人员：（按姓氏笔画排序）

王希才（中国消防救援学院）

王秋华（西南林业大学）

龙腾腾（西南林业大学）

刘凌波（应急管理部北方航空护林总站）

齐方忠（中国消防救援学院）

李伟克（中国消防救援学院）

李　勇（中国消防救援学院）

周　政（应急管理部北方航空护林总站）

殷继艳（中国消防救援学院）

郭亚娇（中国消防救援学院）

阚振国（中国消防救援学院）

前　言

中国消防救援学院主要承担国家综合性消防救援队伍的人才培养、专业培训和科研等任务，对于加快构建消防救援高等教育体系、培养造就高素质消防救援专业人才、推动新时代应急管理事业改革发展，具有重大而深远的意义。学院秉承"政治引领、内涵发展、特色办学、质量立院"的办学理念，贯彻"对党忠诚、纪律严明、赴汤蹈火、竭诚为民"总要求，坚持立德树人，坚持社会主义办学方向，努力培养政治过硬、本领高强，具有世界一流水准的消防救援人才。

教材作为体现教学内容和教学方法的知识载体，是组织运行教学活动的工具保障，是深化教学改革、提高人才培养质量的基础保证，也是院校教学、科研水平的重要反映。学院高度重视教材建设，紧紧围绕人才培养方案，按照"选编结合"原则，重点编写专业特色课程和新开课程教材，有计划、有步骤地建设了一套具有学院专业特色的自编教材。

本套教材以马克思列宁主义、毛泽东思想、邓小平理论、"三个代表"重要思想、科学发展观和习近平新时代中国特色社会主义思想为指导，以培养消防救援专门人才为目标，按照专业人才培养方案和课程教学大纲要求，在认真总结实践经验，充分吸纳各学科和相关领域最新理论成果的基础上编写而成。教材在内容上主要突出消防救援理论的基础性和消防救援工作的实践性，并注重体现内容的科学性、系统性、适用性和相对稳定性。

《林火原理与应用》由中国消防救援学院齐方忠、殷继艳任主编，王秋华、郭亚娇任副主编。参加编写的人员及分工：齐方忠、李伟克、刘凌波（第1章）；郭亚娇、殷继艳（第2、5章）；王秋华（第3章）；龙腾腾（第4章）；李勇、阚振国（第6章）；齐方忠、殷继艳、王希才、周政（第7章）。

在教材编写过程中，得到了应急管理部、兄弟院校、相关科研院所的大力支持和帮助，谨在此深表谢意。

由于编者水平所限，教材中缺点与不足在所难免，恳请读者批评指正，以便再版时修改完善。

中国消防救援学院教材建设委员会

2020 年 9 月

目　录

前　言

第1章　森林防火概述 ·· (1)

　1.1　世界森林防火概况 ·· (1)

　　1.1.1　人类认识林火的几个阶段 ···························· (1)

　　1.1.2　世界森林火灾发生概况 ······························ (3)

　　1.1.3　世界主要森林防火模式 ······························ (6)

　　1.1.4　世界林火管理存在的问题 ···························· (9)

　1.2　我国森林防火概况 ·· (10)

　　1.2.1　我国森林火灾发生概况 ······························ (10)

　　1.2.2　我国森林火灾管理概况 ······························ (14)

　　1.2.3　我国林火管理面临的形势 ···························· (15)

　　1.2.4　我国林火管理存在的问题 ···························· (16)

　1.3　我国森林防火体系建设 ······································ (18)

　　1.3.1　组织指挥体系 ·· (18)

　　1.3.2　法规制度体系 ·· (18)

　　1.3.3　火源管理体系 ·· (19)

　　1.3.4　科技应用体系 ·· (19)

　　1.3.5　救援队伍体系 ·· (19)

　　1.3.6　应急保障体系 ·· (19)

　1.4　森林防火工作发展趋势 ······································ (20)

　　1.4.1　科学研究日趋深化 ···································· (20)

　　1.4.2　防火投资不断增加 ···································· (22)

　　1.4.3　国际合作日益扩大 ···································· (22)

　　1.4.4　高新技术广泛应用 ···································· (23)

第2章　森林燃烧基本规律 ······································ (25)

　2.1　森林燃烧发生规律 ·· (25)

　　2.1.1　森林燃烧的概念和特点 ······························ (25)

　　2.1.2　森林燃烧的条件 ······································ (27)

　　　2.1.3　森林燃烧的过程 ……………………………………………… (30)

　　　2.1.4　森林燃烧环 ………………………………………………………… (32)

　2.2　森林燃烧火行为规律 ………………………………………………… (34)

　　　2.2.1　着火难易程度与能量释放 ………………………………… (35)

　　　2.2.2　林火蔓延 ………………………………………………………… (36)

　　　2.2.3　林火强度 ………………………………………………………… (42)

　　　2.2.4　火烧持续时间及火烈度 ………………………………… (43)

　　　2.2.5　林火种类 ………………………………………………………… (44)

　　　2.2.6　不同能量林火行为 …………………………………………… (47)

　2.3　森林燃烧中的能量传递方式 ……………………………………… (51)

　　　2.3.1　森林燃烧中的热传导 ………………………………………… (51)

　　　2.3.2　森林燃烧中的热辐射 ………………………………………… (52)

　　　2.3.3　森林燃烧中的热对流 ………………………………………… (52)

第3章　森林可燃物的燃烧性 ……………………………………………… (55)

　3.1　森林可燃物 …………………………………………………………… (55)

　　　3.1.1　森林可燃物的概念 …………………………………………… (55)

　　　3.1.2　森林可燃物的形成 …………………………………………… (56)

　3.2　森林可燃物燃烧性质 ………………………………………………… (57)

　　　3.2.1　森林可燃物的物理性质对燃烧性的影响 ……………… (57)

　　　3.2.2　森林可燃物的化学性质对燃烧性的影响 ……………… (61)

　3.3　森林可燃物的划分 …………………………………………………… (62)

　　　3.3.1　森林可燃物分类 ……………………………………………… (62)

　　　3.3.2　森林可燃物类型 ……………………………………………… (64)

　3.4　森林的林学特性对森林燃烧的影响 ……………………………… (70)

　　　3.4.1　森林组成对森林燃烧的影响 ……………………………… (71)

　　　3.4.2　郁闭度对森林燃烧的影响 ………………………………… (71)

　　　3.4.3　森林年龄对森林燃烧的影响 ……………………………… (72)

　　　3.4.4　森林层次对森林燃烧的影响 ……………………………… (72)

第4章　火源与火源管理 …………………………………………………… (74)

　4.1　森林火源的种类 ……………………………………………………… (74)

　　　4.1.1　自然火源 ………………………………………………………… (74)

　　　4.1.2　人为火源 ………………………………………………………… (75)

　4.2　火源的分布变化规律 ………………………………………………… (76)

　　　4.2.1　火源的分布规律 ……………………………………………… (76)

　　　4.2.2　火源的变化规律 ……………………………………………… (85)

　4.3　森林燃烧的火源管理 ………………………………………………… (86)

　　　4.3.1　利用行政手段管理火源 ……………………………………… (86)
　　　4.3.2　依法管理火源 ……………………………………………………… (88)
　　　4.3.3　采取技术措施管理火源 …………………………………………… (89)

第5章　森林燃烧的火环境 ……………………………………………………… (93)
　5.1　林火与气象 ………………………………………………………………… (93)
　　　5.1.1　气象要素 …………………………………………………………… (93)
　　　5.1.2　天气系统 …………………………………………………………… (97)
　　　5.1.3　气候 ………………………………………………………………… (100)
　　　5.1.4　灾害性天气对森林燃烧的影响 …………………………………… (102)
　5.2　地形与森林燃烧 …………………………………………………………… (103)
　　　5.2.1　地形因子对森林燃烧的影响 ……………………………………… (103)
　　　5.2.2　山地林火分析 ……………………………………………………… (105)
　5.3　危险火环境 ………………………………………………………………… (109)
　　　5.3.1　危险地形因素 ……………………………………………………… (110)
　　　5.3.2　危险气象因素 ……………………………………………………… (110)
　　　5.3.3　危险可燃物 ………………………………………………………… (111)
　　　5.3.4　几种典型的危险火环境 …………………………………………… (111)

第6章　林火原理的应用 ………………………………………………………… (114)
　6.1　在林火预防中的应用 ……………………………………………………… (114)
　　　6.1.1　林火预防的原理 …………………………………………………… (114)
　　　6.1.2　生物防火 …………………………………………………………… (120)
　　　6.1.3　计划烧除 …………………………………………………………… (125)
　6.2　在林火扑救中的应用 ……………………………………………………… (127)
　　　6.2.1　林火扑救的原理 …………………………………………………… (127)
　　　6.2.2　林火原理在灭火基本方法中的应用 ……………………………… (128)
　　　6.2.3　不同林火种类的扑救方法 ………………………………………… (132)
　6.3　农业生产中安全用火的应用 ……………………………………………… (135)
　　　6.3.1　农业生产用火概述 ………………………………………………… (135)
　　　6.3.2　大面积烧荒、烧垦与防火安全 …………………………………… (137)
　　　6.3.3　火烧秸秆和茬子与防火安全 ……………………………………… (138)

第7章　案例分析 ………………………………………………………………… (141)
　案例一　河北省保定市顺平县"3·23"森林火灾 ……………………………… (141)
　案例二　河北省承德市滦平县"3·24"森林火灾 ……………………………… (143)
　案例三　山西省忻州市五台县"3·29"森林火灾 ……………………………… (145)
　案例四　黑龙江省黑河市"5·21"森林火灾 …………………………………… (148)
　案例五　黑龙江省沾河林业局"4·27"草甸森林火灾 ………………………… (151)

案例六　云南省大理州剑川县"3·2"森林火灾 ················ (158)

案例七　广西大明山国家级自然保护区"11·5"森林火灾 ··········· (164)

案例八　黑龙江省伊春市乌伊岭林业局移山林场 746 林班"4·18"森林火灾
　　　　 ·· (170)

案例九　湖南省岳阳市临湘市"3·19"森林火灾 ················ (175)

案例十　内蒙古大兴安岭北部原始林区"4·30"俄罗斯入境森林火灾 ········ (180)

参考文献 ·· (189)

第 1 章　森林防火概述

学习目标：了解森林防火工作的意义、作用、地位、历史和现状，了解国内外林火发生规律和特点，熟悉我国森林防火工作现状。

森林是陆地生态系统的主体，影响着全球的生态环境。根据联合国粮农组织(Food and Agriculture Organization of The United Nations，FAO)发布的《2018 年世界森林状况——通向可持续发展的森林之路》研究报告显示，1990 年全球森林面积为 41.28 亿 hm²，占全球陆地面积 31.6%；2015 年全球森林面积为 39.99 亿 hm²，占全球陆地面积 30.6%，全球森林资源总体呈现下降趋势。在危害森林资源的诸因素中，火灾危害极为严重，目前世界年均发生火灾 22 万次以上，烧毁森林面积超过 640 万 hm²，占世界覆被率的 0.23% 以上。特别是 20 世纪 80 年代以来，全球气候变暖，森林火灾发生有上升的趋势，严重的森林火灾对全球的环境和经济产生深刻的影响。

1.1　世界森林防火概况

森林火灾是指失去人为控制，在森林中自由蔓延和扩展，达到一定面积，并且对森林生态系统造成一定危害和损失的林地起火。森林火灾是一种突发性强、破坏性大、处置救助极为困难的自然灾害之一。它的危害主要体现在 5 个方面：一是烧毁林木与林下植物资源破坏森林植被和林分的质量；二是危害野生动物安全，破坏生物多样性；三是造成水土流失，引发山洪暴发、泥石流等次生灾害；四是引起空气污染，加剧温室效应和全球气候变暖；五是威胁人民生命财产安全，影响经济运行、社会稳定和国家安全。因此，世界各国十分重视森林防火，并结合自己的实际开展了有针对性的防火工作。

1.1.1　人类认识林火的几个阶段

(1)原始用火阶段

自从人类出现在地球上，火便与人类结下了不解之缘。无数次森林火灾之后，使人类积累了关于火的经验。人们发现火不仅可以烧毁森林，烧死野生动物，甚至人类本身；同时，火烧以后留下的"熟食"，味道更美，火还可以取暖等。因此，人们开始尝试用火。人类学会用火是其走向文明的一个重要标志。火的使用，对人类发展和社会进步产生了深远影响。当人类学会钻木取火(摩擦生火)以后，不仅用火更加广泛，而且用火技能不断提高。原始农业的"刀耕火种"、制陶、冶铜、煮盐、酿酒等手工工业的出现和发展，都是人类用火的佐证。这些都极大地促进了社会生产力的发展，使人类在文明的道路上不断前进。

（2）森林防火阶段

随着人类社会的不断发展，特别是资本主义的兴起，工业化不断发展，人类对森林的利用迅速增加，地球上的森林日益减少。与此同时，随着全球性人口数量的剧增，对粮食的需求越来越大，人们便大量毁林开荒，开垦农田，以生产人们赖以生存的粮食。另外，由于自然或人为因素引起的森林火灾不断发生，使得森林面积越来越少。森林的减少，使人们认识到森林并非"取之不尽，用之不竭"的资源。这时候人类开始有意识地预防和控制森林火灾。在 18 ~ 20 世纪初期，欧美和亚洲一些国家先后进入了"森林防火"时期。

总之，在这一时期，人们认识到了火的危害性和防火的重要性。因此，人类对森林火灾便千方百计地加以控制。

（3）林火管理阶段

人类对林火的认识经历用火为主—防火—林火管理 3 个阶段。

第一阶段：用火为主，远古时代的人类为了生存，同野兽斗争、放火烧山驱兽等。为了得到粮食和其他农作物，焚林开垦，刀耕火种。这个阶段大片森林被毁，导致世界森林面积日渐减少。

第二阶段：森林火灾不仅烧毁森林，中断人类获取资源的关系链，同时威胁人们的生命财产安全。因此，人们开始采取多种手段和措施来防止森林火灾的发生。建立一系列防火组织机构，制定防火法规，结束刀耕火种的历史。但是这个阶段的人们将火灾看成完全有害，杜绝森林中一切用火，这是不科学的。

第三阶段：林火管理阶段。林火管理的前提是遵循林火的客观规律，运用管理科学的原理和方法，通过计划、组织、指挥、监督、调节，有效地使用人力、物力、财力、时间、信息，达到阻止森林火灾，保护森林资源，促进林业发展，维护自然生态平衡的目的。这个阶段的人们已经意识到火虽然会给森林带来损失和损害，但是也可以通过正确利用火，为人类所用，对森林有益。

即有害的森林火灾和有益的计划烧除。通常，人们谈及林火多指其有害一面，如森林火灾能烧毁森林、牧场，危害野生动物，乃至威胁人类生命财产安全。然而，适当的用火不仅不破坏森林，而且还会给森林带来好处，使火害变为火利。例如，用火可以清除地被物和采伐剩余物，一方面改善了林地的卫生条件，对恢复森林及促进森林更新和生长大有益处；另一方面，火烧减少了林地可燃物积累，降低了火险，可避免有害的森林火灾的发生。此外，人们还经常采用火烧的办法来改良牧场，改善野生动物的栖息环境，火烧防火线等。

（4）现代化林火管理阶段

随着现代科学技术的不断发展，各种高新技术不断应用于森林防火和用火的各个领域。目前，卫星林火监测、红外探火、遥感技术、航空巡护、雷达探测、地理信息系统（GIS）、全球定位系统（GPS）等现代技术在森林防火领域得到了广泛应用。特别是电子计算机技术的飞速发展，加速了林火管理的现代化。森林防火专家系统、人工智能系统、林火预测预报系统、林火管理计算机辅助决策系统等均与计算机的发展密切相关。因此，这一阶段的特点是：虽然在内容上与第三阶段相同，即防火和用火。但是，在手段上却有质的飞跃。这一时期森林火灾基本能得到控制，用火广泛，且有成熟的安全用火技术。目前，世界上只有少数国家基本进入了这一阶段。因此，应加强森林防火、灭火、用火的理论研究，增加科学技术含量，提高现代技术的应用和林火管理水平，使我国森林防火早日步入现代化管理阶段。

1.1.2　世界森林火灾发生概况

1.1.2.1　世界森林火灾的形势越来越严峻

联合国粮农组织对 155 个与火灾破坏相关的国家报告进行的统计表明，大多数国家存在森林被烧毁的现象，在 2003—2012 年，每年平均约有 6 700 万 hm^2（相当于 1.7% 林地）被烧毁。同期，最大的烧毁面积在南美洲（约 3 500 万 hm^2/年）、非洲（1 700 万 hm^2/年）、大洋洲（700hm^2/年）次之。南美洲被烧毁森林的面积存在下降的趋势，非洲微弱下降，但是其他区域没有明显的趋势。

近年来，发生在世界各国的多起山林大火造成了重大损失，除多人死伤、近百万人被疏散外，大批房屋建筑被夷为平地，大面积森林被毁，经济、社会和生态损失巨大。受全球气候变暖等多种因素影响，森林大火的威胁正在世界范围内不断加剧（表 1-1）。

表 1-1　年均火烧森林面积上万公顷以上的部分国家和地区

国家或地区	年均火烧森林面积（hm^2）	统计年代
加拿大	2 200 000	1970—2008
美国	1 700 000	1960—2005
俄罗斯	1 156 477	1991—1994
阿根廷	868 879	1985—2007
中国	760 360	1950—2010
欧洲南部	500 000	1980—2006
澳大利亚	480 000	1983—2011

20 世纪 90 年代以来，美国的森林火灾面积呈显著的上升趋势。1996 年美国受森林火灾破坏的森林面积为 245 万 hm^2，这是自 1952 年的森林火灾面积 270 万 hm^2 以来，过火面积最大的一次。2013 年美国的火灾伤亡人数创了新纪录，尤其是亚利桑那大火烧死了 19 名扑火队员。2018 年 11 月 8 日，在美国加利福尼亚州北部比尤特县天堂镇发生山火，由于强风伴随着多处起火点，致使人群转移困难，至 11 月 25 日火灾造成 86 人死亡，失踪 200 多人，烧毁房屋 2 万栋。火灾每年毁坏美国近 160 万 hm^2 森林，造成数十亿美元损失，还要花费数亿美元扑灭林火。俄罗斯西伯利亚地区面积广阔的寒带森林是地球生态系统至关重要的组成部分，然而在过去 20 年中，该地区森林大火的数量却增加了 10 倍。2002 年俄罗斯损失了 1 170 万 hm^2 的森林，2003 年这一数字更高达 2 370 万 hm^2，这一面积几乎

相当于整个英国的国土面积。2010 年 6 ~ 8 月，俄罗斯过火面积超过 100 万 hm^2，烧死 83 人，扑火费用 30 亿美元，直接损失超过 150 亿美元，导致经济复苏减缓，大火烧掉全国 1/4 庄稼。2009 年 2 月，澳大利亚各地气温居高不下(47℃)，高温和强风造成澳大利亚东南部地区野火灾害肆虐，这场野火灾害损失惊人，大火导致 273 人丧生，1 800 多栋房屋被烧毁，近 100 万头牲畜和野生动物死亡，燃烧总面积达 41 万 hm^2，经济损失达 20 亿美元，近万人无家可归。2019 年澳大利亚林火季节比往年提前了 2 个月，7 月新南威尔士州首先发生森林大火，这场大火持续燃烧 7 个多月，在澳大利亚乃至世界历史上也是罕见的，累计过火面积超过 1 940 万 hm^2(占全国森林面积 12%)，大火造成 34 人死亡，其中，4 名消防员遇难，10 人失踪，本次林火造成的损失约 2 300 亿澳元(约合 1.1 万亿元人民币)。希腊属于典型的地中海式气候，夏季高温干旱，几乎每年夏天都会发生森林火灾。2007 年，希腊经历有史以来最严重的森林火灾，近一半的国土面积受到影响，火灾面积 27 万 hm^2，500 多座家园被毁，64 人在火灾中遇难，经济损失约为 12 亿欧元(约合 16 亿美元)，相当于希腊国内生产总值的 0.6%。2018 年 7 月 23 日，希腊首都雅典西部基内塔发生森林火灾，造成大量人员伤亡，截至 7 月 30 日，森林火灾造成 91 人遇难，25 人失踪，约 500 栋房屋被毁。2019 年，亚马孙森林火灾频发，其中，巴西、秘鲁与玻利维亚交界处的亚马孙地区为火灾重灾区，集中位于巴西的朗多尼亚州、马托格罗索州和亚马孙州以及玻利维亚境内。2019 年 8 月 23 日，据巴西国家空间研究所数据，巴西 2019 年至今森林着火点累计达 76 720 处，较 2018 年同期上涨 85%，其中，逾半数着火点位于亚马孙雨林。由此可见，世界森林防火形势十分严峻。

1.1.2.2 世界各地森林火灾分布不均

世界各地森林火灾发生不均匀，其中大洋洲森林火灾最为严重，其次是北美洲，最少为北欧。有的国家森林资源丰富，森林火灾也严重，如美国、加拿大、俄罗斯等国森林覆盖率在 30% 以上，年均火灾面积也在百万公顷以上。就森林火灾的情况来看，温带地区最易发生森林火灾。不同国家、不同地区天气条件和森林植被等不同，森林火灾特点也不同，森林火灾最多的国家是澳大利亚，平均每年过火森林面积占森林覆被率的 1.4%，最少的是北欧的瑞典，森林过火面积占总森林覆被率不到 0.01%。根据统计，1970—2012 年间，美国平均每年发生森林火灾约 10 万次，平均每年森林过火面积约 170 万 hm^2；而加拿大在 1970—2012 年森林火灾次数相对稳定，平均每年发生森林火灾约 1 万次，其中以雷击火居多，平均每年由雷击引发的火灾约为 0.7 万次，加拿大森林过火面积每年波动很大，但 2000 年后过火面积显著增加，约为 230 万 hm^2/年；俄罗斯森林资源丰富，同时森林火灾频发，1980—2008 年俄罗斯每年森林火灾次数约在 2 万起，平均过火面积约为 80 万 hm^2/年；欧洲南部地区多为地中海气候，降水较少，天气为欧洲最炎热的地区。据统计，欧洲南部 5 个主要国家(葡萄牙、西班牙、法国、意大利和希腊)在 1980—2012 年平均每年林火次数约 5 万次，过火面积约 40 万 hm^2/年。

1.1.2.3 世界各地森林火灾发生随气候变化而波动

气候是指某地区多年综合的天气状况。一个地区的气候状况是指在一段较长的时间内

（如 30 年或更长的时间尺度）表现出来的冷、暖、干、湿等气候要素的趋势和特点，既包括一般或平均情况，又包括极端情况。气候条件对森林火灾的影响表现在：①气候决定特定地区的灭灾季节长度和周期；②气候决定特定地区的可燃物状况（森林、草原等）；③气候决定特定地区的森林火灾的严重程度。

一般来说，根据太阳辐射量和海拔将世界气候分为低纬度气候、中纬度气候、高纬度气候三个大气候区。各区又根据地理环境的不同分为若干气候型。不同的气候区和气候型各有不同的森林火灾发生的条件和特点。

（1）低纬度气候区

低纬度气候区可划分为赤道多雨气候型、热带海洋性气候型、热带干湿季风气候型、热带季风气候型、热带干旱气候型、热带半干旱气候型及热带高山气候型等。

赤道多雨气候型，一年中降水分布均匀，基本无森林火灾发生；热带海洋性气候型，降水量很大，森林火灾出现较少；热带干湿季风气候型，干季降水少，常发生森林火灾；热带季风气候型，植被类型为热带季雨林，每当夏季风和热带气旋运动不正常时，能引起旱涝灾害，干旱时可能发生森林火灾；热带干旱气候型、热带多雾干旱气候型、热带半干旱气候型均是森林灭灾发生的严重地区；热带高山气候型，植被垂直分布呈带状，因植被的基带不同、植被的燃烧性的不同，森林火灾发生状况复杂，一些区域发生森林火灾多，一些区域少。

（2）中纬度气候区

中纬度气候区可划分为副热带干旱半干旱气候型、副热带季风气候型、副热带湿润气候型、副热带夏干气候（地中海气候）型、温带海洋性气候型、温带季风气候型、温带大陆性湿润气候型、温带干旱半干旱气候型、副热带高山气候型及温带高山气候型等。

副热带干旱半干旱气候型，是森林火灾气候；副热带季风气候型，我国南部处于这一气候型，冬春常发生森林火灾；副热带湿润气候型，少森林火灾；副热带夏干气候（地中海气候）型，夏季常发生森林火灾；温带海洋性气候型，少森林火灾；温带季风气候型，我国北部处于这一气候型，春秋常发生森林火灾；温带大陆性湿润气候型，有森林火灾发生；温带干旱半干旱气候型，我国西北地区处于这种气候型，较易发生森林火灾；副热带高山气候型、温带高山气候型，森林火灾发生的多少取决于地形、植被、天气条件的综合作用，但随海拔增高有下降的趋势。

（3）高纬度气候区

高纬度气候区可划分为副极地大陆气候型和极地苔原气候型等。

副极地大陆性气候型，如果夏季出现干旱，则易发生森林火灾；极地苔原气候型，自然植被是苔藓、地衣以及某些小灌木，很少发生火灾。

1.1.2.4　世界各国应对森林火灾的发生

美国是森林防火先进的国家，有 89% 的森林火灾在 3h 内可以控制扑灭，但这些火大多是小火，对于大火也不能有效地扑救。例如，2017—2018 年美国加利福尼亚州的山火灾害特别严重，其中，2017 年 10 月 8 日下午，美国加利福尼亚州旧金山湾区北部多地发生森林火灾，总过火面积超过 777km^2，相当于整个纽约市的面积，火灾造成至少 42 人死亡、

180 人失踪，逾 7 000 栋房屋和商业建筑被烧毁，约 10 万人紧急撤离。据统计，2017 年加利福尼亚州地区共爆发 8 747 场森林火灾，受灾面积超过 0.441 万 km^2，经济损失更是高达 33 亿美元，美国政府当年扑灭火灾的花费超过 25 亿美元，创下历史新高。2018 年 11 月 8 日，在美国加利福尼亚州北部比尤特县天堂镇再次发生山火，此次过火面积超过 600km^2。面对森林大火，美国消防体系暴露出绝对力量不足、难以集中资源应对等弊端，最终造成 86 人死亡，200 多人失踪，近 2 万栋民宅和其他建筑毁损，天堂小镇变成"人间地狱"。

澳大利亚也是火灾频发的国家，一方面是由于澳大利亚夏季高温、降水量少、树木易遭雷击造成山林大火多发；另一方面澳大利亚种植大量桉树，由于桉树皮富含桉树油，它们脱落后堆积在树根处，气温达到 40℃时就会自燃，极易引发山林大火。此外，澳大利亚幅员辽阔、地理情况多变，在一定程度上造成了火灾扑救难度的增加。2015 年 1 月初，澳大利亚南澳州发生自 1983 年的"圣灰星期三大火"以来最严重的的山火，在高温和强风下，阿德莱德山区火势失控，数以千计居民被疏散，当局派出 800 多名消防人员救火，但也未能控制火势，相反火灾继续在扩大。阿德莱德山地区的火灾面积达 1 万 hm^2 多，有 12 处房屋被烧毁，有 20 多人因火灾受伤，主要是消防员被烧伤或吸入浓烟致伤。

希腊由于所处地理位置特殊，典型的地中海气候造成当地夏季森林火灾频发。2018 年 7 月 23 日上午，希腊首都雅典以西大约 50km 处基内塔的一片松树林起火，强风让大火迅速蔓延，很快形成了一条约 6km 的火带。7 月 23 日中午至傍晚时分，希腊阿提卡大区西部、东部和东北部各发生一起严重火灾。受大风、高温和干旱等极端天气现象的综合影响，三处火场均在大风的作用下，蔓延到了附近的村镇，不仅烧毁了一些民房和车辆，还造成了人员伤亡。至少 100 栋房屋和多辆汽车被毁。希腊当地消防部门派出大约 200 名消防员、60 辆消防车和多架灭火飞机灭火，但火势还是逐渐失控。截至 7 月 30 日，森林火灾造成 91 人遇难，25 人失踪。

森林火灾的扑救是一个世界性难题，特别是面对大面积的森林火灾，世界各国都没有一个很好的扑救办法。而我国在面对森林火灾时贯彻的则是"预防为主，积极扑救"的方针，通过加强森林火灾安全宣传以及森林火灾监测预警，做到"早发现、早报告、早出动、早扑灭"，实现"打早、打小、打了"，取得了较好的森林火情处置结果。

1.1.3 世界主要森林防火模式

人类已进入 21 世纪，科学技术飞速向前发展，然而，世界森林火灾仍未能有效控制，尤其是特大森林火灾。为此，当今许多森林资源较丰富的发达国家，都在根据本国自然特点、社会特点和经济特点，设法研究控制森林大火发生的新途径，寻求建立适合本国特点的林火管理模式。因此，各国把控制特大森林火灾列为重点研究的课题。归纳当今世界各国林火管理情况，主要有以下 4 种林火管理模式。

(1) 北美森林防火模式

北美森林防火模式主要指美国和加拿大森林防火模式。北美的森林多为原始针叶林，面积较大，引起火灾的火源中雷击火占到很大比例。所以，在防火工作中，北美从中央到各地区都建立了较为完善的森林防火组织，林火管理工作科学化、系统化、现代化水平较高。

美国的林火管理主要在可燃物管理、行政管理权责、火灾扑救和林火管理相关项目资助（FMAG）几个方面的管理。美国联邦政府防火工作由 1911 年爱达荷州博依西市组建的国家森林防火中心协调，中心主要由信息、气象、人员派遣、飞机调度和后勤物资供应 5 部分组成，由林务局牵头，负责制定政策标准、提供后勤技术援助、进行防火宣传、火险预测预报和发布，在发生火灾时动员和协调全国的灭火力量进行扑救。

加拿大森林防火，各省自成系统，分层管理。联邦政府环境保护部下设联邦林务局，主要负责森林防火方面的重点科研项目和高级人才的培养，具体防火工作全部由各省自行管理。各省可以自己制定防火法律、法规。1982 年也成立了全国联合防火中心（加拿大全国防火联合公司），负责协调各省间的防火事务。在森林防火方面，其特点是有较先进的全国性的林火预测预报网、航空巡护网、地面探火和交通网，有较强的监测报警系统和能力，能及时发现火情。在扑救森林火灾时，主要以航空灭火、地面机械化灭火为主，有较强的机动性。

扑火工具采用系列化和标准化，有利于增强扑火力量，如美国博伊西全国森林防火中心，有万人扑火装备随时调用。这种网络化林火管理模式适用于工业发达国家以及森林防火资金充足、技术力量先进的国家，但这种林火管理模式要求网络越小，精度越高，否则在异常天气条件下，也会发生意外，有酿成大火的意外。

（2）北欧森林防火模式

北欧虽然都是中小国家，但森林资源丰富，森林防火工作做的较好。由于在森林防火中广泛开展了"绿色防火工程"和地面修筑防火设施防火，这一地区成为世界森林火灾损失最小的地区。"绿色防火工程"主要内容包括：一是及时对采伐迹地、火烧迹地、荒山荒地进行人工造林，尽快形成森林环境，将容易燃烧的地带变为不易燃烧的地带；二是加强森林抚育间伐和卫生伐，清除濒死木、倒木、并加以利用，既改善了森林环境，促进林木生长，又大大减少可燃物的积累；三是调整林木结构，营造针阔混交林，降低林分的燃烧性；四是在易燃的针叶林内营造抗火的防火林带。例如，前联邦德国营造的防火林带宽度一般不少于 300m。发达的地面道路工程使林区公路形成网络化，极大地便利了灭火机械化的实施。此外，北欧森林火灾的预测预报和探测系统以及通信系统也都比较完善，一旦有火，能达到及时发现、快速出击、信息畅通的目的。如北欧的芬兰，是欧洲森林覆盖率最高的国家，森林覆盖率占国土面积的 75%，居世界前列，有"森林王国之称"，但那里却是世界上森林火灾危害最轻的地区。每到气温较高、气候干燥的季节，芬兰国内的报纸、电台、电视台就在天气预报节目中发布"森林防火警报"。芬兰也是最早用上智能林火识别预警系统的国家。智能林火图像识别系统可以不间断地视频监控和监测，在多功能监控指挥中心对监控数据进行处理分析和实时监测，实现森林防火工作中对林区有效的、智能化的、自动的林火监测和预警工作。

（3）澳大利亚森林防火模式

澳大利亚处在南半球的亚热带和温带地区，森林主要由各种桉树所组成。由于桉树含有大量的挥发性油脂，极易燃烧，往往发生高能量的大火，受地理、植被、气象等条件影响，灭火工作中一般性洒水、喷洒化学灭火剂都不能有效控制火灾，因此，澳大利亚森林火灾损失极为严重，成为世界重点火险区之一。针对这一情况他们经长期研究，提出计划烧除的防火思路，在防火安全期以低能量火取代高能量大面积森林火灾，以降低林火损失。

澳大利亚实行联邦制，没有一个全国性专门机构从事森林防火管理工作，各州根据自己的实际情况和法律规定，建立消防机构，各成体系。机构设置从州政府到大区和地方政府，设立三级火灾管理和扑救指挥机构，各级的职责任务和指挥权限明确，人员组织严密，澳大利亚防火理事会负责森林消防协调工作。如新南威尔斯州承担森林消防任务的单位有乡村消防局、林业局、森林公园、城市消防队。乡村消防局负责该州99%的地区，除悉尼城区以外的所有火灾扑救和洪水抢险救灾工作；林业局属经营公司性质，自负盈亏；森林公园是从事野生动植物保护的单位，对森林火灾首先自己扑救，必要时也可求助乡村消防局支持；城市消防队主要负责悉尼市城区建筑、房屋火灾的扑救。

在林火扑救上，专门制订指挥方案和火险管理方案，由专职指挥员指挥灭火行动，由经过专门培训的消防人员或志愿者扑救林火。扑救方式主要是以水灭火，用直升机点烧实施以火攻火，或使用 AFFF 泡沫、灭火泡沫和 Phos-chek 阻火剂等。澳大利亚开展计划火烧以来火灾次数基本没有减少，但过火面积和火灾造成的损失大大减少了。

(4) 其他林业大国的森林防火工作

各林业先进国家都非常重视森林防火工作，并且多数国家设有专门的森林防火机构。

俄罗斯的森林资源十分丰富，森林面积约有 12 亿 hm^2，森林覆盖率大约 36%，其中，针叶林蓄积量约占世界的 50%。俄罗斯多为原始森林，森林火灾的次数较多，且损失严重。所以，他们十分重视森林防火。20 世纪初期，俄罗斯就设立了森林防火机构，对森林防火工作实行全国统一管理，取得了较好效果。目前，俄罗斯设立了 3 种相互联系而又相对独立的森林防火管理机构，即俄罗斯联邦国家自然资源部森林防火司、中央航空护林总站、国家森林防火基金委员会。为抓好森林防火工作，每年森林防火期 (5~10 月) 前，国家自然资源部都要召开全国各地与有关部门的森林防火会议，制定规章制度，成立各级紧急状态委员会，与森林资源的使用者签订护林防火责任状，准备必要的防火设备和工具，对飞行员、伞兵、空降兵(指索降队员)和地面森林消防队等扑火专业人员进行业务技能培训等。俄罗斯从中央到地方，都成立了"非常委员会"，专门管理和协调森林防火工作。森林防火的实施主要依靠航空护林和地面机械化灭火站。俄罗斯扑救森林火灾的机动性强，机械化程度高，扑救时以飞机灭火为主。

法国位于地中海海滨地区，由于夏季气候干燥，风势强劲，导致经常发生难以扑灭的森林大火。法国的全国消防总部设于巴黎，但最重要的一个支队却设在地中海海滨的滨海省，这支队伍的总人数超过 1 000 人。而且这支队伍的灭火设备现代化程度高，其中包括20 多架专为扑灭森林大火而设计的加拿大出产的救火飞机。这种飞机的特性在于载量大，驾驶简单，速度中等。法国 20 多年前向加拿大购进了一批这种飞机，以作扑灭地中海岸边森林发生大火之用。最近这几年法国还将一部分第二次世界大战时的老运输机改装成救火飞机，加入地中海地区的消防队一同工作。从 1997 年开始，法国宇宙航空公司还推出一种作为参加地中海森林救火的"特别部队"工作的救火直升机，这就是松鼠形直升机。这种直升机机身下方增加了一只贮水器，正好放在两道起落架之间。贮水器是个扁平的长方形，左下方伸出一根吸水导管。每次吸水容量可达 700kg。森林发生火灾时直升机可以利用任何天然水源。它飞临水面，做保持驻留飞行，同时将吸水管伸入水中，吸满时即可飞至火场灭火。

希腊位于巴尔干半岛南部的尖端，占地 131 957km^2，人口大约为 1 000 万。该国的地形大部分为山地，小块的平原和河谷分散在山地中，形成了主要的农业区。国家的大部分地区属于典型的地中海气候，夏季炎热、冬季温和。通常夏季很少或者没有降雨，干季早在 4 月即到来，一直持续到秋季。希腊大约 19.8% 的面积(约 250 万 hm^2)覆盖着森林。据统计，自 20 世纪 70 年代以来，希腊森林火灾次数和火烧面积都出现了急剧增长，并持续至今。为应对日益严重的山火威胁，希腊开展了"普罗米修斯"森林防火计划，该计划对森林防火远远超出了简单灭火的传统做法，通过计算机对着火面积加以控制。"普罗米修斯"计划收集了有关风力、天气、植被以及其他相关因素的数据，并对它们同着火的关系进行了研究。无论何处出现了火情，"普罗米修斯"计划都可以根据这些数据对可能蔓延的火势以及可能造成的生态和经济损失进行预测。

上述 4 种林火管理模式是根据目前世界各国林火管理现状进行归纳的。实际上，各国林火管理模式也在不断改变，如北美模式，除了美国网络化林火管理模式，最近还大力开展计划火烧或是营林用火模式。美国 1980 年计划火烧 10 000hm^2，发展到 20 世纪 90 年代计划火烧林地面积已达百万公顷，开始超过当年森林火灾的面积。澳大利亚营林用火和计划火烧面积已大大超过当时野火林地面积的几倍。在加拿大，采用计划火烧进行可燃物管理，其用火强度大大超过野火的火强度。目前，俄罗斯、非洲和欧洲许多发达国家，也广泛开展计划火烧和营林用火。这种防火措施既能减灾、防灾，又有经济效益。不仅如此，这种生物防火还能改善生态环境，有利于维护物种的多样性，还能加快大地园林化，是真正的绿色森林防火。不难看出，随着时间发展，还会出现更多的林火管理模式。21 世纪，生物防火与生物工程防火将使林火管理步入一个新的现代化管理水平。

1.1.4　世界林火管理存在的问题

世界林火管理仍然存在很多问题，主要有以下几方面。

(1)林火的机理仍没有完全搞清

因林火机理涉及的学科和门类多，理论较深，探测技术非常复杂，仅燃烧理论，就从化学热力学、反应动力学、传热介质到流体力学等方面研究了两三个世纪，而且从事森林燃烧的研究机构和高技术人员相对较少，导致对林火作用确切机理还没有明确阐述。

(2)防火经费投资效果不理想

世界各国的森林防火经费都在逐年增加，但森林火灾在某些年份仍相当严重。森林防火经费虽然在总量上呈上升趋势，但在一些具体项目研究上还总体缺乏。因此，各国森林防火专家提出要研究森林防火经费的投资方向，以提高森林防火经费投资的效益。

（3）世界各国的森林防火工作仍处于被动局面

虽然世界各国对森林防火的方针都强调预防为主，防患于未然。但是在实际工作中，许多国家还是以扑救为主。仅以美国和加拿大为例，每年花费的航空扑火费用就占到了防火总经费的70%~80%。

（4）缺乏森林防火的专门技术人才

受新兴学科影响，各国科技力量从事森林防火研究的还不多。即使是从各类林业学院毕业的学生，也不能完全适应森林防火工作的需要。美国就不得不在加利福尼亚林学院附设森林防火专科学校。加拿大林业部门也为林业院校缺乏林火管理学的教师感到非常遗憾。

1.2　我国森林防火概况

我国幅员辽阔，森林类型多样，南北方森林组成、地形特征、气候特点等差异较大，森林火灾发生规律不同。同时，我国是一个森林火灾多发的国家，每年因森林火灾而造成的各种损失十分巨大，加强森林防火工作刻不容缓。我国是一个森林火灾多发的国家，每年因森林火灾而造成的各种损失十分巨大。

1.2.1　我国森林火灾发生概况

纵观50多年来森林火灾发生次数与频率，我国森林火灾具有逐年下降的总体趋势，且高发期具有5~6年和10年的周期性，高发期往往持续2~3年，受气候、地理以及森林资源分布、人为活动等多种因素影响，我国森林火灾的发生具有以下特点和规律。

（1）森林火灾严重，但损失在逐渐减少

我国森林火灾损失非常严重，1987年以前的年均森林火灾发生率、受害率和每次火灾受害面积等指标均排在世界的首位。1987年之后防火工作进入一个新的阶段，防火基础工作得到了加强，预防和扑救森林火灾的综合能力提高，森林火灾次数和损失大幅度下降。依据2008年修订的《森林防火条例》第四十条规定：按照受害森林面积和伤亡人数，森林火灾分为一般森林火灾、较大森林火灾、重大森林火灾和特别重大森林火灾。

①一般森林火灾　受害森林面积在$1hm^2$以下或者其他林地起火的，或者死亡1人以上3人以下的，或者重伤1人以上10人以下的。

②较大森林火灾　受害森林面积在$1hm^2$以上$100hm^2$以下的，或者死亡3人以上10人以下的，或者重伤10人以上50人以下的。

③重大森林火灾　受害森林面积在$100hm^2$以上$1\,000hm^2$以下的，或者死亡10人以上30人以下的，或者重伤50人以上100人以下的。

④特别重大森林火灾　受害森林面积在$1\,000hm^2$以上的，或者死亡30人以上的，或者重伤100人以上的。（本条第一款所称"以上"包括本数，"以下"不包括本数）

根据国家统计局的资料显示，2000—2018年，我国发生森林火灾的次数先升后降，但总体呈下降的趋势，年平均森林火灾发生次数为6 833次，其中，特大森林火灾次数最多的发生在 2000 年，共计 8 次，通过数据显示，我国发生的森林火灾中，主要为一般森林火灾和较大森林火灾（表 1-2）。我国森林火灾受害面积也呈先升后降，总体减少的趋势。统计数据显示 2000—2018 年，我国火场总面积和受害森林面积总计分别为 3 780 930hm²、1 564 858hm²。其中，2003 年、2006 年火灾情况尤为严重，受害森林面积均超过 40 万 hm²（图 1-1）。

表 1-2　我国森林火灾发生次数（2000—2018 年）

年份	总次数	一般森林火灾	较大森林火灾	重大森林火灾	特别重大森林火灾
2000	5 934	2 722	3 144	60	8
2001	4 933	2 984	1 929	17	3
2002	7 527	4 450	3 046	24	7
2003	10 463	5 582	4 860	14	7
2004	13 466	6 894	6 531	38	3
2005	11 542	6 574	4 949	16	3
2006	8 170	5 467	2 691	7	5
2007	9 260	6 051	3 205	4	—
2008	14 144	8 458	5 673	13	—
2009	8 859	4 945	3 878	35	1
2010	7 723	4 795	2 902	22	4
2011	5 550	2 993	2 548	9	—
2012	3 966	2 397	1 568	1	—
2013	3 929	2 347	1 582	—	—
2014	3 703	2 080	1 620	2	1
2015	2 936	1 676	1 254	6	—
2016	2 034	1 340	693	1	—
2017	3 223	2 258	958	4	3
2018	2 478	1 579	894	3	2

注：数据来自国家统计局（2000—2018）。

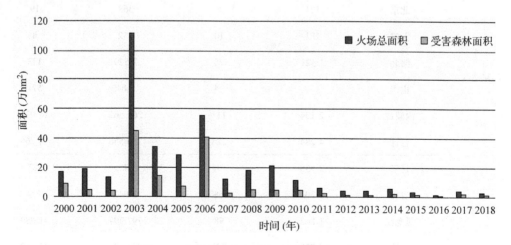

图 1-1　我国森林火灾受害面积（2000—2018）

注：数据来自于国家统计局（2000—2018）。

（2）受自然条件制约明显

我国林火发生受气候变化影响，在特别干旱的年份里，容易发生大的火灾。在春季，受俄罗斯贝加尔湖气旋东移的影响，我国东北地区和内蒙古东部多刮大风，此时又无雨，天气干旱，非常容易发生森林大火。冬季北方寒流南下，多风天气常促使南方地区发生大面积的森林火灾。如东北和西北林区，因为干雷暴的影响，就容易发生雷击火，2008年南方冰冻灾害发生后，我国南方经历了一个火灾爆发时期。

（3）森林火灾发生具有时空差异性

我国每年发生森林火灾频繁，从森林火灾发生次数来看，森林火灾主要集中在我国南部，呈现南多北少的规律，其中，华南地区以湖南为森林火灾发生最多省份；从受灾严重程度来看，我国东北地区的森林虽然发生火灾的次数较少，但是受灾面积大、受损程度严重（表1-3）。根据相关资料分析，火灾发生次数南方占到89%，东北、内蒙古地区仅为4%；而受害森林面积东北、内蒙古林区则占50%，除上述两大区域外，其他地区无论次数还是受害面积都不超过10%。南方地区发生森林火灾次数多，主要由于人烟稠密，在居住分散的农林镶嵌区，生产、生活用火多，防治困难。北方过火森林面积大，主要原因是北方林区多原始林，人烟稀少，交通不便，不能及时发现和扑救林火。

从时间来看，我国东北在春、秋两季容易发生火灾，这是因为冬季气温寒冷有积雪，不易发生火灾；而夏季植物正处在生长季，且进入降雨季，因此，不易发生火灾。而春、秋两季，空气干燥，降水少，植物含水率低，地面可燃物和杂草裸露，容易发生火灾。我国南方春、冬两季为防火期。南方冬季天气寒冷，植物停止生长，树木开始落叶，可燃物增加，降水减少，因此，森林火灾发生的可能性增加。从地形影响因素来看，随着海拔的升高会出现不同的火灾季节，一般海拔越高，火灾季节越晚。

表1-3　2000—2018年不同省份森林火灾总次数及受害森林面积

地区		森林火灾总次数（次）	年平均发生森林火灾次数（次）	受害森林面积（hm²）	年平均受害森林面积（hm²）
华北地区	北京	121	6	368	19
	天津	181	10	152	8
	河北	1 421	75	2 529	133
	山西	457	24	10 845	571
	内蒙古	2 104	111	266 662	14 035
	合计	4 284	225	280 556	14 766
东北地区	辽宁	2 558	135	5 455	287
	吉林	1 301	68	1 942	102
	黑龙江	1 863	98	797 797	41 989
	合计	5 722	301	805 194	42 379

（续）

地区		森林火灾总次数（次）	年平均发生森林火灾次数（次）	受害森林面积（hm²）	年平均受害森林面积（hm²）
华东地区	上海	0	0	0	0
	江苏	1 351	71	1 046	55
	浙江	7 046	371	47 935	2 523
	安徽	2 615	138	6 077	320
	福建	6 305	332	84 009	4 422
	江西	5 491	289	52 505	2 763
	山东	711	37	2 577	136
	合计	23 519	1 238	194 149	10 218
华南地区	河南	7 736	407	6 908	364
	湖北	9 388	494	14 267	751
	湖南	25 911	1 364	105 614	5 559
	广东	3 704	195	22 021	1 159
	广西	10 947	576	33 203	1 748
	海南	1 870	98	3 860	203
	合计	59 556	3 135	185 873	9 783
西南地区	重庆	2 037	107	3 085	162
	四川	5 797	305	15 217	801
	贵州	18 697	984	36 895	1 942
	云南	7 084	373	32 076	1 688
	西藏	169	9	924	49
	合计	33 784	1 778	88 197	4 642
西北地区	陕西	1 532	81	4 418	233
	甘肃	277	15	1 038	55
	青海	187	10	1 519	80
	宁夏	238	13	233	12
	新疆	700	37	3 486	183
	合计	2 034	107	10 694	563

注：数据来自于国家统计局（2000—2017）。

（4）森林火险期（防火期）差异大

由于东北、内蒙古林区和西南、南方部分地区、西北地区（主要是新疆）受大气环流和气候的影响，分别在不同季节出现干旱多风、湿润多雨、低温积雪等不同的自然环境，从而形成了不同时间的火险期（防火期）。东北和内蒙古林区，林火多发生在春、秋两个季节。春季火险期从3~6月中旬共110d左右，火灾最容易发生的是5月，秋季火险期从9月中旬到11月中旬共60d左右，火灾最多的是10月。在两个防火期中，春防压力更大，危险性也最高。南方和西南地区只有一个火险期，一般从11月中旬到次年4月底，火险期150d，火灾最多的是2~4月。西北地区（主要是新疆），林火多发生在夏秋季节，从7月底到9月底，火险期100d左右，火灾最多的是8~9月。以上火险期也时常随每年气候的变化，有时提前，有时向后推移。

（5）引起森林火灾的主要原因是人为火源

根据统计，在全国发生的森林火灾中，人为火源占95%。人为火主要分为生产性火源、非生产性火源和故意放火。其中，绝大多数森林火灾的火源多集中在烧荒、采集、矿产等生产性用火和上坟烧纸、野外吸烟、小孩玩火等非生产性用火上。纵观我国森林火灾的发展，从中不难看出，火灾的成因是与我国的经济社会发展密切联系在一起的，中华人民共和国成立初期，除了自然火灾和过境火灾外，主要是由于烧荒烧垦引起的森林火灾，因为我国经济实力相当薄弱，人们的根本目标是足食；改革开放以后，我国的社会生产力得到了空前发展，烧荒烧垦行为渐渐减少，开始出现越来越多的野外吸烟、小孩玩火、痴呆人放火、上坟烧纸等非生产性用火引起的火灾；21世纪初，短短8年间我国的GDP就翻了近五番，在这样快速发展的社会环境下，社会因素也越来越复杂，加之气候等因素也复杂多变，因此，非生产性用火引起的森林火灾也占据了约60%以上的比例。我国的森林防火事业面临新的挑战和任务。

（6）境外火威胁日益加重

我国国土辽阔，邻国众多。我国陆上国界线长约22 800km，共与15个国家相邻。东面与朝鲜接壤，南面与越南、老挝、缅甸为邻，西南与印度、尼泊尔、不丹相接，西面同阿富汗、巴基斯坦毗邻，北面连接蒙古，西北和东北是塔吉克斯坦、吉尔吉斯斯坦、哈萨克斯坦和俄罗斯。国境线大多是高山、江河、湿地或沙漠戈壁。

我国东北部与俄罗斯滨海边疆地区陆地接壤大部分是林地接壤，由于历史原因，现存大面积阔叶次生林带，双方森林面积较大，易形成较大的火灾面积。西北和西南部分边境线也有森林或草地相接。境外火入侵主要发生在我国的东北、西北和西南地区，特别是蒙古国的草原和森林火灾过境较多。我国东北三省和内蒙古与俄罗斯、蒙古和朝鲜陆地接壤3 000余km，边境地区森林（草原）火灾十分严重。据统计，70年来，东北、内蒙古边境地区共发生森林（草原）火灾4 000余起，其中，外火烧入和内火烧出共700余起，外火烧入600余起，占86%。边境地区受害森林面积25万 km^2，受害草原面积613万 km^2，经济损失达30亿元，并有相当数量人员伤亡。

森林火灾形势与国家的经济状况密切相关，周边国家近几年森林火灾越来越严重，俄罗斯、蒙古、朝鲜、越南和缅甸等国火源对我国造成严重影响。这些国家大部分林区经济比较困难，发生森林火灾时，扑救受到一定影响。

1.2.2 我国森林火灾管理概况

我国是森林火灾多发的国家，1950—2017年的67年间，我国累计发生森林火灾81.4万起，受害森林面积约3 813万 hm^2，相当于目前年均造林面积的6倍多。加强森林火灾管理，采取行政、法律、经济相结合的办法，运用科学技术手段，最大限度地减少火灾发生的次数；掌握森林火灾的燃烧规律，建立应急机制和指挥体系，组织扑火队伍，运用科学方法和相应扑火设备，对森林火灾进行及时有效地扑救，最大限度地减少资源损失，是我国森林防火工作的重要内容。自中华人民共和国成立以来，我国森林防火工作大体上经历了5个发展历程。

(1)起步开展阶段(1949—1956 年)

中华人民共和国成立初期,我国平均每年发生森林火灾 2 万多起,受害森林面积逾 150 万 hm², 森林火灾受害率(指火灾受害森林面积占森林总面积的比例)为 1.38%。1952 年以后,武装护林大队等最早的森林保护机构在东北重点国有林区成立,一些护林防火技术措施开始在重点林业逐步推行,森林防火事业有所加强。但是,当时对大面积偏远林区火灾还缺乏控制能力。1955 年和 1956 年森林火灾较为严重,平均每年森林火灾受害率高达 2.4%。

(2)初步建设阶段(1957—1965 年)

1957 年 1 月,林业部成立了护林防火办公室,主管全国护林防火业务工作。地方各级护林防火组织逐步建立,林区县、区、乡无森林火灾竞赛活动在全国普遍开展起来,森林防火进入了"以群防群护为主,群众与专业护林相结合"的时期,森林火灾发生情况有所好转。

(3)全面停滞阶段(1966—1976 年)

"文化大革命"期间,森林防火事业陷于停顿,不少地方护林防火组织机构瘫痪,专职人员下放,一些林区基层防火站点和西南航空护林站被下放给地方领导,重点林区刚刚开始兴建的护林防火设施停建,有的设施年久失修失去作用;林区公、检、法部门被砸烂,行之有效的护林防火规章制度受到批判,乱砍滥伐林木和森林火灾十分严重。

(4)恢复发展阶段(1977—1986 年)

党的十一届三中全会以来,森林防火事业同其他事业一样,开始恢复生机,取得恢复发展。1979 年 2 月 23 日五届全国人大常委会第六次会议原则通过《中华人民共和国森林法(试行)》,1981 年 2 月 9 日国务院发出《关于加强护林防火工作的通知》。同年 3 月 8 日,中共中央、国务院联合发布《关于保护森林发展林业若干问题的次定》,林业部根据中央部署和林区实际,多次召开全国和地区性护林防火工作会议,研究部署森林防火工作,进一步加强了森林防火组织、专业队伍和设施建设。

(5)历史性转变阶段(1987 年至今)

以 1987 年"5·6 大火"为转折,我国森林防火工作得到全面加强,预防和处置森林火灾的组织体系进一步健全,各部门、各行业在森林防火工作中的职能作用进一步发挥,森林火灾应急管理工作步入规范化、法制化、科学化的新阶段,森林火灾次数和损失大幅下降。特别是 2018 年我国进行了改革开放后第八次国务院政府机构改革,整合成立应急管理部、国家林业和草原局等机构以适应新时代"全灾种、大应急"救援处置要求,将森林消防工作提升到一个更高的层次。

1.2.3　我国林火管理面临的形势

1.2.3.1　森林火灾风险加剧

世界气象组织 2015 年发布报告,过去 10 年是历史上全球最热的 10 年,2015 年全球平均温度超过 20 世纪平均值 0.85℃,全球气候变暖趋势仍在持续,高温、干旱、大风等极端天气增多。近年来,美国、加拿大、澳大利亚、俄罗斯、希腊、印度尼西亚等国相继爆发历史罕见的森林大火。据气象部门研究，我国遭受干旱天气的范围有明显增加趋势，尤其是华北和西南气候干旱趋势加强，森林火灾明显增多，大兴安岭林区夏季雷击火频发。据专家预测，未来10年全球气温仍将继续攀升，极端气候事件增多，对森林防火极其不利。

1.2.3.2　森林防火压力加重

据第九次全国森林资源清查显示，我国森林资源进入了数量增长、质量提升的稳步发展时期。与第八次全国森林资源清查结果相比，森林面积由2.08亿hm^2增加到2.20亿hm^2，净增1 275万hm^2；森林覆盖率由21.63%提高到22.96%；森林蓄积量由151.37亿m^3增加到175.60亿m^3，净增24.23亿m^3。随着森林资源总量不断增长和停止天然林商业性采伐，重点林区可燃物载量持续增加，部分地区每公顷已经高达50~60t，远远超出国际公认的可能发生重特大森林火灾30t临界值，容易引发重特大森林火灾。同时，我国森林资源的质量不高，每公顷蓄积量只有世界平均水平131m^3的69%，人工林每公顷蓄积量只有52.76m^3，龄组结构不合理，中幼林面积比例高达65%，森林自身抗火能力较差，一旦发生火灾，将会造成森林资源重大损失。

1.2.3.3　森林防火难度加大

我国林农交错现象比较普遍，受传统生产方式和祭祀习俗的影响，烧荒、烧秸秆、烧地头等农事用火大量存在，春节、清明节等节日上坟祭祖、焚香烧纸、燃放烟花爆竹等现象比较普遍，林区野外火源管理难度大。随着集体林权制度改革的逐步深化和国有林区、国有林场改革的全面实施，林区各种经营活动日趋活跃，林下种植规模扩大，森林旅游发展迅速，进入林区的人员逐年增多，据统计，2018年全国森林旅游游客量突破16亿人次。这些因素相互交织，野外火源管理极其困难，火灾隐患不断增加，森林防火的管理难度加大。

1.2.4　我国林火管理存在的问题

1.2.4.1　预警监测体系不够完善

缺乏统一的森林火险预警平台，火险预报模型适用性不强，火险要素监测站密度低，建设标准不统一，设施设备运行维护管理不到位。大面积林区瞭望塔数量不足，配套生活设施简陋，林火视频监控系统应用水平不高，火情瞭望覆盖率仅为68.1%。卫星林火监测时效性不高，空间分辨率仅为1km，识别能力有待提高。

1.2.4.2　防火信息化水平较低

林区现有防火通信覆盖率仅为70%，存在较大盲区，卫星通信、机动通信保障能力不强。有线基础网络建设滞后，难以满足语音通信、火险预警、图像监控、视频调度、信息指挥等防火业务工作的需要。森林防火指挥中心设施设备老旧，兼容性差，建设标准不统一，"信息孤岛"现象突出，难以实现互联互通。

1.2.4.3　森林消防队伍能力不足

全国现有森林消防专业队伍3 264支，共11.3万人，其中，80%以上分布在华北、东北和中部等地区的 10 个省(自治区、直辖市),其他大部分林区森林消防专业队伍数量不足,分布不均,重点区域专业队伍建队标准不高,管理体制不规范,人员年龄结构不合理,保障机制不健全,营房、训练场所、灭火机具等基础设施设备标准低、装备差、数量不足,大型装备、以水灭火设施设备匮乏,扑救森林火灾的综合能力急需提升。

1.2.4.4　森林航空消防供需矛盾突出

森林航空消防飞机机源总量不足,机型单一落后,缺少载量大、续航能力强、适应高海拔地区作业的大中型飞机,航空直接灭火能力不足。据了解,加拿大森林面积为 3.1 亿 hm^2,灭火飞机超过 1 000 架;韩国森林面积 618 万 hm^2,拥有专业灭火飞机 40 架;而我国森林面积 2.20 亿 hm^2,飞机数量仅有 80 架,年作业 4 000 架次,航护时间 8 000h,森林航空消防覆盖率仅为 54.1%。航站数量少、密度低,发展不平衡,基础设施薄弱,专业人才缺乏,保障能力不强,森林航空消防的优势需要进一步发挥。

1.2.4.5　林区道路和阻隔系统建设严重滞后

全国国有林区路网密度仅为 1.8m/hm^2,不足世界林业发达国家的 1/10。现有道路路况差,桥涵毁坏严重,通行能力不足,严重制约扑火队伍快速机动能力。全国林火阻隔网密度仅为 3.7m/hm^2,没有形成有效的林火阻隔网络,容易蔓延成大面积森林火灾。

1.2.4.6　森林防火责任落实不到位

各级政府、森林防火指挥部成员单位、森林经营主体责任不明晰,森林防火部门监督不到位。基层森林防火组织机构不健全,专业人员严重不足,专职指挥制度未能全面落实。责任追究制度尚不健全,相关责任人得不到追究。

1.2.4.7　经费保障机制有待完善

现有投资规模难以完全满足森林防火发展需要,森林防火基础设施建设没有完全纳入地方政府国民经济发展规划,森林防火经费保障机制有待完善。地方项目建设配套资金到位率低,维护运行经费不足。政府购买服务的机制还没有全面建立推广。

1.2.4.8　科学防火体系有待健全

科技防火创新意识不强,科学管理水平不高,森林防火科研能力不足,成果转化和先进技术应用程度不够。森林防火宣传教育、可燃物和火源管理、灭火技术和手段、灭火机械研发、无人机和卫星应用、森林防火标准化等方面有待进一步加强。

1.2.4.9　依法治火力度有待加强

一些地方贯彻落实《森林防火条例》不到位,火源管理制度、火险隐患排查制度、森林防火考核和奖惩制度等配套规章制度不完善。林区社情、民情复杂,森林防火法治意识淡薄,违规野外用火难以控制。执法体系不健全,执法力量不足,森林火灾案件查处难度大,警示震慑作用发挥不够。

1.3 我国森林防火体系建设

经过多年努力，围绕"预防为主，积极消灭"的工作方针和"打早、打小、打了"的工作目标，我国初步建立了一套具有中国特色的森林防火应急体系，主要包括6个方面。

1.3.1 组织指挥体系

根据《中华人民共和国森林法》(以下简称《森林法》)和《森林防火条例》等法律、法规规定，我国森林防火工作实行各级人民政府行政首长负责制。各级地方政府对辖区内森林防火工作实行统一领导，政府主要(主管)领导担任森林防火总指挥(指挥长)，有关部门特别是森林防火指挥部成员单位根据职责分工承担相应的责任。

中共十九届三中全会审议通过《深化党和国家机构改革方案》，新一轮机构改革实施后，我国森林草原防灭火相应的组织机构也发生了调整。新成立国家森林草原防灭火指挥部(简称国家森防指)，国家森防指设总指挥1名、副总指挥若干名，成员由相关部门和单位负责同志担任，严格执行党中央、国务院关于森林草原防灭火工作方针政策和重大决策部署。国家森防指组成人员调整按国务院有关规定和要求执行。国家森防指下设办公室(国家森林草原防灭火指挥部办公室，简称国家森防指办公室)，设在应急管理部，负责国家森防指日常工作。

其中，应急管理部主要协助党中央、国务院组织特别重大森林草原火灾应急处置工作；按照分级负责原则，指导森林草原火灾处置工作，统筹救援力量建设，组织、协调、指导相关部门开展森林草原防灭火工作；组织编制国家总体应急预案、森林草原火灾处置预案和综合防灾减灾规划，开展实施有关工作；负责森林和草原火情监测预警工作，发布森林和草原火险、火灾信息；牵头负责森林草原火灾边境联防相关工作；协调指导林区、牧区受灾群众的生活救助工作；承担国家森防指办公室日常工作。

国家林业和草原局履行森林草原防灭火工作行业管理责任，指导开展防火巡护、火源管理、防火设施建设等工作；组织指导国有林场林区和草原牧区专业队伍建设、宣传教育、预警监测、督促检查等工作；负责落实国家综合防灾减灾救灾规划有关要求，组织编制森林和草原火灾防治规划和防护标准并指导实施。必要时，可以按程序提请，以国家森防指名义部署相关防治工作。

1.3.2 法规制度体系

在法规建设上：为实现森林防火工作规范化，1988年国务院正式颁布了我国第一部森林防火行政法规《森林防火条例》。根据形势发展需要，2008年国务院又修订颁布了新的《森林防火条例》，自2009年1月1日起施行，各地也陆续出台了相应的地方性法规和部门规章。在预案建设上：为进一步加强和规范森林防火工作，国务院于2006年发布了《国家处置重、特大森林火灾应急预案》，这是我国颁布的5件自然灾害类突发公共事件专项应急预案之一。在机制建设上：国务院办公厅2004年下发《关于进一步加强森林防火工作的通知》(国办发〔2004〕33 号),对新形势下森林防火工作做出全面部署,并首次以文件形式明确了森林防火行政首长负责制"五条标准"。国家林业局、武警总部《关于进一步加强防扑火统一指挥和协同作战工作的通知》(林防发〔2007〕120 号)、《国家森林防火指挥部工作规则》及《森林航空消防管理办法》等规范性文件和部门规章的印发实施,为森林防火提供了全面的制度保障。党的十九大后我国进行新一轮机构改革,印发《国家森林草原防灭火指挥部工作规则》(国森防办发〔2019〕3 号)的通知,进一步明确新形势下各部委在森林草原防灭火工作中的职责与担当。

1.3.3 火源管理体系

加强宣传教育是森林防火的首道工序,加强野外用火管理是防范火灾发生的关键环节。在宣传教育上:主要是开展森林防火宣传教育活动,提高全社会的防火意识。2003 年国家林业局推出了"中国森林防火徽标",2008 年又推出了中国森林防火吉祥物——防火虎"威威"。目前大部分地方都开通了"12119"森林火警电话,越来越多的社会公众更加关注森林防火工作。在火源管理上:各地依据相关法规制度,对林区生产生活提出约束和规范。对野外用火行为依法予以审批,对违规用火行为依法予以制止和处罚,对重点地区、重点时段、重点人员进行严格检查、死看死守。同时,通过适时组织开展隐患排查行动,消除了火灾隐患,减轻了防火压力,减少了火灾次数。

1.3.4 科技应用体系

2007 年以来,国家林业局陆续印发了《中国森林防火科学技术研究中长期发展纲要(2006—2020 年)》《森林航空消防工程建设标准》《森林火险预警响应机制暂行规定》等规范性文件,各级人民政府和森林防火指挥部制定了森林防火责任追究办法,层层签订了责任书,森林防火规范化、制度化水平全面提升。当前,森林防火工作主要采用的技术手段主要有森林火险等级区划、森林火险天气等级预测预报、森林火情火灾监测、森林防火通信指挥、林火阻隔技术。

1.3.5 救援队伍体系

我国森林火灾救援队伍由国家综合性消防救援队伍,地方专业、半专业森林消防队,森林消防队伍,森林航空消防队伍和解放军、武警部队、预备役部队、民兵应急分队、林业干部职工和当地群众等组成的群众灭火力量组成。其中,国家综合性消防救援队伍为森林火灾扑救的主力军。

1.3.6 应急保障体系

加强基础设施和物资装备建设,是做好森林防火工作的坚实保障。2016 年,国务院批复实施《全国森林防火规划(2016—2025 年)》,提出了今后一个时期森林防火发展的总体思路、发展目标、建设重点和长效机制建设,用以指导全国森林防火工作。此规划涵盖全国 2 675 个有森林防火任务的县级行政单位,重点实施预警监测系统、通信和信息指挥系统、森林消防队伍能力、森林航空消防能力、林火阻隔系统及防火应急道路六大建设任务，建立健全森林防火长效机制，提升森林火灾综合防控能力，实现森林防火治理体系和治理能力现代化。

1.4 森林防火工作发展趋势

自20世纪60年代中期以来，美国、加拿大、澳大利亚等国已从森林防火阶段进入了林火管理阶段，人们认识到火的两重性，把火视为是大多数生态系统中独特的、重要的、正常的自然环境因子。在长期防火实践中不断对林火管理技术进行深入研究，取得了长足的进步。目前，森林防火工作发展呈现以下一些趋势。

1.4.1 科学研究日趋深化

（1）深入进行林火发生机理研究

火源、火环境和可燃物组成了燃烧环网。森林防火首先要控制火源，目前各国采取的措施主要是：一是在游憩地采用生物防火技术（如营造防火林带和适当的森林计划火烧技术），可以有效地防止人为火源引发火灾。同时，加强对自然火源的监测，及时控制森林火灾。二是通过生物技术改善火环境，利用混交林或防火林带降低森林火险。对林火行为进行了深入的研究，针对不同的可燃物类型建立了火烧模型，采取营林措施或计划火烧来控制森林可燃物载量，把森林火险降低到最低程度。

（2）重视林火预测预报技术

林火预测预报从20世纪20年代迄今已有100余年的历史，在世界各国发展很快。林火预测预报是综合气象要素、地形、可燃物的干湿程度、可燃物类型特点和火源等，对森林可燃物燃烧危险性进行分析预测，天气预报的准确性直接影响林火预报的准确性。林火预测预报分为火险天气预报、林火发生预报和林火行为预报。

林火预测预报方法是进行林火预测预报的关键，全世界共有100多种。我国也有10多种，概括起来有经验法、数学方法、物理方法、野外实验法和室内测定法等。林火预测预报的研究方法有利用历史火灾资料进行林火预报，利用可燃物湿度和气象要素进行林火预报，通过野外点火试验进行林火预报，利用林火模型进行林火预报，利用动力学方法进行林火预报。美国、加拿大等一些国家已在全国普遍建立了全国统一火险预报系统，并建立了计算机网络信息系统，可发布长、中、短期火险预报，已研制成自动定位测报雷击的装置，对林火的预测预报向更准确的方向发展。我国研究林火预报较晚，1955年才开始，主要是在苏联、美国、日本等国家研究林火预报的基础上，结合我国的情况进行研制的，如风速补正综合指标法、双指标法以及801火险尺法等。1978年以后，我国的林火预报发展也较快，已由火险天气预报向林火发生预报和林火行为预报发展。

（3）各种新技术应用于林火监测

在林火探测方面，美国、加拿大等国家普遍采用了遥感技术，如在瞭望台、飞机或卫星上安装有传感器，进行定点探测。当前，美国主要采用两种方法：一种用红外探测仪主动搜索火源；另一种是定时接收美国海洋大气局卫星向地面传送的图像，分辨有无热源存在。在红外探测方面，还存在一些问题有待于改进，如改进传送办法，引进电视系统，直接在飞机上传出图像；扩大红外显示功能，尤其是直接计算出高强度狂燃大火的蔓延速度、火线强度、火线长及形状、火场面积及周边长，把这些数据传送到地面以便于制定扑火方案。随着GIS的发展，美国、加拿大等国家先后开展了利用卫星探测研究森林火灾。基于空间信息(包括森林植被图和遥感数据)和其他数据库信息，森林防火系统将得到进一步的发展。

(4)灭火技术向高效低耗发展

随着我国科学技术的进步以及经济的较快发展，森林灭火技术也取得了巨大的变革。由传统的利用手动扑火工具，如二号工具、点火器、风力灭火机等进行灭火，转向更多的加入新技术、新设备、新思路等进行更加快速有效的扑火，如飞机广泛用于巡护、探测、空降、机降灭火、空中喷洒灭火等。航空灭火是利用飞机对森林火灾进行预防和扑救的一种森林防火手段，是森林防火的重要组成部分和措施，也是世界公认的先进防、扑火手段。在森林火灾扑救方面，尤其山高坡陡、交通不便的边远山区，航空灭火被认为是最直接、最有效的扑救方法。航空灭火的主要手段包括机降灭火、索降灭火、吊桶(吊囊)灭火和机腹式水箱灭火。化学灭火剂将向高效、低价方向发展，目前世界各国对化学灭火都比较重视，并趋向于研制高效率的长效灭火剂，其效果比水高5~10倍，常用的化学灭火剂主要有磷酸铵、硫酸铵、硼酸盐和卤化烃等类型。此外，人工降雨灭火也属于一种较为高效的灭火技术，它适合于持续时间较长不易扑打的森林大火，同时也可以对比较干燥的部分林区进行人工降雨，用以降低该地区的火险等级，起到预防森林火灾的目的。美国、澳大利亚还研究用人工促进增雨来防止雷击火。但人工增雨存在很大的局限性，对积雨云的覆盖面积和含水程度要求极严格，而且受气团运动方向、速度的影响很大。计算机技术在森林防灭火中也得到十分广泛应用，主要用于建立火灾管理系统、扑灭火灾系统，实行林火管理模型化。而灭火机具将向越野性强、多用途、综合性方向发展。

(5)灾后研究不断完善

森林火灾会在一定程度上消耗森林资源，影响到立木、植被、森林动物、土壤和微生物的活动，靠近居民区的森林火灾还会影响到当地居民的生命和财产安全。低强度的森林火灾有类似计划火烧的作用，在一定程度上促进了森林天然更新，增加生物多样性。例如，澳大利亚就利用一定频度的低强度火烧来保持某些野生动物要求的生境，一定频度(3~5年)的低强度火烧对草原的生长有利，可以提高牧草的产量和质量。火灾也对生态系统产生不利影响甚至破坏生态平衡，导致森林群落的退化。火烧后地表植被减少，水土流失加重，在某些地方会引起地下水位的上升或下降，使林地沼泽化或沙漠化；高强度的森林火灾会毁掉地表一切植被和土壤大部分微生物，使林地天然更新困难，森林退化为草地群落；森林火灾会造成空气污染，树木在燃烧中大量的烟尘和有害气体，随着空气的流动，会对附近的城市或居民造成危害。对于火灾的评估，要从经济损失和生态影响各方面考虑，客观评价森林火灾的后果。

随着火生态学的研究发展，人们逐渐接受了重复扰动(recuring disturbance)概念和理论，特别是火烧对生态系统结构和功能的扰动作用。火作为自然扰动因素之一被广泛地研究，火生态理论不断得到丰富和完善。

1.4.2 防火投资不断增加

森林防火工作搞得较好的国家，近年来防火费用不断增加，用于森林火灾的科研经费也逐年增多。在投资上，主要用在利用航空和卫星对林火监测、各级防火人员的培训和基础设施的建设等方面。随着人们对环境的日益重视，森林火灾对周围生态环境的污染和火灾后森林的恢复以及森林火灾与生物多样性的关系等问题格外引人注目，在这些方面的研究投入也呈上升趋势。

我国也一直十分重视森林防火工作的投资建设。其中，2009 年 9 月开始实施的《全国森林防火中长期发展规划（2009—2015 年）》（以下简称一期规划），是我国第一个由国务院批准的全国性森林防火规划。7 年来，一期规划累计完成投资 300 亿元，其中，中央投入建设资金和财政经费 132 亿元，带动地方各级政府投入 168 亿元。通过一期规划实施，森林防火基础设施和装备建设明显加快，预防、扑救、保障三大体系全面加强，队伍建设专业化、扑救工作科学化水平明显提升，森林火灾综合防控能力得到加强，全国森林火灾次数和损失大幅下降，有效保护了森林资源和人民群众生命财产安全，维护了林区社会稳定。据统计，"十二五"期间，全国年均发生森林火灾 3 992 起，受害森林面积 1.7 万 hm^2，因灾伤亡 61 人，与"十一五"期间年均值相比，分别下降 59%、85% 和 48%，森林火灾受害率控制在 0.1% 以下。

根据《森林防火条例》和国家发展和改革委员会、国家林业局联合上报国务院的一期规划中期评估意见，国家林业局组织编制了《全国森林防火规划（2016—2025 年）》（以下简称二期规划），提出了今后一个时期森林防火发展的总体思路、发展目标、建设重点和长效机制建设，用以指导全国森林防火工作。二期规划投资范围包括预警监测系统建设、森林防火通信和信息指挥系统建设、森林消防专业队伍能力建设、森林航空消防能力建设、林火阻隔系统建设、防火应急道路建设等，以及森林防火物资储备费、重特大森林火灾扑救准备金和边境森林防火隔离带补助经费、森林航空消防飞行补助费、森林航空消防地面保障补助、扑救重特大森林火灾补助费等森林防火补贴。

1.4.3 国际合作日益扩大

森林火灾的巨大危害性影响着国家经济和人民的生活环境，如何有效防止和控制森林火灾是各国关注的问题。林火管理的研究，需要扩大国际间的合作，尤其是全球一些区域性的合作。林火管理的国际合作包括 4 个方面：国际林火协议，林火研究合作，非官方林火组织活动和森林消防设备厂家合作。

随着林火研究的不断深入和全球环境的联合行动日益增加，林火研究区域性合作得到加强。开始实施的合作计划有：亚洲北方火研究（Firescan），国际北方森林演替研究协会林火工作组（IBFRA-SRF），南方热带大西洋地区试验（STARE），近赤道大西洋大气化学与传输（TRACE-A），南非火、大气研究（SEAFIRE），地中海环境生态、社会、文化、历史和火信息系统研究（FIRESCHEME）等项目。国际社会也将成立一个中心机构，协调各国之间的合作，交换林火信息，更好地进行林火管理的研究。

我国也与周边国家广泛开展森林火灾预防扑救合作工作。与我国接壤的朝鲜、俄罗斯、蒙古、缅甸等15个周边国家森林火灾时有发生，外火烧入的危险性很大。为加强中俄、中蒙边境地区的森林防火工作，1995年6月26日，中华人民共和国和俄罗斯联邦政府在莫斯科签订了《中俄森林防火联防协定》；1999年7月15日，中蒙两国政府在乌兰巴托签订了《中华人民共和国政府和蒙古国政府关于边境地区森林、草原防火联防协定》，以维护我国边境安全，保护我国森林资源和边境地区人民生命财产。国家森林防火指挥部印发的《国家森林防火指挥部工作规则》规定，外交部负责边境地区烧入境、烧出境森林火灾防范的对外协调工作。2006年1月14日，国务院发布的《国家处置重、特大森林火灾应急预案》对涉外森林火灾，由国家林业局、外交部共同研究，与相关国家联系采取相应处置措施进行扑救。

1.4.4　高新技术广泛应用

从各国的防火工作来看，除了机构完善外，各国都开展森林火灾的基础研究，如在火行为、林火模型、林火生态、火灾史等方面不断深入的研究。随着遥感技术和计算机新技术在森林防火上的应用，林火监测技术和林火信息系统不断得到完善。

（1）生物工程防火

生物工程防火是利用和培育森林生态系统中各种有生命物质为依托的繁衍、代谢，在其个体或群体水平上进行的多层次调整，借以降低森林燃烧性，提高森林的抗火性和耐火性。生物工程防火大体分为三部分：第一部分是利用抗火和耐火树种营造防火林带，优化林火阻隔系统，有效阻止林火蔓延；第二部分是在易燃针叶树或阔叶树林分中引入抗火或耐火树种，形成防火性能较强的混交林；第三部分是利用或繁殖各种腐食链生物，加速森林凋落物分解，减少林下可燃物积累。生物防火工程具有高效、持久、低成本、绿色的特点。

（2）计算机在林火管理中的应用

计算机在林火管理中主要起到辅助决策的作用。最初用于森林火险天气预测，继而发展到火行为预测、林火预测、航空护林等。20世纪80年代中期开始将计算机辅助决策系统应用到森林火灾扑救。计算机可以存储大量的火灾历史资料、气象资料、防火措施和方法等，并把这些资料建立成数据库进行分析。利用计算机建立行政区划图、地形图、交通图、林相图、可燃物类型图等。后来，利用计算机可以确定起火地点，并显示发生火灾地点的具体信息，如地理位置、地貌特征、交通状况、附近是否具有有效扑火力等。根据计算机中各项信息的分析和显示，帮助制定消防人员扑火的最佳路线和位置，计算到达火场时间，需要多少人力等。

目前最为常用的当属Prometheus（普罗米修斯）和FARSITE两种软件。其中，普罗米修斯为加拿大开发的开源火灾预测系统，FARSITE为美国开发的开源预报系统。下面分别对两种林火预报软件进行简单介绍。

Prometheus是加拿大最新的野火增长模拟软件。它开发于1999年，经过多年的发展，现在Prometheus可以提供准确、快速、多天的火险变化预测。目前，该软件已用于灭火、火险分析和社区与森林的消防安全设计。该软件的基础是加拿大森林火险等级系统的火行为预测子系统和 Richards 发展的波传播算法(标记方法)。Prometheus 的核心算法是利用标记方法计算火线的演变。火线移动的计算规则是根据普遍接受的 Richards 和 Bryce 的理论。微观尺度上这一理论采用椭圆形增长理论(偏心率和轴向基于当地风和坡度条件)和 Hugyens 原则,把火线作为一个微小、独立椭圆火的无限集合进行处理。这种方法很自然,在野外使用普罗米修斯软件进行野外森林火灾蔓延模拟应用取得了良好效果。软件和说明文档可以在其官方网站(https://prometheus.io)上下载安装。

FARSITE 是一个火势增长模拟模型系统。它使用空间信息对地势、可燃物和天气与风进行归档,将现存的地表火、树冠火、飞火和火增长组成二维火势增长模型。FARSITE 被广泛用于美国林务局、国家公园管理局以及其他联邦和州管理机构来模拟林火蔓延和火的使用为了景观资源效益。FARSITE 能在不同地区、可燃物和天气条件下计算长期的火势增长和林火行为。它是一个确定性的建模系统,这意味着模拟结果可以直接与输入的数据进行比较。这个系统可以用来模拟空气和地面压抑行为(ground suppression action),同时也需要多重"假设分析"问题和结果比较。FARSITE 是一款空间火灾建模系统,它的输出结果与电脑端、工作站的制图以及 GIS 软件做之后分析和显示所兼容。它同时接受 GRASS 和 ARC/IMFO GIS 数据主题。软件和说明文档可以在其官方网站(https://www.firelab.org/project/farsite)上下载安装。

(3)"3S"技术在林火管理中的应用

"3S"技术是指遥感技术(remote sensing system, RS)、地理信息系统(geographical information system, GIS)和全球定位系统(global position system, GPS)。

RS 可以监测火情,远程操控,第一时间发现火点,尤其是一些不容易发现的隐藏火点也可以通过遥感图像,找出火灾的具体位置。还可以对一个地区进行长时间监测,通过异常数值的变化来预测森林火灾的发生。

GIS 主要起到决策支持作用,它是以计算机技术为基础的新兴管理和研究空间数据的技术。通过 GIS 可以提取地理系统不同侧面、不同层次的时空特征,能够快速模拟自然过程的演变,并用地图、图形、数据的形式将结果展现出来。为扑火指挥员提供决策依据和方案,辅助扑火指挥员做出正确决策。

GPS 主要起到导航、定位和面积测定作用,扑火指挥部可以根据扑火队报告其所在位置,随时掌握扑火力量的布局和动态。在扑火结束后所保存的信息还将预测下一次森林火灾的发生提供大量有效数据。

思 考 题

1. 名词解释

(1)森林　(2)森林火灾　(3)森林防火期

2. 世界森林火灾的特点有哪些?

3. 世界主要森林防火模式有哪几种? 各种防火模式的主要特点是什么?

4. 我国森林火灾发生的规律和特点有哪些?

第2章 森林燃烧基本规律

学习目标：了解森林燃烧的概念，掌握森林燃烧的特点、条件、过程等发生规律，重点掌握森林燃烧的林火蔓延规律、林火种类以及几种高强度的林火行为等，培养学员利用林火基本理论认知火场、判断火情能力。

林火是森林中燃烧现象的总称，既包括给森林造成损失的森林火灾，也包括能给森林带来利益的计划火烧。林火是影响森林的重要生态因子，它在森林中出现和扩展，有其内在和外在的客观规律性。森林燃烧基本规律是林火生态学、林火应用、森林火灾预防、森林火灾扑救以及森林防火评估的重要理论基础。

2.1 森林燃烧发生规律

燃烧是人类最早认识的自然现象之一，火是其最典型的表现。火始终与地球、森林和人类有着十分密切的关系，火在地球演变、更替、发展的过程中起着非常重要的作用，也成为影响人类生存、发展、进步乃至创造文明的关键因素。然而，人类生产和生活实践经验表明，一旦燃烧失去控制，就会酿成灾害。因此，在用火的同时必须研究燃烧现象的实质以及防止燃烧失控的理论和措施，以便在生产和生活中有效地防止火灾的发生。

2.1.1 森林燃烧的概念和特点

燃烧现象普遍存在于人们的生产生活中，但从人类开始用火后很长时期内却没有能对燃烧的实质给予科学合理的解释。人类对燃烧的认识充斥着形而上和谬误。1777年，法国科学家拉瓦锡确认了燃烧本质是物质同某种气体的一种结合（拉瓦锡为这种气体确立了名称，即氧气），提出了燃烧氧化说，建立了科学燃烧学说，燃烧学逐渐发展成为一门涉及面十分广阔的科学。在经历了与多学科的融合后，现在燃烧科学成为影响当今世界的重要科学，并不断发展推动着国民经济的发展。

20世纪70年代，发达国家对火灾的研究从单纯着眼于扑救发展到研究火灾发生、发展的机理和规律，形成了"火灾科学"。林火理论是火灾科学的一个分支，1919年第一次发表了关于实验研究在森林火灾中火头蔓延过程的著作。以后又出现了一批对影响森林中燃烧的主要因素的理论探讨和分析森林火灾产生规律的著作，为森林燃烧机理的研究创造了良好的条件。

2.1.1.1 森林燃烧的概念

燃烧是可燃物与氧快速结合放热发光的化学反应。但严格来说，燃烧不只是强烈的氧化反应，现代燃烧学说认为，燃烧是可燃物与氧化剂作用发生的放热反应，通常伴有火焰、发光和(或)发烟现象，还应包括类氧化反应、热分解反应和其他放热反应，其中有基态、激发态的自由基、电子、离子、原子出现并伴有光辐射的现象的所有反应，所以燃烧的本质是化学反应过程，同时还包括许多物理过程。

森林燃烧是一种燃烧现象，指的是森林中可燃物在一定温度条件下与氧快速结合，发热放光的化学反应。森林燃烧会伴随能量、光、声、烟气释放等现象。

物质燃烧后产生的新物质称为燃烧产物，燃烧产物多达百余种。其中，散布于空气中能被人们看到的云雾状燃烧产物，它实际上是由燃烧产生的悬浮固体、液体粒子和气体的混合物。森林燃烧产物组分和含量因燃烧的可燃物种类和燃烧状况而有所不同。其粒径一般在 $0.01 \sim 10\mu m$。完全燃烧时除产生 CO_2、H_2O 等物质外，还有许多其他产物，这些产物可分上、中、下三层，上层主要是 CO_2、CO、NO_2、碳氢化合物和 O_3，中层主要是多环芳香烃和颗粒物(烟尘)，下层则是向土壤渗透的焦油类物质和残留的灰分物质。其中，CO_2 是造成全球温室效应的物质主要来源。燃烧产物对火灾扑救工作有很大影响，有利的影响主要包括大量生成的完全燃烧产物，可以阻止燃烧的进行；根据烟雾的特征和流动方向，可以识别燃烧物质，判断火源位置和火势蔓延方向。不利方面主要有引起人员中毒；使灭火人员受伤；影响灭火人员视线；成为影响火势发展、蔓延的因素。

2.1.1.2 森林燃烧的特点

由于森林燃烧是在开放的森林系统内进行的，所以森林燃烧是反应、流动、传热和传质并存、相互作用的综合现象，并呈现出与一般燃烧不一样的特点。

(1)森林燃烧是一种短时间内释放出巨大热量的过程

地球上一切绿色植物都是太阳能的产物，森林是由绿色植物组成的最大生物群体，贮存的化学能也最多，其进行光合作用的同时也就是贮存大量化学能的过程(150 亿 t/年)；而森林燃烧则是森林突然释放大量能量的过程。两者反应历程不同：森林贮存能量的过程是缓慢的，而森林释放能量的过程则是十分迅速的。森林燃烧是在高温作用下，进行快速的氧化反应。

(2)森林燃烧是开放性燃烧

森林燃烧是在森林开放系统内进行的，并在森林中蔓延、扩展。因此，森林燃烧受可燃物类型与火环境的制约和控制，使得森林的燃烧过程不易控制，也相对复杂。

(3)森林燃烧为固体可燃物的燃烧

森林中可以燃烧的物质，如乔木、灌木、草本植物、树根、大枝丫、小枝、树皮、苔藓、地衣、枯枝落叶、泥炭、腐殖质等都为固体形态，因此，森林燃烧为固体可燃物的燃烧。

(4)森林燃烧过程的林火行为千差万别

由于森林燃烧是在开放的森林系统内进行的，森林燃烧的进程在不同程度上会受到可燃物类型、气象因子、地形因子等自然条件的影响制约，使得森林燃烧各具特点。

（5）森林燃烧具有双重性

现代生态学观点认为火是一个重要的生态因子。它具有双重性：一方面火能烧毁森林，使森林遭受严重的危害；另一方面，火又能给森林带来有益的影响。其关键在于强度。

2.1.1.3　森林燃烧的方式

由于森林可燃物物质分子结构复杂，物理性质不同，在燃烧时会呈现出不同的燃烧方式，主要有蒸发燃烧、分解燃烧、表面燃烧、阴燃。

熔点较低的可燃固体，受热熔融，然后像可燃液体一样蒸发成蒸气而燃烧称为蒸发燃烧，如蜡烛的燃烧。

分子结构复杂的固体可燃物，受热后分解出热分解产物，这些分解产物再氧化燃烧，当燃烧中有火焰产生时发生有焰燃烧。森林可燃物在受热分解后，释放出可燃气体，可燃气体燃烧产生火焰，这种燃烧也称为有焰燃烧。

有些可燃固体，其蒸气压非常小或者难于发生热分解，不能发生蒸发燃烧和分解燃烧，当氧气包围这种炽热物质的表面时，发生表面燃烧。其特点是表面发红而无火焰，又称为无焰燃烧或辉光燃烧，如木炭燃烧。森林可燃物在进行有焰燃烧的同时可燃物表面进行无焰燃烧，当没有足够的可燃气体产生时，有焰燃烧终止，无焰燃烧继续进行。

一些固体可燃物在空气不流通、加热温度较低或可燃物含水分较多时，发生的只冒烟、无火焰的燃烧现象叫阴燃，如地下火的燃烧。

在特殊情况下，森林会发生爆燃。爆燃是指以亚音速传播的爆炸。森林火灾“爆燃”和“轰燃”意思相近，发生时间突然，产生的温度极高。森林火灾“爆燃”不仅烧死大量地被植物，危害生态环境和人民群众生命财产安全，还会产生高温有害气体导致中毒，严重时还会产生高温热浪直接将受困者烧死。

2.1.2　森林燃烧的条件

林火是森林在特定条件下发生的燃烧，森林燃烧发生必须具备可燃物、助燃物（氧气）、一定的温度这 3 个条件，又称燃烧三要素，如果把每个要素作为三角形的一个边，连在一起就构成了森林燃烧三角（图 2-1）。

燃烧三要素三者同时存在，彼此相互作用燃烧才会发生。破坏其中任何一个，燃烧就会减弱甚至熄灭，灭火工作就是围绕破坏燃烧三角来进行的。图 2-2 是扑火队员利用手工具在燃烧的可燃物与未燃烧的可燃物之间开设隔离带，这正是破坏了森林燃烧三角中的可燃物因素来达到灭火的目的。

（1）可燃物

可燃物，所有能与氧或氧化剂结合并产生光和热的物质都是可燃物。因此，森林可燃物是指森林中所有的有机物。在森林防火实践中，森林可燃物通常指森林植物及其枯落物，包括森林中的乔木、灌木、草本植物、苔藓、地衣、干枯植株、倒木或凋落地面的叶、枝、皮、果以及腐殖质层、泥炭等。这些可燃物按照它们的燃烧性质和特点可以分为

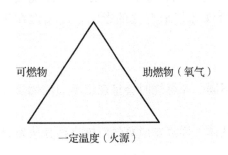

图 2-1　森林燃烧三角　　　　图 2-2　人工开设的隔离带(任建朋摄)

两类：一类为有焰燃烧可燃物，另一类为无焰燃烧可燃物。有焰燃烧和无焰燃烧比较见表 2-1。

表 2-1　有焰燃烧和无焰燃烧的可燃物比较

森林可燃物种类	有焰燃烧的可燃物	无焰燃烧的可燃物
燃烧类型	明火	暗火
占森林可燃物总量的百分比(%)	85～90	5～10
燃烧蔓延速度	快	慢
燃烧面积	较大	较小
扑救方式	扑救	清理

森林可燃物是林火发生发展的物质基础，没有森林可燃物，就不可能发生森林燃烧；可燃物不同，它的燃烧性不同，树种不同其燃烧特性也不同，通常针叶林比阔叶林易燃。与此同时，可燃物的燃烧状态(火行为)不同，森林可燃物数量的多少，都会影响林火蔓延的特征。

(2)氧气(助燃物)

森林燃烧是森林可燃物与氧化合再生新物质的过程。氧气是帮助和支持可燃物燃烧的物质。若没有氧或者氧气浓度低，燃烧不能进行。通常，1kg 的木材完全燃烧需要氧气 $0.6～0.8m^3$，折算为空气大约需要 $3.2～4.0m^3$ 的空气，若空气中氧气含量降低到 14%～18%(体积比)，燃烧就停止。在地球近地面空气中，通常氧气的含量为 21%，这一浓度足以使森林可燃物在火源作用下着火燃烧。

但在森林燃烧过程中，氧气的供给量是变化的，若氧气供应充分，火焰明亮且基本无烟雾，燃烧后生成的物质主要是二氧化碳、水蒸气和灰分，不能再次燃烧，释放热量也多，这种燃烧称为完全燃烧；若氧气供应不充分，火焰暗红并伴有大量烟雾，燃烧生成很多还可以再次燃烧的中间产物，如焦油、碳粒子、一氧化碳等，释放热量较少，这种燃烧则称为不完全燃烧。燃烧完全与否不仅与空气供给量有关，而且还与空气同可燃气体扩散混合的均匀程度有关。如果空气供给量充足，并与可燃气体混合得非常均匀，则燃烧近于完全。在森林火场中，不完全燃烧往往比较普遍。氧指数是表示物质燃烧难易程度的量，指在规定条件下，固体材料在氧、氮混合气流中，维持平稳燃烧所需的最低氧含量。氧指数高表示材料不易燃烧，氧指数低表示材料容易燃烧，一般认为氧指数 <22 属于易燃材料，氧指数在 22~27 之间属可燃材料，氧指数 >27 属难燃材料。表 2-2 列出了几种常见可燃物着火所需的最低氧含量。

表 2-2　几种可燃物着火所需的最低含氧量

可燃物	最低含氧量(%)	可燃物	最低含氧量(%)
汽油	14.4	棉花	8.0
煤油	15.0	橡胶屑	12.0
乙炔	3.7	蜡烛	16.0

(3)一定的温度

一定的温度，是指供给可燃物与氧或助燃物发生燃烧反应的能量来源。常见的是热能，其他还有化学能、电能、机械能等转变的热能。空气中，有些物质在常温条件下就可以燃烧，如钠、镁遇到空气或水，就剧烈燃烧并发出明亮火焰。但大多数性质稳定的物质包括森林可燃物，常温条件下一般不易燃烧。森林可燃物要发生燃烧反应，就必须达到一定温度。我们把在规定的试验条件下，液体或固体能发生持续燃烧的最低温度称为燃点。一些森林可燃物的燃点见表 2-3。

表 2-3　某些森林可燃物燃点

可燃物名称	试验部位	着火点(℃)	可燃物名称	试验部位	着火点(℃)
莎草	茎叶	399	杉木	叶	276
马尾松	枝	260	柳杉	心材	430~440
马尾松	叶	270	樟树	边材	440~460
杉木	枝	275			

森林可燃物温度达到燃点，依靠其自身释放的热量，就能保持继续燃烧所需的温度，就不再需要外界火源了。平常所说的着火，就是可燃物在受外界火源持续加热时，自身温度逐渐上升并开始进行燃烧，如果移除火源后，可燃物仍能维持燃烧的现象。

可燃物燃点的高低与着火燃烧的关系十分密切。可燃物的燃点低，星星之火就可以引起可燃物着火，并能迅速蔓延酿成火灾；若可燃物的燃点高，就需要较高温度的火源体才能将其点燃。用同样的火源点燃可燃物，燃点高的可燃物着火所需的时间较长；燃点低的可燃物着火所需的时间较短。一般情况下，森林燃烧的发生，都需要有外界火源。

如果没有外界火源点燃而可燃物自然着火燃烧，就是自燃，如褐煤没有热源加热也能燃烧，湿稻草长期堆放会自发着火。森林或草地中泥炭也会自燃，但是，在森林中，由于自身温度升高而引起的自燃现象十分少见，一般森林可燃物自燃所要求的最低温度，通常要比其燃点高出 100~200℃。几种可燃物的自燃温度见表 2-4。

表 2-4　几种可燃物的自燃温度

可燃物	自燃点（℃）	可燃物	自燃点（℃）
汽油	415~530	煤油	380~425
柴油	350~380	机油	300~350
酒精	423	豆油	460
棉花	407	木柴	350
干草	333	煤	250~500
氨	630	乙炔	305
甲烷	595	一氧化碳	605

液体（固体）表面上能产生足够的可燃蒸气，遇火能产生一闪即灭的火焰的燃烧现象称为闪燃。在规定的试验条件下，产生闪燃的最低温度称为闪点。闪点温度下，可燃性气体的蒸发速度不快，当表面聚积的蒸气燃尽时，新的蒸气来不及补充，因此，产生一闪即灭的瞬间燃烧现象。木材的闪点在 260℃ 左右。

在森林中只是具备了燃烧三要素这些必要条件，燃烧还不能持续发生，要产生持续地燃烧还必须具备一定的可燃物浓度、一定的氧气含量、一定的点火能量、未受抑制的链式反应这几个充分条件。大多数的有火焰燃烧都存在着链式反应，当某种可燃物受热时，它不仅会气化，而且该可燃物的分子还会发生热裂解作用，即它们在燃烧前会裂解为简单分子或活性很强的游离基。由于游离基与其他的游离基及分子产生反应维持有焰燃烧，当它不受抑制时燃烧才能持续。

2.1.3　森林燃烧的过程

森林可燃物都是固体燃料，在着火之前，必须释放出可燃性气体，才能开始燃烧。在生成气体的不同阶段，其化学与物理性质不同，这些差异取决于时间、温度和供氧情况。根据燃烧表现的不同特点，燃烧过程大致可划分为 3 个不同阶段，即预热阶段、气体燃烧阶段和固体燃烧阶段。

2.1.3.1　预热阶段

预热阶段是指森林可燃物在火源作用下，因受热而干燥、收缩，并开始分解生成挥发性可燃气体，如一氧化碳、氢气、甲烷等，但是尚不能进行燃烧的点燃前阶段。

自然条件下，森林可燃物都含有水分，在预热阶段，外界火源提供的热量使可燃物温度不断升高，体内水分被不断蒸发，同时形成烟雾，当可燃物达到一定温度后，开始进行热分解。可燃物受热分解为小分子物质的过程，叫作热分解。随着热分解的发生，小分子的挥发性可燃气体不断逸出，因此，这个阶段需要环境提供热量，预热阶段也称为吸热阶段。

预热阶段的长短既与火源体的大小有关，也与可燃物的干湿有关。对同一火源，干燥的可燃物，预热阶段十分短暂；湿润的可燃物，则需要较长的预热阶段。

2.1.3.2　气体燃烧阶段

随着温度继续上升，可燃物被迅速地分解成可燃性气体（如一氧化碳、氢气、甲烷等）

和焦油液滴，它们形成的可燃性挥发物与空气接触形成可燃性混合物。当混合物的温度达到燃烧极限（即燃点），而且挥发物浓度达到一定数值时，在固体可燃物上方可形成明亮的火焰，释放出大量热量，产生二氧化碳和水气。有焰燃烧也称为明火，其蔓延速度快，进行直接扑救的危险大。

这个阶段就是气体燃烧阶段，气体燃烧阶段是放热的阶段。气体燃烧阶段为林火快速发展和传播的阶段。在这一阶段中，空气（氧气）供给充分与否，直接影响其反应过程，氧气充足则产生完全燃烧，氧气不充足则产生不完全燃烧。

这一阶段以各种可燃性气体的链式反应为主。燃烧中瞬间进行的循环连续的化学反应被称为燃烧链式反应或燃烧反应链。燃烧链式反应十分复杂，下面我们以氢、一氧化碳、烃类和碳的燃烧反应链来说明其过程。

（1）氢燃烧反应链

由于一些外来的影响，如高能量分子的碰撞等，氢分子（H_2）分解成氢游离基（$H\cdot$）：

$$H_2 + M \longrightarrow 2H\cdot + M \tag{2-1}$$

氢游离基遇到氧分子（O_2）生成氧原子（$\cdot O\cdot$）和氢氧游离基（$\cdot OH$）：

$$H\cdot + O_2 \longrightarrow \cdot OH + \cdot O\cdot \tag{2-2}$$

氧原子和氢分子相互作用，又生成氢游离基和氢氧游离基：

$$\cdot O\cdot + H_2 \longrightarrow H\cdot + \cdot OH \tag{2-3}$$

氢氧游离基与氢分子相互作用，生成水分子（H_2O）和氢游离基：

$$\cdot OH + H_2 \longrightarrow H_2O + H\cdot \tag{2-4}$$

氢的链式反应还有许多复杂的情况，如氢氧游离基相互反应生成氢分子和氧原子；在中等压力下，氢游离基与氧分子在外来能的作用下，生成过氧化氢游离基；在高压下过氧化氢游离基与氢分子作用生成过氧化氢和氢游离基，过氧化氢分解成氢氧基。

（2）一氧化碳燃烧反应链

一氧化碳遇氧原子或氢氧游离基生成二氧化碳：

$$CO + \cdot OH \longrightarrow CO_2 + \cdot H \tag{2-5}$$

$$CO + \cdot O\cdot \longrightarrow CO_2 \tag{2-6}$$

一氧化碳在干燥条件和700℃下，不与氧发生燃烧反应。但当有少量水蒸气和氢气存在时，则发生燃烧反应，并大大加速此反应。

（3）烃类燃烧反应链

烃类燃烧反应链极为复杂，以最简单的甲烷为例，一般认为按下列反应进行：甲烷分解成烷基游离基（$\cdot CH_3$）和氢游离基；氢游离基与氧分子作用生成氢氧游离基和氧原子；烷基游离基与氢氧游离基作用生成甲醇（CH_3OH）；甲醇氧化生成甲醛（$HCHO$）和水；甲醛还可进一步分解生成氢分子和一氧化碳。其反应方程式如下：

$$CH_4 \longrightarrow \cdot CH_3 + \cdot H \tag{2-7}$$

$$\cdot H + O_2 \longrightarrow \cdot OH + \cdot O\cdot \tag{2-8}$$

$$\cdot CH_3 + \cdot OH \longrightarrow CH_3OH \tag{2-9}$$

$$CH_3OH + \cdot O\cdot \longrightarrow HCHO + H_2O \tag{2-10}$$

$$HCHO \longrightarrow H_2 + CO \tag{2-11}$$

（4）碳的燃烧反应链

碳与氧相遇会产生下面各种情况：

$$C + O_2 \longrightarrow CO_2 \tag{2-12}$$

$$2C + O_2 \longrightarrow 2CO \tag{2-13}$$

$$4C + 3O_2 \longrightarrow 2CO_2 + 2CO \tag{2-14}$$

$$3C + 2O_2 \longrightarrow 2CO + CO_2 \tag{2-15}$$

一氧化碳是可燃气体，它与氧反应生成二氧化碳。二氧化碳是燃烧的最终产物，但二氧化碳与炽热的碳粒子反应，生成一氧化碳，进行二次燃烧。其反应如下：

$$2CO + O_2 \longrightarrow 2CO_2 \tag{2-16}$$

$$C + CO_2 \longrightarrow 2CO \tag{2-17}$$

在有水蒸气存在的情况下，碳可以与水蒸气反应生成一氧化碳和甲烷（CH_4）这类可燃气体。所以，水蒸气在某种情况下会加速燃烧。过去曾用燃烧木炭加水生成甲烷作为汽车发动机的燃料。其反应方程式如下：

$$C + 2H_2O \longrightarrow CO_2 + 2H_2 \tag{2-18}$$

$$C + H_2O \longrightarrow CO + H_2 \tag{2-19}$$

$$C + 2H_2 \longrightarrow CH_4 \tag{2-20}$$

以上链式反应的条件是在燃烧区内存在活性物质，即游离基，这些活性物质称为活化中心。如果破坏反应链的活化中心，燃烧反应不能继续，燃烧就会停止。常用的灭火药剂氟利昂是在分解时产生溴游离基，溴游离基再捕捉活化中心的氢游离基、氢氧游离基，使火熄灭。原理就是中断燃烧反应链。其反应方程如下：

$$\cdot Br + \cdot H \longrightarrow HBr \tag{2-21}$$

$$HBr + \cdot OH \longrightarrow H_2O \cdot Br \tag{2-22}$$

2.1.3.3 固体燃烧阶段

在气体燃烧阶段末期，固体木炭表面上会继续发生缓慢的氧化反应，木炭燃烧阶段的本质是木炭表面碳粒子由表及里进行的缓慢氧化反应，木炭完全燃烧后产生灰分。该阶段的热量释放速度较缓慢，释放出的热量较前一阶段少，这一过程一般看不见火焰，此时的燃烧呈辉光燃烧。木炭燃烧的充分与否，取决于空气供应情况和环境的温度。

大多数森林可燃物，如木材、枝丫、枯枝等，在燃烧时，都可以明显观察到以上3个阶段。一些细小可燃物，则几乎是在同一时刻完成燃烧的三阶段；也有些森林可燃物，如泥炭、腐殖质、腐朽木和病腐木等，由于不能挥发出足够的可燃性气体，所以看不到明显的火焰，没有明显的气体燃烧阶段。无焰燃烧也叫暗火，其燃烧速度缓慢，但持续时间长，不易被发现和扑灭。

在森林中，有焰燃烧可燃物的数量可占森林可燃物的85%~90%，无焰燃烧可燃物的数量占森林可燃物总量的5%~10%。

2.1.4 森林燃烧环

森林是由多种可燃物组成的复合体。森林燃烧除了基本的燃烧三要素外，有时还需要特殊的条件，如热带雨林虽然有大量的可燃物、火源和氧气，却不易发生森林火灾；再如东北林区夏季森林中也有大量可燃物，并具备氧气和一定的温度条件，但却不易发生森林火灾，其主要原因是此时是雨季，又是植物生长的旺盛季节，林内可燃物含水分多、湿度大，故不易燃烧。因此，仅用可燃物、氧气和一定的温度来概括森林燃烧现象是不够全面的。为此我们提出用森林燃烧环的理论来剖析和阐述森林燃烧现象。

2.1.4.1　森林燃烧环的结构和内容

（1）森林燃烧环的结构

在同一气候区内，可燃物类型、火环境和火源条件基本相同，火行为基本相似的可燃复合体叫森林燃烧环。森林燃烧环是由我国著名森林防火专家郑焕能教授于 1987 年在燃烧三要素的基础上提出的，现已作为林火管理的理论依据和实践基础。

森林燃烧环由气候区、森林可燃物类型、火源条件、火环境和火行为 5 个要素构成，其基本结构如图 2-3 所示。从外观上看，森林燃烧环由三角形的外切圆和内切圆共同构成，三角线的三条边分别代表火源条件、火环境、可燃物类型，外切圆代表气候区，内切圆代表火行为。森林燃烧环诸因子之间相关关联、相互促进、相互影响、相互抑制，但不可替代。

图 2-3　森林燃烧环

（2）森林燃烧环的内容

①可燃物类型　可燃物包括土壤表层以上所有活的和死的植物有机体，如乔木、灌木、草本植物、枯枝、落叶、地衣、苔藓、土壤腐殖质等。由于各种可燃物的大小、配置状态、自身结构、理化性质和含水率等特点不同，其易燃性具有很大的差异，如枯枝、落叶、枯死杂草、地衣等细小可燃物燃点低，容易燃烧；而倒木、较大的枯枝、灌木等可燃物燃点高，不易燃烧。但是，在森林燃烧过程中，并非一种可燃物在燃烧，而是多种可燃物燃烧的复合体，即可燃物类型。可燃物类型是具有一定同质性、占据一定空间和时间的可燃物复合体。它是森林燃烧的物质基础。可燃物类型的划分是依据优势植被和树种、立地条件、森林破坏程度等。调节可燃物类型的燃烧性是森林防火的基础，也是日常工作的内容，它贯穿于整个森林生长发育的全过程。

②火环境　指气象条件、天气形势和气候条件以及地形地势，这些因素与火源、可燃物互为环境条件，是影响或改变火的发生、蔓延和熄灭等火形为特征的可燃物、地形和气象因素的综合体，会不断变化。森林防火是在一定火环境下发生的，用火和以火防火是有条件的，只有在安全保障的情况下才能取得应有的效果。在不同的气候区，具有不同的森林燃烧环，同类型燃烧环因大气候不同，有较大的差异。

③火源条件　火源包括自然火源和人为火源两类。火源不同所引起火灾的火行为特点也不同，如火山爆发，可将所有的森林可燃物化为灰烬；而烟头，在较湿润的地段却很难引起森林火灾。因此，火源对森林燃烧环的影响主要表现在火源的大小、出现的时间和地

点等。季节不同，火源出现的频度差异悬殊，在防火季节中严格控制火源，已成为控制森林火灾的决定性工作。

④火行为　是森林燃烧的重要指标，包括着火难易程度、释放能量大小、火蔓延方向和速度、火强度、火持续时间、火烈度和火灾种类以及高强度火的火行为特点等。在扑救森林火灾时，掌握了火行为的特点，采取相应措施，才能有效地控制森林火灾的发展，直至使其全部熄灭。

⑤气候区　是森林燃烧环的限定范围，不同的气候区具有不同的森林燃烧环，同类型燃烧环因大气候不同，有较大的差异。同一个气候区内，同类型燃烧环的诸因素具有一致性或相似性。

2.1.4.2　森林燃烧环中各因子间的关系

①森林燃烧环中各因子都是相互联系、相互依赖、相互制约的，它们之间构成统一复合体，缺少任何一个都不能构成森林燃烧环。

②森林燃烧环中各因子既能相互促进、相互补偿，又能相互抑制，但各因子间不可相互代替。

③在森林燃烧环中有时其中某个因子起主导作用，如在林地中存有大量可燃物，且遇到干旱的天气条件，这时的火源对能否着火起主导作用。

④不同的气候区由于水热条件差异悬殊，据此可划分不同的森林燃烧环区，如东北可划分为东部山地和大兴安岭两个燃烧环区。在同一燃烧环区内，又可按火灾季节出现早晚，划分不同的燃烧环带。在同一燃烧环带内还可按可燃物类型、火源及火环境等划分几个或多个森林燃烧环。

⑤不同可燃物类型其易燃烧性及燃烧剧烈程度不同，同是易燃型其燃烧剧烈程度也不一样。

2.2　森林燃烧火行为规律

林火行为是指森林火灾发生、发展全过程的表现和特征，即火灾从着火、蔓延直至熄灭全过程的全部特征。林火的蔓延扩展具有时间和空间双重特征。森林燃烧的火行为受火环境的影响，其特征主要表现为火场范围的扩大、火场形状、火焰特征、火强度、蔓延速度等。狭义的林火行为主要指林火的蔓延、火强度、火焰高度、火烈度、对流柱、火旋风、飞火、火爆、高温热流等。特殊火行为则表现为对流柱、飞火、火旋风、火爆、高温热流等，以及蔓延方向、突变为高强度火。通常将描述火行为的参数分为物理参数和几何参数两类，物理参数包括火蔓延速率、火强度等，几何参数包括火焰高度、火蔓延形状、火场面积和周长等。林火蔓延速度、火强度、火焰高度是林火行为三大主要定量指标。研究林火行为有助于及时掌握林火的发生、发展规律，为森林火灾的预防和扑救提供依据。

自从人们重视森林火灾，就开始关注对林火行为的研究。林火行为研究距今已有百余年历史，主要经历了 4 个阶段，第一阶段为早期对影响林火行为因子的探索阶段；第二阶段是以森林燃烧中化学变化和物理变化为主要研究对象的理化阶段；第三阶段为利用大量点烧实验结合实际火灾观测得到数据建立火行为模型的统计分析阶段；第四阶段为利用计算机、RS 和 GIS 等先进技术进行火行为模拟的空间模拟阶段。

林火行为主要包括着火难易程度、释放能量大小、火蔓延方向和速度、火强度、火持续时间、火烈度和火灾种类以及高强度火的火行为特点等，林火行为受可燃物类型、火环境、火源条件和灭火方式方法制约，可以说每次森林燃烧的林火行为都不尽相同。因此，应针对不同的林火行为，采取不同的灭火方式方法才能对林火有效地加以控制。

2.2.1　着火难易程度与能量释放

2.2.1.1　着火难易程度

着火难易程度是引起森林火灾的先决条件。如果林地引火物多，则该地区容易着火。可燃物能否燃烧，取决于最低引火能量，它包括可燃物预热使水分蒸发所需的热量及可燃物变为可燃性气体所需的热量。因此，最低引火能量越小，则越易燃。

不同可燃物燃点不同，地衣、苔藓的燃点为 180 ~ 250℃，杂草燃点 250 ~ 300℃，一般木材的燃点为 350℃ 以上。同一可燃物大小不一，其燃点也不相同，如木材的燃点为 350℃，而木粉的燃点为 180℃。一般来说，腐朽木燃点低，容易着火，所以在清理火场时，应特别注意彻底清理病腐木和腐朽木。

影响可燃物易燃程度的因素还有可燃物含水率。一般在潮湿立地条件下，可燃物含水率高，不容易燃烧；相反，可燃物处在比较干燥的立地条件下，则容易燃烧。此外，还有些因素也影响可燃物的着火程度，如火源种类不同，可燃物的着火程度也不一样；火山爆发能量大，可引起整个森林起火；如果是烟头，则需较长时间的预热才能使细小引火物着火；机车喷出的火星，只有遇到特别干燥的引燃物才能起火。

一般在平坦无风天气条件下，火向燃点低的方向蔓延。因此，在灭火时应尽快疏散燃点低的可燃物，以阻止火的蔓延。

2.2.1.2　能量释放

森林可燃物的发热量与可燃物种类和可燃物含水率有着密切关系。一般情况下，地衣、苔藓的发热量为 8.4 ~ 12.5kJ/g，禾本科杂草为 12.5 ~ 16.7kJ/g，木本植物在 16.7kJ/g 以上，针叶树在 20.9kJ/g 左右，阔叶树则为 16.7 ~ 20.9kJ/g。可燃物发热量与可燃物含水率成反比，发热量越大则含水率越低。而可燃物发热量越高，则可燃物释放能量越多。

随着可燃物数量的增加，能量释放的数量也随之增加。但是在森林燃烧中，释放能量不仅与可燃物数量有关，更与有效可燃物数量密切相关。有效可燃物数量是指火烧前可燃物数量减去火烧后可燃物数量。有效可燃物数量和发热量的乘积为有效能量。有效能量无法在火烧前测量，为了在未发生火灾之前估算释放的能量，可以采用潜在释放能量计算：

$$P_W = N_f H (1 - \varphi) A \tag{2-23}$$

式中　P_W——潜在释放能量(kJ)；

　　　N_f—— 新鲜可燃物质量(g)；

　　　H —— 发热量(kJ/g)；

φ——含水率(%);

A——系数。

火(热源)与大气之间风的动能和火的热能的关系

风场动能的方程式:

$$P_W = P(V - r)^3/g \tag{2-24}$$

式中　P_W——离火 Z 高度的风场动能[kg·m/(s·m²)];

P——在 Z 高度的大气密度(kg/m³);

V——在 Z 高度的风速(m/s);

r——火向前蔓延速度(m/s);

g——地心吸力的加速度(9.8m/s²)。

火热能的方程式:

$$P_f = I/C_p(T_0 + 459) \tag{2-25}$$

式中　P_f——Z 高度时,对流柱通量的动能[kg·m/(s·m²)];

I——火的强度[kJ/(m·s)];

C_p——常压下空气的单位热容量[kJ/(kg·K)];

T_0——因火而上升的外层空气温度($T_0 + 459$ 适用于华氏温标)。

在某一高度范围内,P_f/P_W 的关系决定火的发展性质。当 $P_f/P_W > 1$ 时,火在其产生的热能影响下,发展极为迅速,当 $P_f/P_W < 1$ 时,火就具有反复不定的发展性质。在火的发展初期,总是 $P_f < P_W$,当 P_f 接近和大于 P_W 时,可看作是"爆发火",此时强迫性对流转变为自由对流。从外形来看,此时出现对流柱,代替了原来的羽毛状烟团。强风下的火灾,$P_W > P_f$,火灾蔓延快,扑灭难,但在发展中没有反复不定的性质。

2.2.2　林火蔓延

林火蔓延是林火行为的一个重要指标,它包括林火的蔓延速度、火场面积、火场蔓延类型和蔓延模型等。这些都是灭火的重要指标。

2.2.2.1　林火蔓延速度

林火蔓延速度是指火线在单位时间内向前移动的距离。由于火场部位不同,风向与火蔓延的方向不一致,所以火场上各个方向的蔓延速度也是不同的。蔓延速度上差异可以形成复杂的火场形状。林火蔓延速度可以通过在野外实践中直接测得,也可以通过数学模型计算和预测获得。常用的林火蔓延速度有以下 3 种:

(1)线速度

林火蔓延的线速度是指单位时间内火线向前推进的直线距离,即火线向前推进的速度。单位通常以 m/s、m/min、km/h 来表示。线速度的测算有两种方式,一种是现地测算法,该方法是利用自然物体或人为投放的物标,估算几个明显物标间的距离并测定物标之间火的蔓延时间,然后测算林火蔓延的线速度,面对大面积火场时可以采用飞机等距离投放物标的方式来确定林火蔓延距离;另一种是图像判读法,该方法是利用不同时间间隔拍摄的航片或卫星照片,从图像上判读测算出林火蔓延的线速度。

（2）面积速度

林火蔓延的面积速度是单位时间内火场扩大的面积。单位通常以 m^2/min 或 hm^2/h 表示。计算林火蔓延速度之前，需要先计算出火场面积。确定火场面积的方法有两种，一是当遇到大面积火灾时，通过拍摄的航片和卫星照片进行判读，当遇到小面积火灾时，可以现场进行目测；二是用火线速度推算林火蔓延速度。

初发火场面积的推算公式：

$$S = \frac{3}{4}(V_1 t)^2 \tag{2-26}$$

式中　S——初发火场面积（m^2）；

　　　V_1——火头蔓延线速度（m/min）；

　　　t——自着火时起到计算林火蔓延燃烧持续时间（min）。

前苏联 И. В 奥弗斯扬尼柯夫计算顺风火头蔓延速度与面积和周长的关系：

$$S = kt^n \tag{2-27}$$

式中　S——林火面积（hm^2）

　　　k——该级林分自然火险系数（无量纲）；

　　　t——火灾燃烧持续时间（h）；

　　　n——该级自然火线林分的火灾程度和火险季节系数（无量纲）。

（3）周长速度

林火蔓延的周长速度是指单位时间内火场周边增加的长度。通常 m/min 或 m/h 或 km/h 表示。火场周边长度及其增加速度快慢是计算扑火人员数量和火场布设的重要参考指标。在实践中，可以通过顺风火头线速度来估测火场周边长度，进而推算出周长速度。

初发火场周边长的计算公式：

$$C = 3V_1 T \tag{2-28}$$

式中　C——初发火场周长（m 或 km）；

　　　V_1——火头蔓延的线速度（m/min，m/h，km/h）；

　　　T——火烧持续时间（min 或 h）。

2.2.2.2　火场面积

火场面积蔓延速度和火场周边扩展速度经常是用以估算灭火人力的重要依据。估算方法较多，主要有以下几种。

如果是刚发生的小面积火场，在地表平坦、无风的条件下，可以按圆面积和圆周长公式计算，即

$$S_{火场} = \pi r^2 \tag{2-29}$$

$$L_{周长} = 2\pi r \tag{2-30}$$

如果火场发展为椭圆形，按照长轴和短轴比例，求算火场面积和火场周边长度，采用近似椭圆计算，即将火蔓延速度、侧翼火蔓延速度和火尾逆风火蔓延速度相加后除以 3，得火平均蔓延速度，以此为半径，再按圆面积计算公式进行计算，求得火场面积。

另外，还有按照火头前进方向抛物线，以火翼速度为半径画圆来算火场面积的方法。

上述方法都必须经过实测之后方可估算火场面积。

2.2.2.3　林火蔓延类型

一场火的发生发展中火的蔓延随着可燃物因素、地形因素和气象因素等的不同，会出现不同情况，或是发展，或是减缓，或是停止，呈现出不同的火场蔓延形状。火场蔓延形状通常有 3 种典型类型。

(1)无风、无坡蔓延类型

这种类型的特点是火场的火焰呈垂直状态，它是辐射对流热能在有限范围内传播造成的。清晨与夜间发生在无风、无坡、高湿条件下的草原火就具有这种形态。火线近似等距向四周传播蔓延。

(2)坡地蔓延类型

由于火焰垂直发展，无风、无坡情况下发生的林火用于预热周围可燃物的辐射，对流热能数量有限，而林火发生在坡地上，情形就不同了，此时林火蔓延以水平方向为主。这种蔓延模型扩大了用于预热可燃物的辐射、对流热能。发生在坡地上的林火蔓延形状呈椭圆形，火头窄。

在鸡爪形山地条件下，植被相同，火在谷地之间蔓延缓慢，而向两个山脊方向蔓延则迅速，因此，常会形成两个火头。

(3)风驱火焰蔓延类型

风驱火焰的特征是形成水平火焰。水平火焰以辐射、对流形式传播的热能最大。风助火势常常会形成跳跃的火团，间歇性放出高能热量。

当风速达到40km/h 的时候，则林火不存在逆风传播，此时火头顺风迅速向前蔓延。

一般情况下，在风驱火焰火场中，顺风火蔓延速度要快于侧风火蔓延速度，侧风火蔓延速度要快于逆风火蔓延速度。

当地面风向不固定时，经常成30°或40°的角度变化，则蔓延模型呈扇形。当火场开始时顺风蔓延较快，后由于风向的转变，侧风变为主风时，则椭圆形火场的长轴方向发生改变。

有风天气条件下发生在坡地上的林火会带来更多的麻烦，因为此时的火焰受坡度与风速双重作用，火焰向水平方向极度发展，会造成宽大的火头，这不同于受风速单一因子作用时所形成的狭窄火头。此外，两侧的火翼蔓延紊乱，热能释放量极高，极有可能形成飞火。

林火的各种蔓延类型都具有各自的蔓延特点，对此必须有充分的认识。灭火时应集中兵力设法控制住火头及新生火头，这样才能控制住火势。

2.2.2.4　林火蔓延模型

林火蔓延模型是仿真预测的基础，它是根据实际的火烧实验，以及在获得多种可燃物信息、地形、气象数据的前提下，运用数学的方法计算出林火蔓延的速度、火强度，以及其他数据。根据林火蔓延模型得出的蔓延速度等可以帮助预测要发生的林火行为的具体情况，帮助制定扑火措施，进行日常的林火管理等。

在林火模型研究方面，继 W. R. Fons 提出林火蔓延的数学模型之后，许多国家相继提出了其他林火蔓延模型。目前，可以分为加拿大林火蔓延模型（半机理半统计模型）、基于能量守恒定律的 Rothermel 模型（物理机理模型）、澳大利亚的 McArthur 模型（统计模型）、王正非的林火蔓延模型、Van Wagner 林冠火蔓延模型 5 种经典模型。而现有的单模型预测精度不高，因此，有必要采用一种多模型预测的手段提高林火蔓延的预测精度。

我国的林火蔓延预测研究起步较晚，20 世纪 80 年代以前使用的都是国外的方法。近年来，我国学者在这方面也进行了大量的研究，取得了不错的成果。王鹏以湖南地区的森林火灾为研究对象，选择王正非模型作为林火蔓延模型，建立热量挥发模型，并将它与天气模型中的天气数据进行信息融合，把融合后的数据信息输入模拟系统进行林火蔓延模拟，得到基于混合 HOGA-SVM 的热量挥发模型和天气模型信息融合的林火蔓延模型。李兴东等进一步改进了基于元胞自动机（CA）的林火蔓延模型中的蔓延规则，在蔓延速度前引入一个与元胞状态值有关的状态权重系数构成有效速度，使火势蔓延速度更加合理，并考虑了林火蔓延的重叠现象，通过减去重叠作用带来的影响，有效减少了林火蔓延趋势的高估，使蔓延过程更逼近实际状况。下面重点介绍 5 种经典国内外林火蔓延模型。

（1）加拿大林火蔓延模型

林火蔓延面积（t 时间内）的计算模型为：

$$A = K(Rt)^2 \tag{2-31}$$

式中　A——t 时间后的林火面积（m² 或 km²）；

　　　K——面积形状参数（长短轴比）；

　　　R——林火蔓延线速度（m/min 或 km/h）；

　　　t——时间（min 或 h）。

其中，K 与风速（林内 10m 处）呈曲线关系，或根据风速查出 K。

林火蔓延周边长（t 时间内）的计算公式为：

$$P = K_p D \tag{2-32}$$

式中　P——t 时间后的林火周边长（m 或 km）；

　　　K_p——周边形状参数；

　　　D——林火蔓延距离（m 或 km）。

其中，K_p 可由 $K(V/B)$ 表查出，D 可由蔓延速度乘以时间得出（Rt）。

该蔓延模型并不考虑其他的物理机制，不过，其能够更为简洁地认知林火的发展与演变，并且体现其效用规律。在所有参变量都非常近似的前提下，能够更为精确地预测林火发展趋势。

（2）基于能量守恒定律的 Rothermel 模型

Rothermel 模型是以热力学第一定律、室内试验、室外实际火灾统计信息为基础，从而得出相应的林火蔓延数学关系，该模型是经验、物理相结合的模型蔓延速度，公式如下：

$$R = I_R \xi (1 + \varphi_w + \varphi_S) / \rho_b \varepsilon Q_{ig} \tag{2-33}$$

式中　R——林火蔓延速度（m/min）；

I_R——火焰区反应强度[kJ/(min·m²)];

ξ——传播通量与反应强度的比值(无量纲);

φ_W——风速修正系数(无量纲);

φ_S——坡度修正系数(无量纲);

ρ_b——可燃物排列的颗粒密度(kg/m³);

ε——有效热系数(无量纲);

Q_{ig}——引燃热(kJ/kg)。

Rothermel 模型的分析对象是火焰前端的蔓延情况,并不考量过火火场的燃烧状况。同时还形成了"似稳态"的定义,由宏观角度分析林火蔓延。其假设可燃物床与地形地况在空间方面是持续分布,同时可燃物的含水比例、风速与坡度等参变量均要保证一致。而在模拟林火蔓延之时,该模型考虑热传导、热对流与热辐射3种传热方式,并且其要求室外的可燃物是分布均匀的,对可燃物各种参数的要求比较严苛,规定可燃物的含水比例不应该超过30%,不考虑较为大型的可燃物质的作用。由于 Rothermel 模型的这些特点,使得它的适用性较强,所以它的使用范围非常宽泛。

(3)澳大利亚的 McArthur 模型

1960 年以来,麦克阿瑟(McArthur)、诺布尔(Noble)、巴雷(Bary)和吉尔(Gill)等人,经过一系列研究和改进,最终得出草地火蔓延速度指标,公式如下:

$$R = 0.13F \tag{2-34}$$

当 $M < 18.8\%$ 时,$F = 3.35We^{(-0.0897M + 0.0403V)}$

当 $18.8\% \leqslant M \leqslant 30\%$ 时,$F = 0.299We^{(-1.686 + 0.0403V) \times (30 - M)}$

式中 R——火蔓延速度(km/h);

F——火蔓延指标,量纲为1;

W——可燃物负荷量(t/hm²);

M——可燃物含水率(%);

V——距地面 10m 高处的平均风速(m/min);

e——自然对数的底。

该模型能够预测一些重要的参数,但是它的局限性也很大,模型中的可燃物类型只能是草地和桉树林。

(4)王正非的林火蔓延模型

王正非先生通过对林火蔓延规律研究,得出林火蔓延速度模型为:

$$R = R_0 K_W K_S / \cos\theta \tag{2-35}$$

$$R = I_0 l / H(W_0 - W_t) \tag{2-36}$$

式中 R——林火蔓延速度(m/min);

R_0——水平无风时林火的初始蔓延速度(m/min);

K_W——风速修正系数,量纲为1(表2-5);

K_S——可燃物配置格局修正系数(表2-6);

θ——地面平均坡度;

I_0——水平无风时的火强度(kW/m);

l ——开始着火点到火头前沿间的距离(m);

H ——可燃物热值(J/g);

W_0——燃烧前可燃物质量(g/m²);

W_t——燃烧后余下的可燃物质量(g/m²)。

表 2-5　风速修正系数 K_W

风速(m/s)	1	2	3	4	5	6	7	8	9	10	11	12
K_W	1.2	1.4	1.7	2.0	2.4	2.9	3.3	4.1	5.0	6.0	7.1	8.5

表 2-6　可燃物配置格局修正系数 K_S

可燃物类型	K_S
枯枝落叶厚度 0~4cm	1
枯枝落叶厚度 4~9cm	0.7~0.9
枯草地	1.5~1.8

此模型的使用范围不如 Rothermel 模型广泛,但对我国林区比较适用,尤其适用在无风平地、无风上坡和顺风上坡并且坡的倾斜度低于 65°的林地。在对林火蔓延情况进行分析之时,不考虑直径非常大的可燃物(如原木与大树干)的影响。对于模型里的各类调节参量,王正非都计算并制定出了其对应的关联表,能够通过此表进行查询,极大程度地简化了运算过程。

(5)Van Wagner 林冠火蔓延模型

$$I_0 = [0.010CBH(460 + 25.9M)]^{3/2} \tag{2-37}$$

式中　I_0——树冠火发生的临界火线强度(kW/m);

　　　CBH——树冠基地高(m),通常用枝下高代替;

　　　M——树叶的湿度。

如果在第 i 个节点地表火的强度达到或超过 I_0,将引发树冠火。

树冠火的类型依赖于主动树冠火的开始速率 RAC,计算公式为:

$$RAC = 3.0/CBD \tag{2-38}$$

式中　CBD——树冠火密度(kg/m³);

　　　3.0——经验值,由树冠层连续火焰的临界流动速度[0.05kg/(m²·s)]和转换因子(60s = 1min)相乘得到。

Van Wagner(1977)一共定义了 3 种树冠火,但是最后一种独立树冠火发生概率极低,故主要介绍前两种:

被动树冠火($I_b \geqslant I_0$, $R_{cactual} < RAC$);主动树冠火($I_b \geqslant I_0$, $R_{cactual} \geqslant RAC$)。

被动树冠火的速率假定和地表火的速率相等。第 i 个节点实际主动火的蔓延速率 $R_{cactual}$(m/min)计算公式如下:

$$R_{cactual} = R + CFB(3.34R_{10}E_i - R) \tag{2-39}$$

式中　CFB——被烧的树冠;

　　　3.34——系数,用来确定最大树冠火蔓延速率;

R_{10}——平均树冠火的蔓延速率(m/min)，可通过经验得到；

E_i——在第 i 个节点计算树冠火的火头蔓延速率($E_i \leq 1.0$)。

树冠火强度 I_c(kW/m)计算公式如下：

$$I_c = 300[I_b/300R + CFB \times CBD(H - CBH)]R_{cactual}(或 R) \tag{2-40}$$

式中　H —— 树冠高度(m)。

地表可燃物和树冠可燃物的热容都被假定为 18 000J/kg。

2.2.3　林火强度

林火强度，简称火强度，是指森林可燃物燃烧时整个火场的热量释放速度。早在 20 世纪 50 年代，美国物理学家拜拉姆就提出火强度的计算公式：

$$I = HWR \tag{2-41}$$

式中　I——火强度[Btu/(ft·s)][①]；

H——发热量(Btu/lb)；

W——有效可燃物数量(lb/ft²)；

R——火蔓延速度(ft/s)。

火强度公式从英制转为公制：

$$I = 0.007HWR \tag{2-42}$$

式中　I——火强度(kW/m)；

H——有效可燃物发热量(J/g)；

W——有效可燃物负荷量(t/hm²)；

R——蔓延速度(m/min)。

火焰长度是火焰从地面到火舌尖端的距离；火焰高度则是火舌垂直于地面的距离。火强度难以测量，但可以按火焰长度估算火强度，其公式为：

$$I = 258L_f^{2.17} \tag{2-43}$$

式中　L_f——火焰长度(m)；

I——火强度(kW/m)。

在野外可按火焰高度近似地估算火强度(误差 20%)，公式如下：

$$I = 3(10 \times H)^2 \tag{2-44}$$

式中　I——火强度(kW/m)；

H——火焰高度(m)。

在长期观察的基础上，防火工作者总结经验得出火焰高度和林火强度的关系(表2-7)。

此外，火强度还可以按照林火烧伤、地被被烧的状况来判别。灌木林树冠烧毁不超过 40%，其中，有残留未烧或轻度火烧的带有树叶和小枝条的灌木为低强度火；有 40% ~ 80% 的灌木树冠被烧毁，残留的树干直径 0.6 ~ 1.3cm 为中强度火；灌木树冠全部被烧毁，

注：① Btu 为英国热量单位，等于 1.055kJ；1ft = 0.304 8m。

表 2-7　林火强度和火焰高度关系表

表 2-7　林火强度和火焰高度关系表

林火强度（kW/m）		火焰高度（m）	林火强度（kW/m）		火焰高度（m）
弱　度	75	<0.5	高　度	3 500 ~ 10 000	3.5 ~ 6.0
低　度	75 ~ 750	0.5 ~ 1.5	强　度	>10 000	>6.0
中　度	75 ~ 3 500	1.5 ~ 3.5			

只残留直径在 1.3cm 以上的树干为高强度火。火场上还可以根据火烧后土壤剖面变化和土壤的颜色来判断火的强度。枯枝落叶层被烧焦，土壤剖面无变化为低强度火；枯枝落叶层被烧成黑灰状，土层的颜色、结构也无变化为中强度火；枯枝完全烧成白灰状，土层的颜色、结构都发生了变化为高强度火。这些测算方法，有利于估算当时火烧迹地的火强度。

2.2.4　火烧持续时间及火烈度

2.2.4.1　火烧持续时间

火烧持续时间的长短与火的温度高低对于活的可燃物影响是不同的。火烧持续半小时，温度达 49℃ 时，针叶才会死亡；火烧持续几分钟，温度达到 56℃ 时，针叶死亡；火烧持续半分钟，温度达到 60℃ 时，针叶死亡；当温度达到 62℃ 时，针叶会立即死亡。因此，火的持续时间与火强度具有同样作用。

火烧持续时间的含义有两种：一是指整个火焰在可燃物上停留的时间；二是指火锋持续时间。由于可燃物种类的不同，火烧持续时间也不同。火在粗大杂乱物上停留的时间长，在细小杂乱物上停留的时间短。

2.2.4.2　火烈度

林火烈度是指林火对森林生态系统的破坏程度。林火烈度和林火强度是成正比的关系。郑焕能先生认为，从能量释放的多少、能量释放速度和火烧持续时间 3 个方面表现火对森林生态系统的影响。

$$P = bI/R^{0.5} \tag{2-45}$$

式中　P —— 树木损伤率（%）；

$\quad\quad b$ —— 树种抗火能力系数；

$\quad\quad I$ —— 火强度（kW/m）；

$\quad\quad R$ —— 火蔓延速度（m/min）。

火烈度表达方法主要有两种：

①火烧前后的蓄积量变化　用森林燃烧前后的林木蓄积量变化来表示森林受危害程度，那么火烧造成的林木蓄积量的损失与火烧前林木蓄积量的比值称为火烈度。

$$P_M = \left[(M_0 - M_1)/M_0 \right] \times 100\% \tag{2-46}$$

式中　P_M —— 火烈度（%）；

$\quad\quad M_0$ —— 火烧前的林木蓄积量（m³）；

$\quad\quad M_1$ —— 火烧后的林木蓄积量（m³）。

②火烧前后林木株数变化　火烧后林木死亡株数与火烧前林木株数比值确定火烈度。

$$P_N = [(N_0 - N_1)/N_0] \times 100\%$$ (2-47)

式中 P_N —— 火烈度（%）；

　　N_0 —— 火烧前的林木株数；

　　N_1 —— 火烧后存活的林木株数。

2.2.5 林火种类

林火种类也是林火行为的一项重要指标，同时它也是其他林火行为指标的综合。不同林火行为具体表现在林火种类上。林火种类不同，给森林带来的危害也不同。了解林火的种类，对正确估计火灾危害和可能引起的后果，对灭火力量的组织、灭火战术的运用、灭火机具的选择，以及怎样利用有利的时机灭火等都具有现实意义。按燃烧部位划分，林火通常可划分为地下火、地表火和树冠火 3 种类型。

2.2.5.1 地下火

（1）森林地下火概念

地下火是一种阴燃的过程，它是指林地土壤中粗腐殖质层有机物质（包括泥炭等）燃烧所发生的火灾。其中，在腐殖质中燃烧的火称作腐殖质地下火，在泥炭层中燃烧的火称作泥炭地下火。地下火是林间地下可燃物的燃烧，在地表看不见火焰，有时会有烟，可一直烧到矿物层和地下水层的上部。地下火蔓延速度缓慢，大约每小时 4~5m，一昼夜可以烧几十米至几百米，火烧迹地呈现弯弯曲曲马蹄形向四周伸展，温度高，持续时间长，可以跨季节燃烧，甚至越冬燃烧，破坏力极强，能烧掉腐殖质、泥炭和树根等，导致树木枯黄而死。这类火灾一般只在特别干旱的年代才发生，只占森林火灾总数的 1%。如 2002 年，在干旱夏季的大兴安岭北部原始林区发生的"7·28"内蒙古满归特大林火，就是以地下火为主的森林火灾。

（2）森林地下火分布

林火的发生随森林植被类型、气候条件、纬度变化具有显著不同的分布特征。由于受降水、积雪、气温、湿度、植被、人口密度、交通、水源等因素的影响，林火具有一定的垂直分布特征。森林地下火往往是发生在长期处于干旱、降水少、蒸发量大、高温低湿季节中的原始森林里。地下火有空间和时间分布特征。

在空间分布上，相对于腐殖质，泥炭是限制地下火空间分布的主要因素，全球约 80% 的泥炭分布在北温带，15%~20% 分布在热带和亚热带，仅少量分布于南温带。在北温带，加拿大和阿拉斯加都有大量的泥炭层分布，是地下火的高发区域。在温带和亚热带，英国的苏格兰地区以及美国东南部的北卡罗来纳州和佛罗里达州是地下火的高发区域。而在热带，印度尼西亚和巴西是地下火高发的国家。我国的森林地下火主要发生在东北大、小兴安岭林区和新疆阿尔泰林区这些北方寒冷的针叶林中，南方区域的林区因气候等原因较少发生森林地下火，但在四川甘孜、阿坝自治州和云南保山等林区中也有发生。

在时间分布上，地下火绝大部分发生在夏季。夏季可燃物处于生长期，活可燃物可依靠降水和借助吸收土壤中的水分补充水分，活可燃物含水量相对于死可燃物含水量大，而地下死可燃物只能依靠降水来补充水分，遇到干旱，地下死可燃物缺乏水分补充，变得越来越干燥，极易发生地下火。地下火一般出现在干旱的季节，东北大、小兴安岭林区主要发生在6~7月，新疆阿尔泰林区地下火主要发生在8~9月。

（3）森林地下火扑救

通过实践发现，扑救森林地下火采用隔断法比较有效。隔断法是通过机械、人力等手段破坏地下可燃物的连续性，从而切断地下火的蔓延，有效地控制地下火的发展。隔断法主要采用镐、锹、斧子、耙、开沟机等，进行直接扑打与间接扑打。

图2-4　扑救地下火（王良摄）

①直接扑救　将地下火场的地表用人工或掘土机挖开、切断火线，向地下火浇水或用新土掩埋，将火直接扑灭，如图2-4所示。对火焰高度较低、火强度较小的火场，扑火人员先消灭明火，再清理火线边缘的余火，将正在燃烧的可燃物搂进火线内侧，最后沿火线向火场内侧5m处挖出30~50cm宽的防火沟，阻隔林火的蔓延。对火焰高度较高、火强度较大的火场，扑打时要选植被相对稀少的地带，在未形成树冠火尚在地表燃烧阶段，或利用夜间风小、温度低及下山火蔓延速度慢等有利条件，消灭明火并沿火线边缘向里侧清理余火，沿火线挖出防火沟，阻隔地表火及地下火的蔓延。

②间接扑救　对已发现的地下火区，利用割灌机、油锯、手锯、铁锹等在距火线前方一定距离的位置开设防火隔离带，并在隔离带内挖出防火沟，将地下火封闭在一个小区范围内燃烧，使火线不再扩大蔓延。通常间接扑打法不单独使用，而是与直接扑打法配合使用。

2.2.5.2　地表火

沿林地表面蔓延的林火称为地表火。地表火是最常见的一种林火，在北方，地表火约占林火总数的90%以上。火从地面地被物开始燃烧，地表火沿着地表面蔓延，烟为灰白色，如图2-5所示。主要燃烧森林枯枝落叶层、枝丫、倒木、地被物、灌丛，并危害幼树、下木，烧伤大树的根部，影响树木生长，引起森林病虫害，较高强度的地表火会造成大面积林木枯死，破坏森林生态系统。地表可燃物特别多时，易转为树冠和树干火。但是轻微地表火对土壤及林木有一定的效益。地表火的燃烧速度和火强度容易受气象因素（特别是风向、风速）、地形和可燃物的影响。

通常情况下，地表火蔓延速度为4~5km/h，上山火可达8~9km/h，有强风时火的行进速度可达10km/h以上。

按蔓延速度和对林木的危害，地表火又可分为急进地表火和稳进地表火。

图2-5　地表火（陈飞飞摄）

（1）急进地表火

急进地表火是在大风或坡度较大情况下形成的。火蔓延速度快，通常每小时可达5km以上。这种火因蔓延速度快，往往燃烧不均匀，常留下未烧的地块，林地被烧成"花脸"，一般只烧林地的干枯杂草、枯枝落叶等，对乔、灌木危害较轻。形成火烧迹地的形状与风速有直接关系，一般呈长椭圆形或顺风伸展成三角形。由于急进地表火蔓延速度快，如果不及时组织力量扑救，控制火头，就会迅速扩大火场面积，容易酿成大灾。

（2）稳进地表火

稳进地表火蔓延速度较慢，2~3km/h，有时很缓慢，仅前进几十米或几百米。这种地表火主要烧毁地被物，有时能烧毁幼树和乔木。在密集的原始森林里杂草少、苔藓多、林内湿度大、风速不大的情况下，火势小，蔓延慢。由于燃烧时间长，温度高，火经过的地方可燃物燃烧彻底，对高大的原始森林的根部和树干基部危害严重。在稀疏的次生林内，因下木丛生、杂草繁茂，火强度大。在采伐迹地，干燥的杂草及乱物多，火燃烧猛烈，容易蔓延到树冠形成遍燃火。稳进地表火的火烧迹地呈椭圆形。稳进地表火蔓延速度慢，只要发现、扑救及时，就能控制火场面积，不至于酿成大灾。

2.2.5.3 树冠火

树冠火指地表火遇到强风或特殊地形向上烧至树冠，并沿树冠蔓延和扩展的林火，这种火是由地表火遇强风或遇针叶幼树群、枯立木、风倒木或低垂树枝，烧至树冠，并沿树冠顺风扩展，如图2-6所示。通常情况下树冠火易出现在树脂成分较多的针叶林内。上部烧毁针叶，烧焦树枝和树干；下部烧毁地被物、幼树和下木。在火头前方，经常有燃烧枝丫、碎木和火星，加速火灾蔓延，扩大森林损失。树冠火燃烧猛烈，灭火困难，遇有大风天气，树冠火燃烧更为猛烈，称为狂燃树冠火，烟为青灰色。在我国北方，树冠火占5%左右。树冠火也有因雷击树的干部和树冠起火形成的。树冠火燃烧时可以产生局部气旋，遇有大风天，这种气旋可将燃烧着的树枝、树皮吹到几十米至百米远的地方，在那里形成新的火点。树冠火的扑救难度较大，目前，主要是采取开设隔离带、以火攻火、洒水灭火或飞机灭火的方法扑救。

树冠火多发生在长期干旱的针叶林、幼中林或异龄林。根据蔓延速度，树冠火又可分为急进树冠火和稳进树冠火两种类型。

（1）急进树冠火

树冠火蔓延时如果地表火在后，树冠火在前，火焰在树冠上跳跃前进，蔓延速度快，则该类火为急进树冠火。火蔓延速度顺风可达8~25km/h或更大，形成向前伸展的火舌。这种火是在强风的推进下形成的，又称为狂燃火。烧毁树冠的林系，烧焦树皮使树木致死，火烧迹地呈长椭圆形。

图2-6　树冠火（任建朋摄）

（2）稳进树冠火

地表火与树冠火同时向前蔓延，且火的蔓延速度相对较慢，这样的树冠火称为稳进树冠火。火蔓延速度一般情况为 2～4km/h，顺风在 5～8km/h，这种火可以烧毁树冠的大枝条，烧着林内的枯立木，燃烧较彻底。稳进树冠火又称遍燃火，是危害森林最严重的林火之一。通常火烧迹地呈椭圆形。

据统计，世界各国的林火均以地表火为最多，大约占 90% 以上，其次是树冠火，最少是地下火。我国东北地区地表火约占 94%，树冠火约占 5%，地下火约占 1%，但全国各地会有所差异。地表火、树冠火和地下火这三类林火可以单独发生，也可以并发。特大森林火灾发生时，三类火往往是交织在一起。一般来讲，林火都由地表火开始，烧至树冠引起树冠火，烧至地下则形成地下火，树冠火也可能下降到地面形成地表火。地下火也可以从地表的缝隙中窜出烧向地表。通常针叶林易发生树冠火，阔叶林一般易发生地表火，长期干旱年份易发生树冠火或地下火，林火种类与森林类型以及可燃物类型密切相关。

2.2.6　不同能量林火行为

过去有些人往往把大面积森林火灾与高能量森林火灾混同起来。实际上，两者具有不同的概念。前者是指火灾面积的大小，如前苏联和其他一些国家将火烧 200hm² 以上的森林火灾称为大面积森林火灾。我国和美国等一些国家则将 100hm² 以上的森林火灾称为大面积森林火灾。各国大都把火烧 100～200hm² 范围的森林火灾列为大面积森林火灾。这是按火灾面积大小不同划分森林火灾的方法。高能量火灾是高速度、高强度的火，这种火灾人们无法靠近扑救，如 1987 年春大兴安岭北部林区发生的特大森林火灾，5 月 7～8 日火进入第二阶段为爆发期，这时的火为高强度火，蔓延非常迅速，一昼夜多的时间，火烧林地面积竟接近 50 万 hm²。然而第三阶段的间歇期和第五阶段的平息期均属低能量火。在一场大面积森林火灾中，有时是高能量火，有时则为低能量火。有些国家把高能量火和中强度火占火烧迹地 70% 以上的林火列为高能量火。对不同能量的森林火灾，采取灭火的方式方法是不相同的，火后对火烧迹地的处理也不相同，高能量火由于释放能量大、速度快，因此，产生一系列高能量的火行为，如对流柱、飞火、火旋风、火爆等。

2.2.6.1　不同能量的森林火灾

（1）低能量火

低能量火都属于小面积的森林火灾；或者称低强度森林火灾，火焰高度一般在 1.5m 左右，最高不超过 3.5m，属于低度和中度地表火。火以平面发展为主，又称为二维火。对这类火，人们可以靠近直接扑打。这类火主要是以热源形式释放能量，仅有千分之几的能量转变为动能。因此，在林冠层上方 100m 处为羽毛状烟团，其对流烟柱主要为浮力所造成。在平原地区这类火发生在 20km 范围之内就可以见到。然而在山地条件下则不容易发现，只有当飞机飞至火场上空才能发现火场。大多数的计划火烧也属于这类火。

（2）高能量火

高能量火是在林火发展到一定面积，聚集到一定能量时才能发生。因此，它经常伴随着大面积的森林火灾。其特点是火发展异常凶猛，火强度一般在 4 000～5 000kW/m，有高大的对流柱，有 5% 的热能转变为动能，形成强制性对流，浓烟翻滚，烟柱有时可高达数千米。这类火向立体发展，人们无法靠近，称为三维火。这类火无论发生在平原或山区，在远离火场 120km 以外的地方都能发现。这类火往往给森林带来巨大损失，有时甚至使整个森林生态系统造成崩溃与毁灭。

由低能量火转变为高能量火，又称为爆发火。这类火一旦发生，往往打乱了原来灭火计划，给灭火工作带来危险。低能量火转变为高能量火时，有许多明显特征，如火头前方飞火数量骤增，对流烟柱翻滚，迅速向高空发展；由二维向三维火转变，火蔓延速度加快，火强度明显增强，灭火队员难以靠近火场，给灭火带来困难。促使低能量火转变为高能量火的原因是：可燃物类型发生变化；可燃物数量骤增；火进入有利于火发展的地形；天气条件发生显著变化（如突然增温，相对湿度迅速下降）；或是火进入午后 12：00 ~ 18：00 时，此时的天气条件突然变得有利于火的发展；或是突然发生大风，都能促使低能量火向高能量火发展。

总之，不同能量的火，火行为特点不同，应分别对待，采取相应的灭火方法。特别是在火场上遇到低能量火转变为高能量火时，灭火指挥员应立即修改灭火计划，以适应新的火场形势。

2.2.6.2　高能量林火火行为

（1）对流柱

当森林燃烧时，火场上空产生热对流、形成不同温度差，随着热空气上升，四周冷空气补充，形成对流烟柱。对流烟柱的发展和衰落反映火场的兴衰。在野外依据对流烟柱的特点，可以判断不同类别的火灾和火灾发展的趋势。

高能量火有一个发展完全的对流柱，其形状主要决定于风的廓线（风的垂直分布），如果高空风速较低时，对流柱常呈塔状并有白色水蒸气蘑菇帽；若高空风速增加，对流柱将破裂而失去向上的飘散力，并趋向水平飘移。这种破裂型的结构常使飞火传播到更远的地方。

对流烟柱的发展受许多因素影响，主要受可燃物、天气条件和火行为影响。有效可燃物数量越多，对流烟柱发展越烈，相反则小。火强度越高，对流烟柱发展越烈。对流烟柱的发展与天气条件密切相关，当遇到不稳定的天气条件，容易形成对流烟柱；相反，在稳定天气条件下，在山区容易形成逆温层，这样就不容易形成对流烟柱。热气团易形成上升气流，有利于对流烟柱的发展；冷气团为下降气流，则不利于形成对流烟柱。气旋为上升气流则容易形成对流烟柱。单位长度火线在单位时间内燃烧可燃物的数量与对流烟柱的发展密切相关。火线 1m/min 燃烧不到 1kg 可燃物时，对流烟柱高度仅为几百米；火线 1m/min 消耗几千克可燃物时，对流烟柱高达 1 200m；如果火线上 1m/min 燃烧十几千克可燃物，对流烟柱则可发展到几千米的高度。此外，火场面积大小与地形条件也都影响对流烟柱的发展。

（2）飞火

飞火是指燃着的可燃物受火羽流影响被抛至空中，在环境风的驱动下飞越到未燃可燃物区，引燃细小可燃物，产生新的燃烧区的一种火灾蔓延方式。飞火这一特殊火行为具有较大的随机性，易受到风速、火强度、可燃物等多种因素影响，其传播距离可为几十米、几百米，也可达几千米，甚至几十千米，经常会飞越河流、防火隔离带等难以预料的区域，大大增加了森林火灾的扑救难度。1994 年澳大利亚悉尼发生森林火灾，飞火颗粒越过沃洛诺拉河引燃了格伦森林，火屑被突然刮起的强风带起又将位于山顶的房屋点燃，200幢房屋最终被大火吞噬。2017 年内蒙古大兴安岭毕拉河林业局发生"5·2"特大森林火灾，由于火灾前期的极端气候，火借风势，迅速形成树冠火，在 8～10 级阵风作用下，燃着的可燃物飞迁 180m 到达诺敏河对岸形成飞火，给诺敏河两岸交通带来极为不便。2019 年 12月 5 日广东佛山高明发生火情，7 日中午 12：00 时由于风力加大、风向改变，引发飞火引燃现象，火情反复，给森林火灾扑救带来了相当大的难度。在一场森林火灾中，出现飞火是林火变化的征兆，即使是短距离的飞火也应引起足够重视并迅速做出判断，因为这可能是形成爆发火的唯一警告。然而，因飞火发生的随机性、常见性和危害性，对飞火行为进行行之有效的预测，是当前林火行为研究的重要内容，也是林火行为预报系统急需解决的问题。

产生飞火原因有 3 个方面：一是在地面强风作用下，将燃着的树枝、鸟巢、枝丫等可燃物刮离火场，在火头前方形成新的火源；二是由火场的涡旋或对流烟柱将燃烧的可燃物带到高空，再由高空风将飞火带到距火头较远的前方；三是由于火旋风将燃烧可燃物带到火头前方，这类飞火最大距离可达几千米的范围。

能否形成飞火，取决于燃烧物持续燃烧时间，还取决于燃烧物所落到的林地的温度和可燃物的含水率。飞火距离远近则取决于燃烧物的下降速度和高空风速。

飞火距离可以估测，如我国伊春地区根据多年经验，提出估测飞火距离的计算公式：

$$D = 50 \times 最大风速 \tag{2-48}$$

如果是由对流烟柱形成的飞火其距离可按下式计算：

$$D = \frac{h}{d_s} \cdot w \tag{2-49}$$

式中　D——飞火距离(m)；

　　　h——飞火从对流烟柱抛出的高度(m)；

　　　d_s——飞火下降速度(m/s)；

　　　w——高空最大风速(m/s)。

(3) 火旋风

火旋风又称火焰龙卷风，是由火羽流和四周环境涡量场的复杂作用而引起剧烈燃烧的一种旋转火焰，其中涉及火焰和空气的旋转流动及燃烧的物理化学复杂耦合作用机制。火旋风常伴有强烈的螺旋式上升运动，其切向速度、空气卷吸速率和轴向速度等都远大于普通火羽流，使其火焰温度更高、高度更大、燃烧速率更快，加速了火灾的蔓延。

产生火旋风的原因多种多样，主要是因地面受热不均所造成，如两火相遇速度不同而造成火旋风。火锋遇到湿冷森林和冰湖也可产生火旋风。火遇到地形障碍物或大火越过山脊的背风面或遇到重型可燃物时，都可形成火旋风。火旋风是形成飞火的重要原因，它是形成大火的危险信号，并会给灭火人员带来危险，如 1987 年 5 月 7 日大兴安岭北部森林大火，许多目击者见到火球从空中落下，形成新的火源，有的还见到火旋风把正在燃烧的帐篷带到空中燃烧，扩大了火灾损失。2019 年 2 月在西澳大利亚州的南安普敦市，一处丛林意外失火，火势十分猛烈，一名志愿消防队的队员抓拍到了火旋风，明亮的橙色火焰猛烈地闪烁着，不一会儿，周围浓烟滚滚，火焰的一部分开始变窄，并朝着上方的黑色浓烟迅速上窜。火旋风上升速度每小时高达 80km，水平移动速度达 40km/h。据美国人实验，火旋风每分钟可旋转 23 000~24 000 转。

(4) 火爆

火爆是火场上许多火联合在一起，产生巨大的内吸力而形成的爆炸式燃烧。火爆与移动的火头不同，前者是静止的，燃烧速度极快，产生能量骤增，在一个较大空间范围内形成一个强烈的内吸气流的巨浪，席卷起重型可燃物。火爆汇集了许多分散的火头，这些小火头汇集后，在能量释放空间和对流作用控制的空间范围内，互相影响，互相促进，骤然地加速燃烧作用。

2019 年 3 月 30 日，四川省凉山州木里县雅砻江镇立尔村发生森林火灾，火灾扑救中，受风向突变影响，突发林火"爆燃"，瞬间形成巨大火球。导致 30 名扑火队员牺牲，引发社会高度关注。"爆燃"是一种爆炸性燃烧，和建筑火灾中的"轰燃"类似，发生突然，会瞬间形成巨大火球、蘑菇云，温度极高，伤害极大。

"爆燃"的主要原因如下：

①地形　林火烧到狭窄的山脊、单口山谷、陡坡、鞍部、草塘沟等特殊地形，使可燃物同时预热，共同燃烧，瞬间形成巨大火球和蘑菇云。

②可燃物　林内可燃物载量大，堆积时间长、发生腐烂，产生以沼气为主的可燃气体，突然遇火再加上细小可燃物作用。

②突变、多变的风　风向随时变化，风速捉摸不定。

2.2.6.3　形成高能量森林火灾的条件

(1) 有效可燃物

有效可燃物是一个关键因子。当蔓延速度为定值时，火强度与燃烧的可燃物量成正比。然而，有效可燃物增长对火强度的影响，常常比人们预料的增长要快得多，其原因之一是对流交换的能量剧增所致。若可燃物能迅速提供能量，满足高能量火对能量的要求，则火就转变为高能量火。可燃物提供能量的大小与下列因素有关：燃烧期；阻滞时间；可燃物有效数量；可燃物对流作用的有效能量；飞火的性质和数量。

(2) 干旱

高能量森林火灾的发生常与长期干旱天气密切相关。干旱从多种途径对火行为产生深远影响。第一，它使深层可燃物及重型可燃物变干，增加了有效可燃物量，加快了燃烧速度；第二，促使植被过早成熟，树木和灌木顶部枯萎，也增加了有效可燃物量；第三，使河流水位降低，失去了天然防火线，并使有机质土壤暴露出来，站杆的树根也成了有效可燃物；第四，使已腐朽可燃物的含水量降到最低程度，增加飞火的着火概率，使飞火更严重、持久。

(3)气温

防火期内，随着气温升高，火险等级提高，即出现森林火灾的大小和次数随之增加，并趋向于周期性发生。火灾多发生在 10:00～15:00 这段时间内，这一段时间内，气温上升，阳光充足，使地表可燃物附近热流达到最大值。在高风速和低相对湿度的条件下也会出现火灾强度高峰。

(4)风和大气的不稳定性

小型实验性火研究中，蔓延速度随着风速的加大而迅速增长，蔓延速度与风速的平方成正比，也可能与风速的 1.5 次方成正比。森林植被中，近地面的风速剧大地下降，特别是稠密郁闭度林分中，下降梯度更大。大气的不稳定性，常伴随着热湍流，可引起极端火行为。冷锋过境是造成大气极不稳定的一个重要因素。大气的不稳定性对风场分布发生重大影响，影响到燃烧速度；大气的不稳定程度，有助于对流柱的发展，增进火烧强度。

2.3 森林燃烧中的能量传递方式

森林燃烧发生、发展的整个过程始终伴随着热传播。热传播是影响火灾发展的决定性因素。热传播有 3 个途径，即传导、对流和辐射。

2.3.1 森林燃烧中的热传导

热传导指热量从物体高温一端传递到低温一端或从一个高温物体传递到一个与之相接触的低温物体，传递过程中不发生明显位移的传热方式。它是一种基本传热方式，是固体中热传递的主要方式，在不流动的液体或气体层中层层传递，在流动情况下往往与对流同时发生。

热传导实质是由大量物质的分子热运动互相撞击，使能量从物体的高温部分传至低温部分，或由高温物体传给低温物体的过程。从热传导产生的机理看，它的本质是热能改变了分子的运动，因而这种传热方式就会要求温度差，同时它又是微观物质间的能量传递，因此，要求微粒间要有接触，唯有如此能量才会发生传递。

在传热过程中有许多因素影响热传导的速度和大小，主要有以下几个方面：

(1)温度梯度

温度梯度指传导方向上单位距离上的温度变化。它影响热传导的速度，也就是温差越大，导热方向的距离越小，导热越快。森林燃烧中细草比粗树枝更易燃烧，这也是重要原因之一。

(2)导热物体的厚度与面积

导热物体的厚度越小，截面积越大，传导的热量越多。当增加传递热量的面积时，通过这一面积的热流量增加。

(3)传导时间

在其他条件一定时，传导时间越长，传递的能量越多。

(4)导热系数

导热系数 λ（也称导热率），是指把材料做成长为 1m，截面为 $1m^2$ 的柱体，当其两侧温差是 1℃ 时，1h 内传递的热量。导热系数可以反映出材料的导热能力的大小。不同的物质，其导热系数是不相同的。一般非晶体结构、密度较低的材料，导热系数较小；材料的含水率、温度较低时，导热系数较小；密度越小，质地越疏松的物质导热系数越小。导热系数越大的物质，传导热量的能力越强，在火场上，导热系数大的物质很容易成为火灾发展蔓延的因素。

以上 4 点都强烈地影响着通过热传导传出的能量大小和速度。

热传导在林火蔓延中所起的作用较小。它对林火行为的影响主要表现在支持燃烧方面。由于热传导支持燃烧的作用，使其成为地下火的蔓延过程中能量传递的主要途径。

热传导维持的燃烧，在火场中形成大量隐火，隐火复燃形成，会导致人员被困，发生伤亡。当灭火人员与正在燃烧的可燃物直接接触时，通过热传导传热可以造成灭火人员被灼、烫伤。

2.3.2 森林燃烧中的热辐射

热辐射是指物体热量以电磁波的形式向各个方向进行直线传播的热传播方式。辐射在未被吸收、散射、反射前是直线传播的，能量传递过程不依靠其他媒介，并且可以瞬间到达接受物体。热辐射射线到达物体后，发生吸收、反射，吸收到一定程度后向外辐射，直至达到平衡。热辐射的基本特征是向外辐射的电磁波谱与温度密切相关。温度越高短波成分越多；温度越低则长波成分越多。

影响热辐射的因素有许多，辐射物体温度越高，辐射面积越大，辐射出的热量越多。实验表明，辐射热量与辐射物体温度的 4 次方和辐射面积成正比。

受辐射物体与辐射热源之间的距离越大，受到的辐射热越小。物体受到的辐射热量与辐射热源的距离平方成反比，即距离辐射热源 10m 处的物体所得到辐射热量只是距离辐射热源 1m 处物体所得到辐射热量的 1%。

受辐射热量随着辐射角的余弦而变化。当辐射物体辐射面与受辐射物体处于平行位置，即辐射角为 0° 时，受辐射物体接受的热量最高。

物体吸收辐射热的能力与物体表面状况有关。物体的颜色越深，表面越粗糙，吸收的热量越多；物体表面光亮，颜色较淡，反射的热量越多，则吸收的热量越少；透明物体仅吸收一部分热量，其余热量则穿过透明物体。

在林火当中，热辐射对热的传播作用较大，热辐射传递的热量大约为总热量的 20%。通过火焰辐射可以加快预热燃烧区域前方或上方的可燃物速度，热辐射是地表火蔓延过程中热量传播的主要途径。由于存在热辐射，燃烧得以越过无可燃物的地段持续发展。

火线上的灭火人员如果长时间接受火焰辐射，当体表温度达到一定极限，会产生热射病，威胁灭火人员人身安全。

热辐射不依靠介质传播热量，在高能量林火蔓延时，林火释放热量有可能会越过隔离带对灭火人员造成伤害。

2.3.3 森林燃烧中的热对流

通过流动介质将热量由空间的一处传到另一处的现象称为热对流。

　　林火发生后，热空气由于比冷空气轻，燃烧的热空气就会向上运动，燃烧区气压降低，周围的冷空气会不断向燃烧区补充，这样便产生由下向上的空气对流，空气对流将热量由地面带到空中，形成对流传热方式。通常表现为升起的烟云或烟柱。

　　热对流关系极为复杂，一定热流体与低温流体接触后其间热量传递受许多因素的影响。在层流流动中，流体的微粒运动是有秩序的，并且不互相超越，流体内微粒间以分子导热方式传递热能。在紊流流动中，流体的微粒运动是杂乱无章的，各个微粒的流线也不规则，并在流动过程中产生涡流。此时，流体内微粒间除了热传导外，同时依靠涡流扰动的对流作用，互相掺混，促进了流体微粒间动量和热量交换。紊流强度越大，混合越剧烈，传递热量越多。

　　流体的物性，如黏度、导热系数、比热等，它们既影响流体的速度分布，还影响温度分布和传递的热量。通常流体流量与密度成正比关系，密度增加，流体在单位时间内携带的热量增加，从而加强了换热能力。流体的比热对热对流的影响与上述类似。导热系数表示流体导热能力，导热系数大的流体，热对流作用大。流体的黏度是阻碍流体运动的阻力，因而黏度大的流体，热对流减弱。

　　传热面形状、大小和位置也会影响热对流。

　　由流体各部分的密度不同而引起的对流称为自然对流。在外力作用下（如风的影响），改变了自然对流流体运动的方向和速度，这种对流称为强制对流。强制对流的对流热比自然对流大得多。

　　热对流携带了大量的热量，是森林燃烧热传递的主要方式。热对流能够往任何方向传递热量（一般总是向上传递），高温热气流能够加热它流经途中的可燃物，引起燃烧。所以，在山地、有风条件下热对流的存在会加速火的蔓延。强烈的对流使空气更加流通，热量更多地被集聚传递，在它的影响下会形成高强度的火；强大的对流气流也可将正在燃烧的碎片抛向未燃烧的区域，产生飞火，引起新的燃烧区。所以，灭火时常常用对流柱判断火势大小和空气的稳定程度。

　　由于热对流的作用使得上山火和大风作用下的火以比平坦无风时更快速度蔓延，威胁灭火人员安全。同时，热对流会使燃烧区域的空气运动异常活跃，易形成火旋风、爆发火等极端火行为，形成高强度燃烧。

　　在野外火场中，热对流与热辐射所传递的热能，主要是预热火焰前方或上方的可燃物，是外部传热方式；热传导则是可燃物内部的传热方式。3 种传热方式共同影响着林火的发生发展蔓延。防火实践中，由于森林燃烧的热量主要依靠热对流和热辐射传递（一般认为热对流占75%，热辐射占25%。有人指出，在松树林枯枝落叶层中形成的线性火中，热对流和热辐射之比为3:1；在松树林采伐迹地内静止空气中燃烧的大火中，热对流和热辐射之比为9:1），热传导的作用往往忽略不计。但在防灭火工作中我们不能忽视任何一种，否则就可能带来灾难性的后果。

思 考 题

1. 名词解释

（1）森林燃烧　（2）燃烧三角　（3）燃点　（4）林火行为　（5）火强度　（6）飞火

2. 森林燃烧的特点有哪些？

3. 风力灭火机灭火时利用了哪些林火理论？在这些理论指导下还可以使用什么方法灭火？

4. 气体燃烧阶段有什么特点？灭火的重点是什么？

5. 固体燃烧阶段灭火时应注意哪些问题？

6. 火场蔓延形状主要受哪些因素的影响？会形成哪几类火场形状？其典型火行为各有哪些？

7. 林火强度与火焰高度有什么关联？如果有关联请具体说明。

8. 地下火主要火行为有哪些？在扑救地下火过程中应注意哪些问题？

9. 分析不同速度地表火火行为差异，结合防火实践分析如何有针对性地扑救地表火。

10. 分析树冠火的形成原因，并结合实际提出如何减少树冠火发生，降低树冠火损失。

11. 热传导在林火发生发展过程中的作用有哪些？

12. 热辐射对灭火人员有何威胁？

13. 强烈热对流作用下火场会发生什么样的变化？应该如何应对？

14. 怎样的情况下低能量火可能转变为高能量火？高能量火有哪些特殊火行为？

第 3 章　森林可燃物的燃烧性

学习目标：了解森林可燃物的特点及这些特点在危险可燃物上的表现，掌握森林可燃物对火灾发生、燃烧发展蔓延影响的规律，培养学生利用基本理论判断火情、预判火势的能力。

森林可燃物是森林中可以燃烧的物质，包括森林中存在的一切有机物，指森林中能与氧结合发生燃烧反应的所有有机质，主要来自于各种森林植物，具有潜在的燃烧和释放能量的能力。从理论上说，任何森林植物均能够燃烧，但是，植物种类不同，可燃物的易燃性有差异；森林群落特征不同，林火发生、火燃烧蔓延情况及其危害程度也有明显差异。所以，只有了解森林可燃物的种类、性质、数量、分布等可燃物特性及其与火的关系，才能对林火进行科学控制和管理。

3.1　森林可燃物

森林内所有可燃物质都源于绿色植物的光合作用。然而，多数绿色植物在生长季节由于体内水分含量大，一般不容易燃烧。从林火管理的角度出发，我们经常关心的是那些由于森林自身的生理过程、外界自然因素和人为因素所造成的那部分干枯、死亡并落在地表或存于林分不同层次的可燃物。

3.1.1　森林可燃物的概念

森林可燃物是森林火灾发生的物质基础，也是发生森林火灾的首要条件。在分析森林能否被引燃，引燃后如何蔓延以及整个火行为过程时，可燃物比任何其他因素都重要。不同种类的可燃物构成的可燃物复合体，具有不同的燃烧特性，产生不同的火行为特征。只有了解了燃烧区域可燃物种类的易燃性和可燃物复合体的燃烧性，才能更好地开展林火预报，预测火行为，制定科学的扑火预案。

森林可燃物也是评估火烧迹地能否再次燃烧，甚至二次发生重大森林火灾的依据。火灾过后，在没有人为干扰的情形下，火烧迹地的可燃物随着时间也会发生变化，10 年甚至 10 多年以后，森林可燃物可能恢复到火灾前甚至超过火灾前的状况。如闫想想等通过在昆明安宁 2006 年 "3·29" 重大森林火灾的火烧迹地进行的研究。尽管火灾过火面积过大，但火灾过后的 10 多年里火烧迹地人为干扰很少，可燃物保留较完整。选择过火范围内的小妥吉村进行研究，对发生重大森林火灾 10 多年后火灾迹地地盘松(*Pinus yunnanensis var. pygmaea*)幼、中林的林下可燃物、光叶石栎、紫茎泽兰等可燃物进行调查，并分析可燃物特征，评估火烧迹地内可能再次发生火灾的危险性以及潜在火行为等。结果表明：10 多年后的火烧迹地上 4 种主要可燃物的含水率较低，灰分含量也较低，但热值很大，说明可燃物干燥易燃，在防火期有可能再次发生火灾，一旦火灾发生，火强度大，难以控制，使损失加重。火烧迹地上的地盘松林易燃，林下枯枝落叶可燃物多，呈丛生状，当发生火灾时，易从地表火蔓延到树冠，继而引发树冠火，形成高强度火。需要采取相应措施对火烧迹地可燃物进行清理，如移除或者就地掩埋部分可燃物，或允许当地老百姓在非防火期收集粗大可燃物，降低可燃物载量，减轻防火压力。结合可燃物燃烧性、地形地貌和气象特征进行火险区划，特别是划分重点火险监控区域，在防火期内制定日常巡护、重点看守路线，在防火紧要期，专业扑火队靠前部署，实现重点布防、快速出击。尽管人为干扰较少，但火烧迹地可燃物的自然状态每年都有改变，需要建立固定样地，进行多年连续跟踪调查，建议每隔 5 年进行一次系统、全面的调查，制订出可行的可燃物处理预案。

森林可燃物就是森林中可以燃烧的物质，包括森林中的一切有机物质，如树木、苔藓、地衣、地表的枯枝落叶以及地表以下的腐殖质和泥炭。图 3-1 为云南省新平县云南松纯林典型的森林可燃物，从下而上依次为：枯死的草类、灌木、云南松乔木。

森林可燃物是森林燃烧的物质基础，是森林燃烧三要素中的主体因素，因而对森林火灾发生、控制和扑救以及安全用火均有明显影响。

图 3-1　云南省新平县云南松纯林典型的
森林可燃物(王秋华摄)

3.1.2　森林可燃物的形成

一片新造针叶纯林，时间不长就可以看到林内绿色植物和凋落的死亡物质的混合局面。到了秋季，林内一年生杂草逐渐干枯、死亡，使地表形成一层非常易燃的细小可燃物层，为发生林火提供了引燃物质。当幼树逐渐长高，树冠郁闭时，由于个体竞争和自然整枝的作用，针叶树低矮部分的枝条和许多针叶、球果等落到地面，并与地表干枯杂草混合成极易燃的可燃物层。此时林地易燃物负荷量最大，一旦出现火源，林火蔓延速度极快，并有形成树冠火的危险。再过几年，由于林冠全部郁闭，虽然也不时有枝条和针叶等落到地表。但由于阳性杂草消失，自然整枝完成，地面与树冠的距离加大；与此同时，地表可燃物也逐渐分解。正常情况下凋落物的累积和分解达到平衡，林内可燃物的数量维持在一定水平。而在天然阔叶林内，易燃的杂草并不能从垂直分布上对树冠构成威胁，林下其他可燃物的累积也相对缓慢，只是在非生长季节，才有大量的树叶、花、果、种子、小枝等为地表提供易燃物质。不论是针叶林还是阔叶林，整个树木或植物体的自然死亡和部分死亡是提供可燃物的主要来源。

事实上，现在的许多森林都很难维持自然正常发育过程，都或多或少地受人为的和其他一些自然外界力影响，为林内提供大量可燃物。例如，森林的采伐使大量枝丫、树头等采伐剩余物保留在林地。森林经营活动的间伐、整枝等也在一定程度上增加了林地可燃物。这些杂乱物若不及时处理，必然会导致林地可燃物负荷量的增大，容易造成高强度森林火灾。

在土壤浅薄地段，风的作用会使林内大批树木连根拔起，使林内倒木纵横，不但加大了可燃物的负荷量，也为灭火造成诸多不便。

病虫害对树木的侵袭，轻者可使树木局部死亡，过早脱落许多树皮、叶、小枝等可燃物，重者可使整个林分全部死亡，提高林地的易燃性。

总之，不论是自然因素，还是人为因素，森林可燃物都来源于森林本身。但燃烧的有效性取决于不同的人为经营方式和管理水平。合理的经营方式和较高的管理水平是控制森林可燃物易燃性并维持在最低限度的关键。

3.2　森林可燃物燃烧性质

森林可燃物是森林燃烧的物质基础。它的性质、大小、数量、分布和配置等对林火的发生、发展、控制及利用均有明显的影响。森林可燃物燃烧性是指在有利于森林燃烧的条件下，森林可燃物被引燃着火的难易程度以及着火后所表现出的燃烧状态(火种类)和燃烧速度(火强度)的综合。森林可燃物燃烧性可作为森林发生火灾难易的指标。一般说来，可定性划分为 3 个易燃性等级，即易燃、可燃、难燃。

3.2.1　森林可燃物的物理性质对燃烧性的影响

可燃物物理性质指可燃物大小、形状、密度、热值、可燃物的数量、分布、含水率及随时间变化等特性。可燃物物理性质主要影响火行为。

3.2.1.1　可燃物的大小和形状对燃烧性的影响

可燃物大小和形状是影响燃烧和蔓延的重要特征。通常用表面积体积比来表示可燃物的大小和形状。可燃物表面积体积比指单位体积(或质量)可燃物表面积与体积之比，在研究不同大小可燃物吸收水分和散失水分时非常重要，对确定可燃物点燃的难易程度也非常重要。粗细程度越大，越容易散失水分变干枯，也越容易以较大面积暴露于火焰中，吸收大量辐射和对流热，容易被引燃。

$$R = S/V \qquad (3-1)$$

式中　R——可燃物表面积体积比；

　　　S——单位可燃物表面积(m^2)；

　　　V——单位可燃物体积(m^3)。

大小和形状不同的可燃物的 R 值有很大差异。一般来讲，个体小的比个体大的可燃物的 R 值要大；R 值越大，可燃物颗粒越小，越易点燃或燃烧(图 3-2)。可燃物形状的不同还决定其空气动力学特性的不同。同样大小的可燃物，由于其形状不同，可以在空中漂移的距离不同，引起飞火的距离有很大差异。

3.2.1.2 可燃物的容积密度对燃烧性的影响

单位体积可燃物的质量常用 g/cm³ 或 t/m³ 来表示。对森林地被物层（凋落物层）来讲，有时还用密实度来表示其紧密程度。密实度指森林地被物（未分解层）的真体积与其自然状态下的体积之比，即可燃物个体排列间的空间大小。可燃物的密实度主要影响可燃物层的通风、失水、点燃和蔓延等。可燃

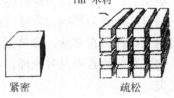

图 3-2　相同体积可燃物表面积差异

物层的密实度越大，说明可燃物排列越紧密，通透性差，保湿性强，越不易点燃和蔓延（图 3-3、图 3-4）。可燃物排列紧密，只有小部分面积暴露于外部，影响内部空气流通，使蒸发水分迅速下降，以致不易点燃或点燃后蔓延速度缓慢；结构疏松的可燃物吸收更多外界氧气助燃，迅速蒸发水分，蔓延速度加快，短时间内释放全部能量。

图 3-3　疏松分布的可燃物

图 3-4　紧密分布的可燃物

3.2.1.3 可燃物的发热量对燃烧性的影响

发热量也称为热值，指单位质量可燃物在 25℃、一个标准大气压下完全燃烧所释放的热量，常用 kJ/kg 或 J/g 来表示。热值是可燃物燃烧的重要特征，是可燃物有机化合物组成及其含量的综合反映，能有效评价植物化学能积累效率的高低，影响着火温度和火的蔓延过程，不同森林可燃物热值差异很大。通常，森林可燃物热值多用其平均值 18 620J/g 表示。可燃物热值与火强度有关，热值越大，火强度也越大。用 XRY-1C 微机氧弹式热量计，采用量热法测定热值。计算公式如下：

$$Q = k \frac{[(T - T_0) + \Delta t]}{G} \tag{3-2}$$

式中　Q——预测可燃物的发热量（kJ/kg）；

　　　　k——水当量（kJ/℃）；

　　　　T_0——点燃前的温度（℃）；

　　　　T——点燃后的温度（℃）；

　　　　Δt——温度校正值（℃）（试验中内桶外桶的温度差）；

　　　　G——样品质量（g）。

3.2.1.4 可燃物的载量对燃烧性的影响

可燃物载量指单位面积上可燃物的绝干质量，通常用 kg/m² 或 t/hm² 来表示。可燃物

的载量多少直接影响着火蔓延速度和火强度。在防火实践中，有效可燃物载量尤为重要。可燃物载量随时间和空间而发生变化。地被物可燃物载量的多少取决于可燃物的积累和分解速度。在比较不同类型的地被可燃物载量变化时常用分解常数来衡量。

$$K = L/X \qquad\qquad (3\text{-}3)$$

式中　K——分解常数；

　　　L——林地每年凋落物量（t/hm^2）；

　　　X——林地可燃物载量（t/hm^2）。

K 值大，林地可燃物分解能力强，可燃物积累少。不同的可燃物类型 K 值不一样，K 值达到稳定的时间也不一样。在地中海地区灌木林中，K 值稳定时间为 50～70 年；德国东部沿海森林约 45 年，云杉林约 70 年；美国东部雨量充足，K 值稳定时间在 17～20 年。

为什么林内地被物能累积，不同森林类型分解调落的速度不一样呢？其主要决定于林下真菌、细菌等微生物种类和数量。而微生物的活动又主要受环境条件的影响。在湿润、温暖的气候条件下微生物最活跃，分解能力最强。例如，热带雨林比较湿润、温暖，虽然森林生产力极高，每年凋落物量也很大，但由于微生物活动能力强，可燃物累积量相对并不大。而北方针叶林，由于温度低、空气干燥，能适应如此条件的微生物种类少，活动能力差，导致林内积累大量可燃物。

一般来讲，火的周期与可燃物数量变化周期有关。在火的演替模型中，枯枝落叶的积累与枯损量是模型变化的主体。可燃物数量积累到一定程度遇到火源后发生火灾，此时可燃物几乎完全丧失，可燃物重新开始积累。又经过一定时间，遇火源又发生火灾，这样往复发生火灾就构成了火的演替模型（图 3-5）。

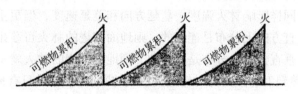

图 3-5　火的演替模型

在这个模型中有两种情况，如遇到干旱条件和控制火灾能力差时，高峰要提前，但这时的火不是大火，因可燃物的积累还没有达到最大；如遇湿润条件，高峰要向后推迟，这时如发生火灾，将是大火，因时间越长可燃物积累得越多。所以说，可燃物积累多是发生大火的隐患。

3.2.1.5　可燃物的分布对燃烧性的影响

可燃物分布是指可燃物复合体或个体之间在水平方向和垂直方向上的连续性。不论水平分布还是垂直分布，对森林燃烧、林火蔓延和林火控制都有很大影响。但是分布的连续性只是一个相对的概念，在某一特定的可燃物类型内，可燃物连续到什么程度才能加速林火蔓延，使地表火上升为树冠火，甚至什么条件下由于可燃物的不连续分布而使燃烧停止，到目前尚无定量的指标来衡量，只是进行一些定性的描述。要解决这一问题，必须针对不同可燃物类型、不同可燃物种类的水分变化规律和易燃性，利用数学、物理学的方法来研究热能传播规律，特别是不同能量传播方式的作用半径，才能定量地确定可燃物连续与否对火行为的影响。

一般来讲，可燃物的分布在很大程度上决定着林火蔓延速度和林火蔓延方向。

可燃物的水平分布是指可燃物复合体或个体在水平方向上的连续性。如果可燃物在水平方向上是连续的，则称为连续水平分布；如果可燃物在水平方向上是不连续的、间断的，则称其为间断水平分布。

在水平方向上连续、间断分布的可燃物其燃烧和蔓延特性是不同的。火在连续性分布的可燃物中的蔓延速度要快于在间断分布可燃物中的蔓延速度；在其他条件相同的情况下，林火向着连续性的可燃物方向蔓延。

当森林可燃物之间处于分离状态，彼此不连续，将给能量传播造成困难。此时热传播以热辐射为主，但受辐射距离的限制。如果可燃物之间的距离超过热辐射作用半径，林火很难蔓延，甚至停止。树冠层可燃物不连续（树冠之间距离过大），即使形成树冠火也是间歇型，靠地表火支持，通常称之为冲冠火。当林内杂乱物、采伐剩余物等地表可燃物以堆状不均匀分布在林地上，而周围被生长的绿色植物所包围，可以认为是相对安全的，不会造成大面积火灾。但在火险季节，枝丫堆周围的杂草枯干，成为连续枝丫堆的引火物质，形成了地表可燃物的连续分布。容易引发大面积高强度的火灾。

可燃物的垂直分布是指林内不同层次间可燃物的连续性。正常林分可分为树冠层、灌木层、杂草层、地表凋落物层和地被物下层。在垂直方向上如果可燃物的分布是连续的，则称为可燃物垂直连续分布，有时又称为可燃物梯形分布。在垂直方向上如果可燃物的分布是不连续的，则称为可燃物垂直间断分布。

可燃物垂直分布同样影响林火强度、蔓延方向和蔓延速度，但更主要的是决定林火种类。如果可燃物在垂直方向上分布是连续的，则地面燃烧的林火可蔓延到树冠上，形成树冠火；如果可燃物在垂直方向上分布是间断的，则地面燃烧的林火就不会蔓延到树冠上而形成树冠火（不包括热辐射和热对流对树冠火形成的影响）。一般只有易燃可燃物在垂直方向上呈连续分布才有发生树冠火的可能，否则很难形成树冠火。

可燃物与火种类转换如图 3-6。值得注意的是，飞火的出现可以打破水平分布和垂直分布的界限。即使在可燃物分布不连续的条件下，一旦出现飞火，也能使间断分布的可燃物丧失阻火的作用，形成新的火场，认识到这一点对控制林火很有意义。

图 3-6　可燃物与火种类转换

在考虑到可燃物分布的同时，还要分析可燃物的配置。可燃物配置是指林内不同种类可燃物的组合，也就是不同燃烧性可燃物所占的比例。可燃物配置的主要作用是影响整个林分的易燃程度。不同种类可燃物的组合可以增加或降低森林燃烧性。例如，针阔混交林要比单纯针叶林燃烧性低。单纯阔叶林在生长季可视为阻火的天然屏障；而在秋季树叶凋落，在地表累积、干燥，又提高了森林燃烧性。

3.2.1.6　可燃物的含水率对燃烧性的影响

可燃物含水率是森林火险预报中最主要的指标之一，是评价林火发生危险程度的最直接的指标，可燃物含水率影响着可燃物达到燃点的速度和可燃物释放热量的多少，影响到林火的发生、蔓延和强度。

在活可燃物中，水分的亏盈是通过根吸收水分和叶面蒸腾失水的相对速率控制的，与日温变化联系紧密，会随温度升高而失水。死可燃物的含水量则由大气相对湿度和温度以及可燃物本身一些特征控制。一般情况下，可燃物含水率越低，则越可能发生燃烧。

绝对含水率指可燃物所含水分占其绝对干重的百分比：

$$AMC = [(W_{湿} - W_{干})/W_{干}] \times 100\% \tag{3-4}$$

式中　AMC——绝对含水率(%)；

　　　$W_{湿}$——可燃物湿重(g)；

　　　$W_{干}$——可燃物绝对干重(g)。

相对含水率指可燃物所含水分占其湿重的百分比：

$$RMC = [(W_{湿} - W_{干})/W_{湿}] \times 100\% \tag{3-5}$$

式中　RMC——可燃物相对含水率(%)；

　　　$W_{湿}$——可燃物湿重(g)；

　　　$W_{干}$——可燃物绝对干重(g)。

平衡含水率指在温度、湿度长时间内不变的大气条件下，可燃物的实际含水率，即可燃物从大气中吸收水分或向外蒸发水分过程中与大气中水分达到平衡时的含水率。

时滞指在稳定干燥条件下(温度20℃，相对湿度45%)，死可燃物失去其初始含水率和平衡含水率之差的63%所需要的时间。不同种类和大小的可燃物其时滞有很大差异。

一般情况下，当可燃物含水率超过35%时，不燃；含水率在25%~35%时，难燃；含水率在17%~25%时，可燃；含水率10%~16%时，易燃；含水率小于10%时，极易燃。对于较易燃烧的细小可燃物，有关专家研究后发现只有含水率达到75%以上时才不能点燃。

3.2.2　森林可燃物的化学性质对燃烧性的影响

可燃物化学性质包括可燃物化学组成、燃点等特性。可燃物内特性主要用来解释燃烧现象。

3.2.2.1　可燃物的化学组成对燃烧性的影响

森林可燃物主要由纤维素、半纤维素、木质素、抽提物和灰分5类物质组成。

纤维素是森林可燃物最基本的成分。在大多数木材中，纤维素含量占 40%~50%。当外界温度达到 162℃时，纤维素有明显的热分解反应；当温度达到 275℃时，呈现放热的热分解反应，并释放 CO、CH_4、H_2 等可燃性气体，其热值约为 16 110J/g。

半纤维素是由葡萄糖组成的大分子多糖，其组成碳链比纤维素短，主要构成植物的细胞壁。半纤维素占森林可燃物含量的 10%~25%。其中，针叶材占 10%~15%；阔叶材占 18%~23%；禾本科草类占 20%~25%。当外界温度达到 120℃时，半纤维素开始分解；150℃时，剧烈分解（吸热）；220℃时，放热分解，并释放与纤维素相同的可燃性气体，其热值与纤维素基本相同。

木质素是一类复杂的芳香族聚合物。在大多数森林可燃物中含量为 15%~35%。其中，针叶木材含量 25%~35%；阔叶木材含量 20% 左右；禾本科草类含量 15%~25%；腐朽木含量可达 70%~75%。木质素的热稳定性好，且明显高于纤维素和半纤维素。当外界温度达到 135℃时，木质素才开始缓慢地热分解；250℃时，热分解加快；310~420℃时，热分解反应剧烈；当加热到 400~450℃时，有 50% 的挥发性气体逸出，并炭化，形成木炭，而后进行炽燃或阻燃。木质素的热值大，通常可达 23 781J/g。

抽提物指可以用水（冷水或热水）、有机溶剂（醚、苯醇混合物）或稀酸、稀碱等水溶液抽提出来的物质的总称，主要包括油脂、脂肪、蜡质及萜烯类物质等热分解挥发的产物。这类物质在可燃物中占的比例并不很大，但其对燃烧所起的作用非常大。主要是其燃点低，热值大，热值高达 32 322J/g。

灰分也称无机元素，如钠、钾、钙、镁、磷、铁等物质。不同可燃物种类灰分含量差异很大。木材中灰分含量一般低于 2%，树皮稍高些，叶子中含量最高，一般在 5%~10%。个别干旱地区的灌木叶中灰分含量可高达 40%。灰分物质的热效应主要表现在能限制焦油的产生和增加木炭的生成量。焦油是形成火焰所需能量的提供者。因此，降低焦油的含量可显著地限制有焰燃烧，因而灰分具有阻燃作用。可燃物中灰分物质含量越多越不易燃。

3.2.2.2 可燃物的燃点对燃烧性的影响

不同可燃物的燃点有很大差异，森林可燃物的燃点一般在 140~350℃。一般情况下，可燃物的燃点越低，易燃性越大。

3.3 森林可燃物的划分

在自然条件下，森林可燃物受植被、人为和自然因素等多种因素影响，表现出极其复杂的而又多样的组合，每种组合在可燃物种类、数量、大小、形状和排列上都有其独特的性质，对森林燃烧产生不同的影响，因此，有必要对森林可燃物进行划分，以利于我们开展可燃物管理。

3.3.1 森林可燃物分类

为了比较透彻地研究可燃物的组成和分布，我们从种类、空间分布、易燃程度、大小以及可燃物的有效性、挥发性等方面对可燃物种类进行划分。

3.3.1.1　按植物类别划分

①地衣　燃点低，在林中多呈点状分布，含水量随大气湿度变化而变化，易干燥。

②苔藓　林地上的苔藓一般不易着火。生长在树皮、树枝上的苔藓，易干燥，常是引起常绿树树冠火的危险可燃物。泥炭苔藓多的地方，在干旱年份，也有发生地下火的可能。

③草本植物　大多数草本植物干枯后都易燃，是森林火灾的引火物。但是，也有不易燃的草本植物。例如，东北林区某些早春植物，如冰里花、草玉梅、延胡索、堇草等，春季防火期是其生长时期，不仅不易燃，而且具有一定的阻火作用。

④灌木　为多年生木本植物，有的易燃，有的难燃。胡枝子、榛子、绣线菊等易燃，接骨木、鸭脚木、红瑞木等难燃。某些常绿针叶灌木，如兴安桧、偃松等，体内含有大量树脂和挥发性油类，属于易燃的灌木。

⑤乔木　树种不同，燃烧性不同。通常针叶树较阔叶树易燃。但有些阔叶树也是易燃的，如桦树，树皮呈薄膜状，含油脂较多，极易点燃；蒙古栎多生长在干燥山坡，冬季幼树叶子干枯而不脱落，容易燃烧；南方的桉树和橡树都富含油脂，属易燃常绿阔叶树。

3.3.1.2　按可燃物易燃程度划分

在实践中，人们习惯根据森林可燃物的"易燃程度"将可燃物划分为易燃可燃物、燃烧缓慢可燃物、难燃可燃物。

①易燃可燃物　在一般情况下容易引燃，燃烧快，如地表干枯的杂草、枯枝、落叶、凋落树皮、地衣和苔藓及针叶树上的针叶、小枝等，这些可燃物的特点是干燥快、燃点低、燃烧速度快，是林内的引火物。

②燃烧缓慢可燃物　一般指颗粒较大的重型可燃物，如枯立木、树根、大枝、倒木、腐殖质和泥炭等，这些可燃物不易燃烧，但着火后能长期保持热量，不易扑灭。这种情况下，火场很难清理，而且容易发生复燃火。

③难燃可燃物　指正在生长的草本植物、灌木和乔木。它们的体内含有大量水分，不易燃，有时可减弱火势或使火熄灭。但遇到强火时，这些绿色植物也能脱水而燃烧。

3.3.1.3　按可燃物大小划分

可燃物按大小可划分为重型可燃物和轻型可燃物。

①重型可燃物　指直径粗大的可燃物，如树干、枯立木或活树等。图 3-7 所示为云南松倒木的燃烧。重型可燃物一般情况下很难着火，但一旦被引燃，会释放出大量的能量，则很难扑灭。即使明火被扑灭，仍然可能会无焰燃烧或者阴燃，在灭火实践中需要引起足够的注意。

图 3-7　重型可燃物(倒木)的燃烧(王秋华摄)

②轻型可燃物　指直径细小的可燃物，如小树枝、树叶、杂草和干燥的针叶等。

3.3.1.4 按燃烧时可燃物消耗划分

按燃烧时可燃物的消耗，可将可燃物划分为有效可燃物、剩余燃烧物和总可燃物。

①有效可燃物　指特定天气条件下燃烧时烧掉的可燃物。

②剩余可燃物　指着火时未烧的可燃物。

③总可燃物　指火烧前单位面积上可燃物的总和。

图 3-8 所示为云南松纯林计划燃烧后的剩余可燃物。

3.3.1.5 按可燃物挥发性划分

可燃物的挥发性指可燃物在加热时挥发性物质逸出的数量多少和速度快慢的特性。根据这一特性，可将可燃物划分为以下几种。

①高挥发性可燃物　指挥发性物质(抽

图 3-8　云南松纯林计划烧除后的可燃物状况(王秋华摄)

提物等)含量较高的可燃物，如红松、樟子松、樟树、杜鹃等都属于高挥发性可燃物。

②中挥发性可燃物　指挥发性物质含量介于高挥发和低挥发可燃物之间的可燃物，如蒙古栎、榛子、杨树等都属于中挥发性可燃物。

③低挥发性可燃物　指挥发性物质含量较低的可燃物，如水曲柳、核桃楸、钻天柳、红瑞木、木荷、米老排等均属于低挥发性可燃物。

3.3.1.6 按可燃物分布的空间位置划分

①地下可燃物　包括表层松散地被物以下所有能燃烧的物质，主要为树根、腐朽木、腐殖质、泥炭和其他动植物体。这类可燃物通常体内水分含量较高，不易引燃，只有含水率降到 20% 以下才能够点燃，形成无焰燃烧，燃烧持续时间很长，燃烧需要很少的氧气。很显然，地下可燃物是形成地下火的物质基础。虽然蔓延速度很慢，对林火行为影响不大，但对林火扑救，特别是清理火场将造成许多困难。

②地表可燃物　指由松散地被物层到林中 2m 以下空间范围内的所有可以燃烧的物质。包括凋落的针叶、阔叶、树枝、球果，林下杂草、灌木、苔藓、地衣、倒木及其他林内采伐剩余物和林内杂乱物。

③空中可燃物　指高度在 2m 以上所有的空中可燃物，主要包括较大的幼树、大灌木、林冠层、层间植物等。有时将层间植物(如藤本)、灌木、幼树及树干上的枯枝等又称为桥形可燃物或梯形可燃物。这些可燃物是地表火发展到树冠火的"桥梁"或"梯子"。

3.3.2 森林可燃物类型

自然条件下，林分不同，森林可燃物呈现极为复杂且多样的组合状态，每种组合在可燃物种类、组成、可燃物载量、可燃物分布等方面有其独特的性质，这种可燃物组合在易燃性、着火后燃烧蔓延特性等方面，也有不同的特点。

3.3.2.1　可燃物类型的概念

不同可燃物类型的火行为存在差异。可燃物载量及其空间结构影响火行为(蔓延速度、火强度等)。草地和灌木林的地表多细小可燃物，易形成地表火，蔓延速度较慢，火强度低，对这类可燃物多通过计划火烧降低地表可燃物载量。

可燃物类型是指可燃物种类、组成、载量、大小、形状、分布等可燃物特征基本一致的、同类可燃物组合的集合。一个可燃物类型，应分布于一定的空间范围，并占据一定的时间。

可燃物类型的燃烧性是指可燃物类型容易燃烧与否，燃烧后火蔓延及火强度方面表现的特点。同一个可燃物类型，具有基本相似的燃烧蔓延特点。不同可燃物类型，其可燃物特征和燃烧蔓延特点也不一样。可燃物类型的划分，是现代林火管理十分重要的基础工作。森林防火工作涉及的森林火灾扑救方案的制订、安全用火方法的确定、林火预报与森林防火规划等，都要依据可燃物类型的变化而确定。

3.3.2.2　可燃物类型划分方法

生产实践中，经常采用如下方法划分可燃物类型。

①经验总结法　即由长期从事森林防火与扑火的林火管理人员，通过直接估计进行简单划分。如美国林务局曾根据潜在的林火蔓延速度和难控程度，划分出燃烧性低、中、高、极高 4 个可燃物类型。20 世纪 80 年代初，我国学者将东北林区不同的植物群落划分为极易燃、易燃、可燃、难燃 4 种可燃物类型。

②群落调查法　即通过调查植物群落的结构特征，如种类组成、层次、外貌、年龄等，通过分析该群落的可燃物特性及其和火行为的关系，将可燃物特征和火行为基本相似的划为一个可燃物类型。我国目前已进行的可燃物类型划分大多采用这种方法，如大兴安岭林区划分了 7 个可燃物类型，即坡地落叶松林、平地落叶松林、樟子松林、桦木林、次生蒙古栎林、沟塘草甸和采伐迹地。

③遥感图片解译法　用遥感图片通过解译划分可燃物类型的方法，非常适用于大面积林区或偏远地区的可燃物类型划分。随着我国航空航天遥感技术的不断发展，高清晰度资源卫星图片，将更多地应用于森林防火实践。这种方法的主要步骤是，首先在遥感图像上选一个基准面积块，解译遥感图像数据，经过一定的图像处理技术，获得所反映不同地物的数据资料，然后再根据一定标准，划分相应的可燃物类型。

④可燃物模型法　可燃物模型就是数量化的可燃物类型。这种方法将某些可燃物特征视为常量，另一些视为变量，先将这些可燃物特征数量化，然后寻找并建立可燃物的易变特征与火行为之间的数量关系模型，再定量地描述可燃物类型的性质和特征，模拟可燃物类型的动态变化，用来计算林火蔓延速度、林火强度，估测林火行为和进行林火预报。该方法与植物群落调查法相比，更多地依据了可燃物物理性质作为参量，而不简单依赖植物的生物学特性，从而使一个可燃物模型可以反映多个植被类型，更准确地反映林火发生发

展的实际。目前，美国将其全国植被划分为 20 个可燃物模型，用以进行林火行为预报。在应用时，要选择合适的可燃物模型，只要输入当地的气象、地形条件（坡度），即可模拟相应林火环境条件下的火行为特征。

可燃物特征分类系统（fuel characteristic classification system，FCCS）可模拟不同可燃物特征的潜在火行为，研究不同可燃物处理对火行为的影响。该系统基于乔木、灌木、草本、倒木、地衣苔藓和土壤 6 个层次的信息，定量描述可燃物的燃烧特征。通过改变可燃物的空间分布特征和环境变量（坡度、风速和可燃物含水率），利用 Rothermel 模型模拟自然环境情景下的火行为，模型输出因子包括火强度、蔓延速度及火焰高度。模型还设定了干旱情景（D2L2），模拟干旱条件下可燃物类型的潜在地表火（火强度、蔓延速度及火焰高度）和树冠火（发生、蔓延及蔓延速度）行为。目前该模型包括北美地区全部的可燃物床层类型，可通过选择与研究对象特征相近的可燃物床层或修改数值获得所需的可燃物床层，应用于其他地区。

此外，可燃物类型分类也可以通过编制反映林火发生可能性的检索表进行检索，或现场拍摄照片来确定不同的可燃物类型。

从国内外可燃物研究的历史可以看出，早期主要侧重于研究森林可燃物的描述、分类和静态信息，之后开始研究可燃物的动态信息以及林火对可燃物研究的影响等方面内容，未来我国森林可燃物的发展趋势为如下几个方面：

①继续深入进行对不同立地条件、不同林型地面可燃物易燃种类和载量动态模型的研究，并上升到林火规律的高度，从林火燃烧、蔓延特点、火强度上考虑。

②继续研究可燃物的燃烧特性及与火行为的关系，加大对可燃物烧损量研究，增强潜在火行为预报和火险等级划分的准确性，从而进行精确反映实际情况中的科学火险区划。

③应研究适合于我国实际可燃物类型的划分标准，建立全国性的可燃物类型系统。

④建立大区域内长期可燃物消长监测体系，为森林防火系统提供可靠的信息和科学决策的依据。

⑤研究可燃物消除的有效措施，如营林用火、生物防火、微生物分解、生活利用、化学清除等有目的、有计划的科学管理，达到有效降低森林火险的目的。

3.3.2.3 我国主要森林可燃物类型的燃烧性

林火的发生、发展不仅取决于森林可燃物性质，而且与森林不同层次的生物学特性和生态学特性密切相关，尤其是林木与林木之间、林木与环境条件之间的相互影响和相互作用，决定了不同森林类型之间、同一森林类型不同立地条件之间易燃性的差异。上层林木可以决定死地被物的组成和数量。森林自身的特性，如林木组成、郁闭度、林龄和层次结构等都可以通过对可燃物特征的作用表现出不同的燃烧性。我国南北不同地区森林植被差异很大，这里主要根据森林群落特征和立地条件的差别，简单阐述我国主要的森林可燃物类型及其燃烧性。

（1）兴安落叶松林

兴安落叶松林（图3-9）主要分布在东北大兴安岭地区，小兴安岭也有少量分布。兴安落叶松林多为单层同龄林，林冠稀疏，林内光线充足，特别是幼林，林内生长许多易燃阳性杂草。兴安落叶松本身含大量树脂，易燃性很高。兴安落叶松林的易燃性主要取决于立地条件，可以划分为易燃型（草类落叶松林、蒙古栎落叶松林、杜鹃落叶松林），可燃型（杜香落叶松林、偃松落叶松林），难燃或不燃型（溪旁落叶松林、杜香云杉落叶松林、泥炭藓杜香落叶松林）3 种燃烧性类型。

图 3-9   兴安落叶松林（王秋华摄）

（2）樟子松林

樟子松是欧洲赤松在我国境内分布的一个变种。樟子松的分布范围不大，主要分布在大兴安岭海拔 400～1 000m 的山地和沙丘，多在阳坡呈块状分布，是常绿针叶林，枝、叶和木材均含有大量树脂，易燃性很高。樟子松林（图 3-10）林冠密集，容易发生树冠火。由于樟子松林多分布在较干燥的立地条件下，林下生长易燃性杂草，所以樟子松的几个群丛都属易燃型。

（3）云冷杉林

云冷杉林属于暗针叶林，是我国分布最广的森林类型之一。我国各地区分布的云冷

图 3-10   大兴安岭樟子松林（王秋华摄）

杉林一般属山地垂直带的森林植被。云冷杉林分布于东北山地、秦巴山地、蒙新山地以及青藏高原的东线及南缘山地，中国台湾也有天然云冷杉林的分布。云冷杉林树冠密集，郁闭度大，林下阴湿，多为苔藓所覆盖。云冷杉的枝叶和木材均含有大量的挥发性油类，对火特别敏感。由于云冷杉立地条件比较潮湿，一般情况下不易发生火灾。大兴安岭地区的研究材料表明，云冷杉林往往是林火蔓延的边界。但是，云冷杉自然整枝能力差，而且经常出现复层结构，地表和枝条上附生许多苔藓，如遇极端干旱年份，云冷杉林燃烧的火强度最大，而且经常形成树冠火。按云冷杉林的燃烧性可划分为可燃（主要包括草类云杉林、草类冷杉林）和难燃或不燃（主要包括藓类云杉林、藓类冷杉林）两类。

（4）阔叶红松林

红松除在局部地段形成纯林外，在大多数情况下经常与多种落叶阔叶树种和其他针叶树种混交形成以红松为主的针阔混交林。红松现在主要分布在我国长白山、老爷岭、张广才岭、完达山和小兴安岭的低山和中山地带。红松是珍贵的用材树种，以其优良的材质和多种用途而著称于世。因此，东北地区营造了一定面积的红松人工林。红松的枝、叶、木材和球果均含有大量的树脂，尤其是枯枝落叶，非常易燃。但随立地条件和混生阔叶树比例不同，燃烧性有所差别。人工红松林和蒙古栎红松林、椴树红松林易发生地表火，也有发生树冠火的危险；云冷杉红松林一般不易发生火灾，但在干旱年份也能发生地表火，而且有发生树冠火的可能，但多为冲冠火。天然红松林按其燃烧性和地形条件可划分为易燃

（山脊陡坡红松林）、可燃（山麓缓坡红松林）和难燃（坡下湿润红松林）3类。

（5）蒙古栎林

蒙古栎林（图3-11）广泛分布在我国东北的东部山地、内蒙古东部山地以及华北生长落叶阔叶林的冀北山地、辽宁省的辽西和辽东丘陵地区，也见于山东省、陕西秦岭以及昆仑山等地。我国的蒙古栎林除在大兴安岭地区与东北平原草原交界处一带被认为是原生林外，其余均被认为是次生林。

蒙古栎多生长在立地条件干燥的山地，它本身的抗火能力很强，能在火后以无性繁殖的方式迅速更新。幼龄的蒙古栎林冬季树叶干枯而不脱落，林下灌木多为易燃的胡枝子、榛子、绣线菊、杜鹃等耐旱植物，常构成易燃的林分。此外，东北地区的次生蒙古栎林多数经过反复火烧或人为干扰，立地条件日渐干燥，且生长许多易燃的灌木和杂草。因此，东北大、小兴安岭地区的次生蒙古栎林多属易燃类型，而且是导致其他森林类型火灾的火源地。

（6）杨桦林

杨桦林分布于我国温带和暖温带北部林区的山地、丘陵；在暖温带南部和亚热带森林地区，在一定高度的山地也有出现；在草原、荒漠区的山地垂直分布带上也有分布。在温带森林地区，山杨和白桦不仅是红松阔叶林的混交树种之一，也是落叶松、红松林采伐迹地及火烧迹地的先锋树种，多发展成纯林或杨桦混交林。山杨和白桦林（图3-12）郁闭度较低，灌木、杂草丛生于林下，容易发生森林火灾。但是，东北地区大多数阔叶林树木体内水分含量较大，比针叶林难燃。

图3-11　大兴安岭蒙古栎林（王秋华摄）　　**图3-12　大兴安岭白桦林**（王秋华摄）

（7）油松林

油松林主要分布在华北、西北等山地地区。该树种枝、叶和木材富含挥发性油类和树脂，为易燃树种。油松多分布在比较干燥瘠薄的土壤上，林下多生长耐干旱的禾本科草类和灌木，林分易燃。但是，油松林分布在人烟比较稠密、交通比较方便的地区且呈小块分布，火灾危害不是很大。但是，随着华北地区飞播油松面积的扩大，应加强油松林的防火工作。

（8）马尾松林

马尾松属于常绿针叶树种，枝、叶、树皮和木材中均含有大量挥发性油类和大量树脂，极易燃（图 3-13）。该树种的分布北以秦岭南坡、淮河为界，南界与北回归线犬牙交错，西部与云南松林接壤，为亚热带东部主要易燃森林。马尾松林分布在海拔 1 200m 以下的低山丘陵地带，随纬度不同，分布高度有所变化。常绿阔叶林被破坏后，该树种常以先锋树种侵入。它能忍耐干旱瘠薄的立地条件，林下有大量易燃杂草，在这些立地条件下也有一定稳定性，一般郁闭度 0.5 ~

图 3-13　过火后的马尾松林（王秋华摄）

0.6，林下凋落物 10t/hm² 左右，属易燃类型。此外，也有些马尾松林与常绿阔叶林混交，立地条件潮湿，土壤肥沃，其燃烧性为可燃类型。目前，南方各省大量飞机播种的马尾松林应该特别注意防火工作。

（9）杉木林

杉木林的分布区与马尾松相似，也为常绿针叶林，在南方多为大面积人工林，也有少量天然林。杉木枝、叶含有挥发性油类，易燃，但是树冠深厚，树枝接近地面，多分布在山下部比较潮湿的地方，其燃烧性比马尾松林低一些。但是在干旱天气条件下也容易发生火灾，有时也易形成树冠火。杉木阔叶混交林燃烧性明显降低。因为杉木是目前我国生长迅速的用材树种，所以在大面积杉木人工林区应加强防火工作。

图 3-14　云南松纯林（王秋华摄）

（10）云南松林

云南松属于我国亚热带西部主要针叶树种，云南松林是云贵高原常见重要针叶林（图 3-14），也是西部偏干性亚热带典型群系，分布以滇中高原为中心，东至贵州、广西西部，南至云南西南，北达藏东高原，西界为中缅国界线。云南松针叶、小枝易燃，树木含挥发性油类和松脂，树皮厚。具有较强抗火能力，火灾后易飞籽成林。成熟林分郁闭度在 0.6 左右，林内干燥，林木层次简单，一般分为乔、灌、草 3 层，由于林下多发生地表火，灌木少，多为乔木、草类，非常易燃。在人为活动少、土壤深厚地方混生有较多常绿阔叶林，这类云南松阔叶混交林燃烧性有些降低。此外，在我国南方还有些松林，如思茅松林、高山松林和海南松林，都属于易燃常绿针叶林，这些松林分布面积较小，火灾危害也较小。

图 3-15　昆明周边的中山湿性常绿
阔叶林(王秋华摄)

（11）常绿阔叶林

常绿阔叶林属于亚热带地带性植被（图 3-15）。由于人为破坏，分布分散，但各地仍然保存部分原生状态。郁闭度为 0.7～0.9，林木层次复杂，多层，林下阴暗潮湿，一般属于难燃或不燃森林，大部分构成常绿阔叶林的树种均不易燃，体内含水分较多，如木荷，但也混生有少量含挥发性油类的阔叶树，如香樟，但其数量较少，又混杂在难燃树种中，因此，易燃性不大。常绿阔叶林只有遭受多次破坏，才有增加燃烧性的可能。

（12）竹林

竹林是我国南方的一种森林，面积约 300 万 hm^2，分布在北纬 18°～35°，天然分布范围广。人工栽培南到西沙群岛，北至北京（北纬 40°）的平原、丘陵、低山地带，海拔100～800m 的温湿地区。因此，竹林一般属于难燃的类型。只有在干旱年代，有的竹林才有可能发生火灾。

（13）桉树林

桉树又称尤加利树，是桃金娘科桉属植物的统称，常绿高大乔木，约 600 余种。原产地主要在大洋洲大陆，19 世纪引种至世界各地，到 2012 年，有 96 个国家或地区有栽培。有药用、经济等多种价值。主要分布在大洋洲，在我国的福建、广西、广东、云南和四川等地有一定数量的分布（图 3-16）。

在我国长江以南，各地栽培有大叶桉、细叶桉、柠檬桉和蓝桉等，这些树种生长迅速，几年就可以郁闭成林。但是这些桉树枝、叶和干含有大量挥发性油类，叶为革质

图 3-16　广东肇庆的桉树林(王秋华摄)

且不易腐烂，林地干燥，容易发生森林火灾。因此应对这些桉树林加强防火管理。

此外，含挥发性油类的安息香、香樟和樟树等，也为易燃性树种，应注意防火。

3.4　森林的林学特性对森林燃烧的影响

森林的林学特性体现为林分特征，主要包括森林的组成、郁闭度、年龄、层次等结构特点。这些特征不仅影响森林可燃物种类和组成，而且影响其分布与载量，是影响林火行为的重要可燃物特征。

3.4.1　森林组成对森林燃烧的影响

森林组成是指森林的植物种类成分及其所占的比例。森林组成通常用树种组成来反映。树种组成不同，森林内的空中、地表、地下可燃物的种类、数量、分布均有差别，使森林的燃烧性也不相同。一般地，针叶林易燃性大，阔叶林易燃性则小；针阔叶混交林的燃烧性，因针叶树的比例大小而变化，如杉木纯林、杉木火力楠混交林、火力楠纯林 3 种林分，调查其地表易燃可燃物载量占总可燃物载量之比，分别是 30.9%、22.4% 和 16.5%。杉木林易燃物多，分布连续，火易燃烧蔓延；杉木火力楠混交林，易燃可燃物少，间隔式分布，能阻离或减缓林火蔓延。另外，森林中优势树种的枝叶数量占林分总可燃物的比例，对林分易燃性影响十分明显，如东北地区，年龄同为 15 年生的红松林、樟子松林和落叶松林 3 类森林，红松林和樟子松林的叶量，均占林分总可燃物的 10%~20%，枝条约占 10%~20%，两者都是易燃的可燃物类型；

图 3-17　云南松林计划烧除时的燃烧特征（王秋华摄）

而落叶松林，其叶量和枝条分别占林分总可燃物的 2.4%~5.2% 和 5%~10%，因此，落叶松林的易燃性较低。如图 3-17，云南松林计划烧除时的燃烧特征以地表火为主，火焰高度 40cm 左右，为低强度火。

3.4.2　郁闭度对森林燃烧的影响

林分郁闭度是指林冠覆盖地面的程度。郁闭度大小直接影响地表可燃物的载量，并通过影响林内光照、温度、风速和湿度等小气候因子，影响林下可燃物含水率，如小兴安岭林区，不同林分郁闭度，活地被物载量和地表死可燃物载量差异就十分明显，见表 3-1 所列。一般地，林分郁闭度增加，死地被物载量增加，活地被物载量减少；郁闭度小，死地被载量减少，活地被物增多。同时，林分郁闭度小的森林，虽然林分死地被物少，但喜光杂草、灌木易滋生，地表可燃物易干燥，森林易燃性增高。林分郁闭度大的森林，林内光照弱，温度低，风小，蒸发慢，湿度大，不易燃；但由于生物量大，在长期干旱的天气条件下，一旦引燃，将发生高强度的大火，不易扑救。

表 3-1　胡枝子柞木林郁闭度与死地被物负荷量的关系

郁闭度	0.4	0.5	0.6	0.7	0.8	0.9
负荷量(t/hm²)	2.0	2.9	3.5	5.0	9.0	12.9

在一般情况下常采用一种简单易行的样点测定法，即在林分调查中，机械设置 100 个样点，在各样点位置上抬头垂直昂视的方法，判断该样点是否被树冠覆盖，统计被覆盖的

样点数，利用下列公式计算林分的郁闭度：

$$郁闭度 = 被树冠覆盖的样点数／样点总数 \qquad (3\text{-}6)$$

它是以林地树冠垂直投影面积与林地面积之比，以十分数表示，完全覆盖地面为1。简单地说，郁闭度就是指林冠覆盖面积与地表面积的比例。

根据联合国粮农组织规定，0.20（含0.20）以上的为郁闭林（一般以0.20～0.69为中度郁闭，0.70以上为密郁闭），0.20（不含0.20）以下为疏林。

3.4.3　森林年龄对森林燃烧的影响

林龄主要影响森林可燃物的分布和数量，见表3-2所列。幼龄林、中龄林，枝和叶占森林生物量比例大，林内杂草、灌木丛生，易发生林火。中幼龄针叶树自然整枝快，林下存有大量枯落物，且树冠呈金字塔形，地表火易沿可燃物梯蔓延至树冠形成树冠火。随着年龄增长，林木自然整枝和自然稀疏愈加明显，林内产生大量干枯树枝和枯立木，加之林木平均高度低，很容易使地表火发展为树冠火，尤其对针叶幼林，一旦发生火灾，会使森林遭到毁灭。壮龄林、成熟林，林分郁闭充分，林内杂草灌木少，燃烧性下降，林分具有一定的抗火能力。老龄林，树木高大，树冠稀疏，林内易滋生喜光杂草，缺少可燃物梯，易发生地表火而少发生树冠火。而异龄针叶林，由于森林树冠上下衔接，易使地表火转为树冠火。对于针叶林的可燃物处理主要以机械清理为主，清理林内可燃物梯及地表粗可燃物。

表 3-2　胡枝子柞木林年龄与死地被物负荷量的关系

林　龄	40	60	80	100	120	140	160	180	200
死地被物负荷量(t/hm^2)	3.2	4.8	8.1	9.6	12.9	14.0	10.5	6.2	2.5

3.4.4　森林层次对森林燃烧的影响

森林层次主要指林木的成层现象，它主要影响可燃物的分布状况。单层林，林冠透光率高，林地杂草灌木多，易燃，但多发生地表火；复层林，可燃物的垂直分布往往是连续的，地面可燃物燃烧容易烧至树冠而形成树冠火。若是异龄复层林，可燃物呈梯状分布，地表火转变为树冠火的危险性更大。但是，一般情况下，复层林的林下活地被物多为耐阴喜湿植物，林内空气湿润，易燃性较低。

森林层次就是森林群落的垂直结构，指群落在垂直方面的配置状态，其最显著的特征是成层现象，即在垂直方向分成许多层次的现象。群落的成层性包括地上成层和地下成层。层的分化主要决定于植物的生活型，生活型不同，植物在空中占据的高度以及在土壤中到达的深度就不同，水生群落则在水面以下不同深度形成物种的分层排列，这样就出现了群落中植物按高度（或深度）配置的成层现象。成层现象在森林群落表现最为明显，而以温带阔叶林和针叶林的分层最为典型，热带森林的成层结构则最为复杂。一般按生长型把森林群落从顶部到底部划分为乔木层、灌木层、草本层和地被层（苔藓地衣）4个基本层次，在各层中又按植株的高度划分亚层，如热带雨林的乔木层通常分为3个亚层（图3-

18）。草本群落则通常只有草本层和地被层。在层次划分时，将乔木和其他生活型植物不同高度的幼苗划入实际所逗留的层中，生活在各层中的地衣、藻类、藤本等层间植物通常也归入相应的层中。群落的地下分层和地上分层一般是相应的。森林群落中的乔木根系为分布到土壤的深层，灌木根系较浅，草本植物的根系则大多分布在土壤的表层。草本群落的地下分层比地上分层更为复杂。

图 3-18　西双版纳热带季雨林的层次（王秋华摄）

　　森林层次越复杂，越容易形成梯状可燃物，更有利于林火之间的转换。地表火、树冠火和地下火 3 类火可单独发生，也可并发。特别重大森林火灾往往是 3 类火灾交织。基本上由地表火开始，地表火烧至树冠引起树冠火，烧至地下为地下火，树冠火也能下到地面形成地表火。林火的类型与天气条件和林型也有密切关系：常绿针叶树可能发生树冠火、阔叶林一般发生地表火，在特别干旱年份易发生树冠火和地下火。

思 考 题

　　1. 名词解释

　　（1）森林可燃物燃烧性　（2）可燃物载量　（3）森林可燃物含水率　（4）森林可燃物分布　（5）森林可燃物配置　（6）森林可燃物类型

　　2. 分析森林可燃物的化学组成，并利用相关知识解释为什么森林燃烧会出现气体燃烧阶段。

　　3. 从森林可燃物化学组成的角度分析为什么腐朽木燃烧时主要以无焰燃烧为主？

　　4. 森林可燃物大小对森林燃烧有哪些影响？在防火实践中如何利用这些影响？

　　5. 森林可燃物载量对林火的发生发展有什么影响？

　　6. 试分析不同森林可燃物分布对林火的影响。在灭火实践中应如何利用这些影响更高效、安全地灭火。

　　7. 从森林林学特性的角度分析原始林和被破坏的次生林的火行为差异。

　　8. 结合所学内容分别分析东北林区和西南林区主要森林可燃物的燃烧性。

　　9. 危险森林可燃物具备哪些特征？平时防火工作怎样降低森林可燃物的危险程度？

　　10. 如果灭火时遇到有大量危险可燃物的地段，一般应采取什么方式进行扑救？如何避免在这样的地方发生危险？

第4章 火源与火源管理

学习目标：掌握我国主要森林燃烧火源种类的分布和变化规律及其对森林燃烧发生发展的影响，熟悉常用的火源管理方法。

火源是森林燃烧的三要素之一，是发生森林火灾的必要条件。在森林防火期，当森林生态系统存在一定数量的可燃物，并且具备引起森林燃烧的火险天气条件时，是否会发生森林燃烧，关键取决于有没有火源、有什么类型的火源。通常情况下引起森林燃烧的最低能量来自外界，所以只要在防火季节里严格管理控制火源，就可以使森林火灾大大减少。世界各国都对火源的管理和控制十分重视，都把控制和管理火源列为森林防火工作的重点，花费很多人力和物力，采取相应措施，千方百计地管理和控制火源，以减少森林火灾的发生。

4.1 森林火源的种类

火源是能够引起森林燃烧的，包括热能源、走火途径、引火媒在内的综合体，如明火焰、炽热体、火花、机械撞击、聚光作用、化学反应等。火源的种类、数量和火源出现的频率则直接关系到火灾发生的可能性和林火发生后林火的大小。引起林火的火源有许多，为了掌握不同火源的动向，我们对火源进行分类。通常火源可分为两大类：一类为自然火源，另一类为人为火源。

4.1.1 自然火源

自然火源是指在特殊的自然地理条件下引起林火的着火源。其主要包括雷击、火山爆发、陨石坠落、滚石火花、滚木自燃或泥炭自燃等，它们是人类难以控制的自然现象。

在自然火源中，雷击火是导致森林火灾的主要火源。雷击引起的森林燃烧称为雷击火，往往发生在人烟稀少、交通不便的边远原始林区，很难做到及时发现和及时扑救，一旦着火，往往造成严重的损失。同时，雷击是大气现象，是自然界天气现象的一个重要组成部分。因此，雷击火的发生机制、发生时间和条件与人为火源不同。根据统计，世界上，美国、加拿大、俄罗斯、澳大利亚等国，雷击导致的林火较多，造成的损失较重。美国平均每年有1万~1.5万次雷击火。美国落基山脉地区因雷电引起的森林火灾约占64%；阿拉斯加地区因雷击火而被烧毁的森林面积，约占该地区森林面积的76%。加拿大因雷击造成的森林火灾次数可占全国森林火灾次数的 30%，其中，不列颠、哥伦比亚省的森林火灾次数占本地区林火总次数的 51%，阿尔伯塔省高达 60%。俄罗斯的雷击火次数也占林火总次数的 10%。

我国的雷击火平均仅占全国林火总火源的 1% 左右，主要分布在大兴安岭、内蒙古呼伦贝尔盟和新疆阿尔泰山地区，其中，以大兴安岭和呼伦贝尔林区尤为突出。在大兴安岭林区，雷击火的发生比较频繁，几乎每年都有雷击引起的林火，如塔河、呼中等地的雷击火占林火总次数的 70% 以上。内蒙古呼伦贝尔盟地区的雷击火也占该地区总火源的 18%，最多年份可达 38%。这些地区由于雷击火造成的损失也十分严重。如 1976 年 6～7 月，内蒙古呼伦贝尔盟额尔古纳市北部多次发生雷击火，使超过 8 万 hm^2 原始森林付之一炬。

4.1.2　人为火源

人为火源是指由于人类活动导致林火的各种着火源。人为火源是引起森林火灾的主要火源。在世界大多数国家，人为火源占林火总火源的比例都在 90% 以上，如美国为 91.4%，俄罗斯为 93%。在我国，人为火源也是引起森林火灾的最主要的火源，占总火源的比例达 98% 以上。

人为火源种类很多，可按其来源分类。

4.1.2.1　生产性火源

生产性火源是生产活动中用火不慎而引起林火的着火源。即在林区或农林、牧林交错地区，因开展生产经营活动造成森林火灾的火源。按照生产方式的不同进行划分主要有：

①森工生产用火　林区工业生产用火不慎很容易引起森林火灾，如开矿崩山炸石，机车喷漏火、爆瓦，高压线跑火等。

②农林牧业生产用火　因农林牧业生产活动用火引发林火的着火源。我国是个农业大国，烧荒、烧垦、烧茬子、烧田埂、烧草木灰等在南方是重要的农作方式，这些农业生产活动成为目前发生森林火灾的主要火源，比重约占总火源的 50% 以上。林业生产中开展的营林生产用火造成的火灾也比较多，如火烧防火线跑火、计划火烧不慎和南方炼山造林等。牧业用火主要是指火烧更新草场和复壮草场不慎引起火灾。

③林副业生产用火　林副业生产用火的火源种类较多，如火烧木炭、烤蘑菇、挖药材等不慎跑火成灾。

4.1.2.2　非生产性火源

非生产性火源是日常生活中用火不慎引起林火的着火源。在人为火源中非生产性火源也占总火源的相当数量，按照活动方式区分为不同火源。

①生活用火　野外弄火做饭、烤干粮、驱蚊驱兽等。

②吸烟弄火　吸烟不慎引起森林火灾在东北林区占相当大的比例，而且分布在整个防火季节，危害极大。

③小孩弄火　此类火源也占一定数量，所以林区应加强对儿童和青少年的森林防火教育。

④迷信用火　上坟烧纸、烧香、燃蜡祭祖而引起的山火数量有所增加。应该加强宣传教育，移风易俗，改用种树、种草代替烧纸。

4.1.2.3　其他火源

其他火源主要有故意放火、纵火和智障人士和精神病患弄火等。从人为火源酿致森林火灾的情况分析，其中大多数是由于用火者疏忽大意造成的。但是，在有些国家或地区，故意纵火也相当普遍。例如，一些西方国家，有人因对社会、对林场主不满而故意放火酿致成灾；也有失业者为得到雇佣而故意纵火。据统计，在1978—1979年的一些欧洲国家中，故意纵火所引起的森林火灾比例，葡萄牙为85%、西班牙为70%、英国为52%、意大利为54%，美国1978年故意纵火也占30%。在我国也存在因实施报复或蓄意破坏等，采取故意纵火引起森林火灾的现象。这类火虽然数量少，但也应该引起足够重视。特别是对少数坏人有意放火，更应对此提高警惕。

4.2　火源的分布变化规律

森林燃烧火源不是随意出现的，它的出现要受一定时间、地理、人文条件的影响，这些因素有其自身的规律，因此，防火灭火实践中把握住这些规律，有利于对火源进行管理。

4.2.1　火源的分布规律

自然火源和人为火源的分布都随时间和空间的变化而有差异。

4.2.1.1　全国火源的时空分布规律

（1）自然火源

根据火灾资料分析，在大兴安岭林区，雷击火占该地区总火源数量18%左右。而5月发生的雷击火占总雷击火的11%，6月发生的雷击火为82%，7月、8月发生的雷击火为6%。大兴安岭南部雷击火发生在5月和6月上旬，北部主要发生在6月。干旱年份雷击火多，主要发生于干雷暴天气。湿润年份雷击火则很少发生。此外，雷击火发生受地形的影响，因此有雷击火集中区。大兴安岭林区雷击火较多的主要原因是火灾季节晚、气候干燥所致。新疆天山、阿尔泰山林区雷击火较多，主要由于山高天气寒冷，夏季化冻晚、干燥所致。

根据相关学者对黑龙江省的雷击森林火灾统计研究发现，黑龙江省2002—2017年6月25日间共发生森林火灾1 154起，其中，雷击引发的森林火灾397起，占火灾总数的34.4%。从黑龙江省2002—2017年雷击火发生时段分布看，74%的雷击森林火灾发生在夏季防火期，23%的雷击森林火发生在春季防火期，仅有3%的雷击森林火灾发生在秋季森林防火期。雷击森林火灾的发生特点导致黑龙江省的森林防火工作已由季节性防火转变为全年性防火，5月进入雷击森林火灾高发期。从季节上看属于夏季初期，由于这段时期空气中冷暖交替次数急剧增多，地面温度也随之改变，另一重大影响因子是东北冷涡，有利于雷暴天气的形成。并且该区域属于偏北部地区，能够形成水汽的条件很差，海拔高、地形相对平缓，干雷暴天气加上区内油脂丰富的林木，雷击火会随着雷暴现象的出现变得无法控制而演变成严重的灾害。由于春季气温回升快导致水分蒸发加快，地被物的枯枝落叶迅速干燥。通过对地被物干燥度取样调查发现 5 月中旬 0 ~ 5dm 地被物含水量为 10%，火险等级达到最高级别。在 1966—2006 年的森林雷击火研究中，从发生月份看，6 月是雷击火高发期，占全年雷击火发上总量的 51.96%，而一天中 15:00 ~ 16:00 为雷击火的高发时段。

根据 2002—2017 年的全省雷击森林火灾空间分布特点：黑龙江省雷击森林火灾的主要发生地区是大兴安岭林区，发生次数占全省 94%。呼中区雷击火发生次数明显高于其他各县区。田晓瑞等汇总雷击火发生的中心点的数据发现，74% 的雷击火分布在 121° ~ 125°E，70% 的雷击火发生在 51° ~ 53°N。所以雷击火的空间分布在经度和纬度方向并不呈正态分布，纬度方向的分布更集中。

（2）人为火源

长江、黄河流域农业用火引发火灾占总火灾次数 70% 以上。在北方半山区，农业用火占相当比例。而农业用火会随节令变化，春季为农忙季节，南方逐渐开展农业活动，农业生产用火多，为该时期主要火源；秋冬则转为副业生产，林业和牧业用火明显增多。而工业用火和吸烟等火源在不同季节都有出现。

由于我国地域辽阔，人口众多，各地域经济、交通状况、生产开发情况不同，所以火源也随各地风俗习惯、经济状况、气候条件的不同而有差异。根据森林主要火源在地区、季节分布上的差异，大体上将全国分为南部、中西部、东北及内蒙古和新疆 4 个分布区域（表 4-1）。南方多数为农业生产用火，北方则有一定数量的工业生产用火和公路、铁路火源。在西北主要是牧业用火，而其中的林区则有林业火源。在半山区则以农业用火不慎引起的山火为多。

表 4-1　我国主要火源分布

区域	省　份	林火发生月份（月）	火灾严重月份（月）	主要火源	一般火源
南部	广东、广西、福建、浙江、江西、湖南、湖北、贵州、云南、四川	1 ~ 4 11 ~ 12	2 ~ 3	烧垦、烧荒、烧灰积肥、炼山	吸烟、上坟烧纸、入山搞副业、弄火烧山、驱兽、其他
中西部	安徽、江苏、山东、河南、陕西、山西、甘肃、青海	2 ~ 4 11 ~ 12	2 ~ 3	烧垦、烧荒、烧灰积肥、烧牧场（西北）	吸烟、上坟烧纸、入山搞副业、弄火烧山、驱兽、其他
东北及内蒙古	辽宁、吉林、黑龙江、内蒙古	3 ~ 6 9 ~ 11	4 ~ 5 10	烧荒、吸烟、机车喷漏火、上坟烧纸	野外弄火、烧牧场、入山搞副业、雷击火、其他
新疆	新疆	4 ~ 9	7 ~ 9	烧牧场	吸烟、野外用火

4.2.1.2　部分地区火源的时空分布规律

（1）云南省火源分布规律

云南省主要火源分布研究显示见表4-2所列。2004—2014年，云南省共发生森林火灾4 724次，其中，已查明的火源4 039次，占85.50%，在已查明的火源中生产性用火和非生产性用火都是人为所致，2004—2014生产性用火和非生产性用火合计发生3 937次火灾，占97.47%，人为火源成为云南省森林火灾主要原因。人为火源中生产性火源1 848次，占46.94%，非生产性火源2 089次，占53.06%。由此可知，云南省生产性火源和非生产性火源都是森林火灾的主要原因，但非生产性火源所占比重更大，比生产性火源高出2.48个百分点。

表4-2　生产性和非生产性火源统计 　　　　　　　　　　　　次

年份	森林火灾次数	已查明人为火源	生产性火源	非生产性火源
2004	550	481	234	247
2005	665	580	280	300
2006	602	474	166	308
2007	498	423	178	245
2008	287	253	99	154
2009	510	413	201	212
2010	569	454	227	227
2011	115	99	39	60
2012	299	258	141	117
2013	264	222	121	101
2014	365	280	162	118
合计	4 724	3 937	1 848	2 089

2004—2014年云南森林火灾已查明的火源种类及分布如图4-1所示。从图中可知，云南的火源有15种，其中，生产性火源有烧荒烧炭、炼山造林、烧牧场、烧隔离带、烧窑、机车喷火6种，非生产性火源有野外吸烟、取暖做饭、上坟烧纸、烧山驱兽、小孩玩火、痴呆弄火、家火上山、电缆引起、故意放火9种。

2004—2014年生产性火源引发火灾共1 848次，其中，烧荒烧炭1 427起，占比77.22%，在生产性火源占据主导地位。非生产性火源引发火灾共2 089次，其中，在非生产性火源中占比最大的为野外吸烟，其次为痴呆弄火、小孩玩火、取暖做饭、上坟烧纸。

从表4-2、图4-2可知，2004—2011年间非生产性火源高于生产性火源，在2006年几乎高出1倍；2010年两者持平；但2012—2014年生产性火源反高于非生产性火源。究其原因，是生产性火源与农事有关，相关部门不便管理，所以每年都有一定数量的森林火灾因其发生；而非生产性火源是由人为造成，教育和宣传力度加大，人口素质的提高，可以有效降低火灾的发生。

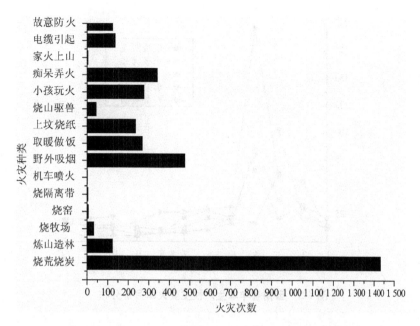

图4-1　2004—2014 年云南省森林火灾的火源种类及分布

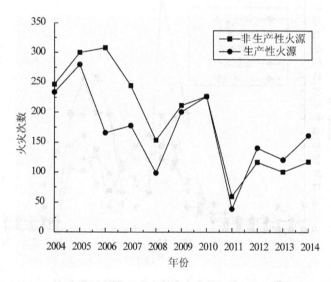

图4-2　2004—2014 年云南省生产性火源与非生产性火源的年度分布

　　从图4-3可知，云南省全年各月都有发生森林火灾的可能性，主要集中在3~5月，具有明显的季节集中性特点，这个时期段人为活动较频繁，如清明节上坟、春游等活动较为集中；图4-4显示的日分布特点火险高峰时段集中在9:00~13:00 和15:00~20:00 这两个时段，具有明显的时段集中性。

　　（2）福建省火源分布规律

　　福建省森林火源包括自然火源1种，外来火源1种，人为火源13种，其中，人为火源中生产性火源有5种，非生产性火源有8种。如图4-5所示，福建省森林火灾的火源种

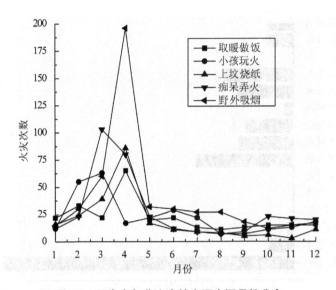

图4-3　云南省年非生产性主要火源月份分布

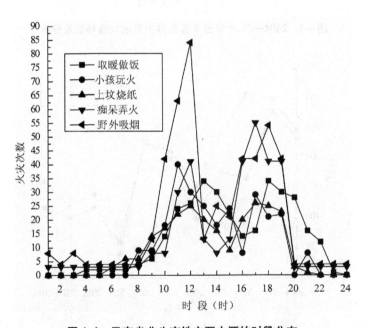

图4-4　云南省非生产性主要火源的时段分布

类以人为火源为主，占总火源的99%以上，自然火源仅占0.3%左右。自然火源主要是雷击火，发生在7月，这与福建省某些年份7月出现持续高温干旱有关。雷击发生高峰期通常为4~5月，主要发生在泉州市和三明市。生产性火源以农业生产用火中的烧荒烧杂火源种类为主，占总火源的39.05%，主要发生在龙岩市、三明市和宁德市，其他生产性火源占10.5%，主要发生在2~4月，主要发生在福州市和龙岩市。在非生产性火源中，以野外吸烟所占比例最大，占总火源的8.4%。

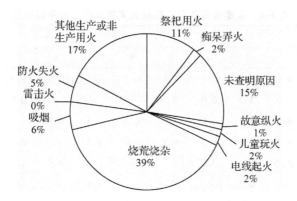

图 4-5　福建省 2006—2015 火源种类及分布

福建省森林火源主要发生在 1~4 月以及 10~12 月，其中，3 月的火源发生率最高，2 月次之；主要发生在福建省的西北部，以龙岩、三明、南平 3 个设区市的森林火源发生比率最高，占福建省总火源的 65.4%，这与西北部是福建省森林资源的主要集中地有关，而闽南及闽中的厦门、漳州和莆田等地的火源发生率最低(表 4-3、表 4-4)。

表 4-3　福建省每年引起森林火灾的火源月份平均分布　　　　　　　　　次

地区	小计	月份											
		1	2	3	4	5	6	7	8	9	10	11	12
福州市	31.33	1.67	6.67	12.33	2.33	2.33	0.67	0.33	0.33	0.67	1.00	1.00	2.00
厦门市	2.66	1.00	—	0.67	—	—	—	0.33	—	—	—	0.33	0.33
泉州市	25.00	4.33	4.67	4.67	2.00	—	0.33	0.67	0.67	—	2.33	3.00	2.33
莆田市	8.66	0.33	0.33	1.67	—	—	—	—	0.33	1.67	2.00	2.33
宁德市	30.68	2.00	9.00	8.67	3.67	0.33	—	1.67	—	0.67	1.33	2.67	0.67
漳州市	10.66	1.67	2.00	2.33	1.67	—	—	—	0.33	0.33	2.00	0.33
三明市	60.01	5.67	10.67	29.33	0.67	1.67	—	1.00	—	0.33	3.00	4.00	3.67
龙岩市	82.33	7.33	16.33	34.67	0.67	1.33	—	1.00	0.33	2.33	1.67	6.67	10.00
南平市	63.66	7.00	9.67	28.33	2.00	2.33	—	4.00	1.33	0.67	2.00	3.00	3.33
合计	3 150.00	31.00	59.34	122.67	13.01	7.99	1.00	9.00	3.66	5.33	12.33	24.67	24.99

福建省森林火灾的火源种类以人为火源为主，占总火源的 98.63%，自然火源仅占 1.37%。自然火源主要是雷击火，主要发生在 7 月，这与福建省某些年份 7 月出现持续高温干旱有关。雷击发生高峰期通常为 4~5 月，但该季节为福建雨季，发生雷击火的可能性较小。雷击火主要发生在泉州市和三明市。外来火源主要是外行政区烧入，主要发生在 3 月，此时正是各地森林火灾发生高峰期，因外来火源烧入未得到及时控制所致。该火源主要发生在福州市和三明市。生产性火源以农业生产用火中的烧荒烧杂火源种类为主，占总火源的 39.05%。该类火源主要发生在 1~3 月，因为到了春季，进入农业生产准备季节，很多农民开始烧荒烧杂，以便清杂和开垦农田，容易跑火导致森林火灾，主要发生在

表 4-4 福建省每年引起森林火灾的火源月份平均分布 %

火源	月份											
	1	2	3	4	5	6	7	8	9	10	11	12
未查明火因	6.0	8.3	12.3	1.3	1.3	0.3	—	0.3	1.0	2.7	7.7	2.0
上坟烧纸	3.7	3.0	3.0	5.0	0.3	—	—	—	0.3	0.7	1.3	1.7
野外吸烟	5.3	6.0	7.0	1.0	—	0.3	0.3	0.3	1.3	1.7	2.7	0.7
痴呆弄火	3.3	1.7	2.7	0.3	—	—	0.3	—	—	0.7	1.0	—
烧荒烧杂	16.7	25.0	60.7	3.0	2.7	—	2.0	0.3	1.3	3.0	4.3	4.0
电线引起	1.0	—	0.7	—	—	—	1.0	—	—	—	1.0	0.3
炼山造林	3.0	3.7	2.0	0.3	—	—	—	0.3	0.3	—	1.0	0.3
取暖做饭	1.0	0.3	0.3	—	0.3	—	—	—	—	—	—	—
烧田埂草	1.0	1.7	7.7	2.0	0.7	0.3	0.7	—	—	0.7	1.3	0.7
故意纵火	0.3	1.0	—	—	0.3	—	0.7	1.3	—	0.7	—	—
小孩玩火	—	1.3	3.3	—	0.3	—	—	—	—	—	—	—
雷击火	0.3	—	0.3	—	—	—	3.0	0.7	—	—	—	—
烧稻草、烧灰积肥	3.3	4.7	3.0	0.7	1.0	—	0.7	—	—	0.3	1.3	1.0
外来火	—	2.3	4.7	—	—	—	—	—	—	0.3	0.7	0.7
烧山驱兽	0.3	0.3	—	—	—	—	—	—	0.3	0.7	0.3	—

龙岩市、三明市和宁德市。其他生产性火源占 10.5%，主要发生在 2~4 月，此时正值农耕准备期，烧田埂草、烧灰积肥、烧稻草和杂草的人比较多，用火不易控制。该类火源主要发生在福州市和龙岩市。春季也是动物外出活动高峰期，野外狩猎易走火，殃及森林，主要发生在南平市和福州市。炼山造林主要发生在 2 月，此时正是造林的高峰期，造林前的烧山用火不慎易走火。在非生产性火源中，以野外吸烟所占的比例最大，占总火源的 8.4%。这种情况主要发生在 2~3 月，此时春暖花开，野外活动和旅游人流量较大，部分人在野外吸烟，乱丢烟头，导致火灾。该火源主要发生在龙岩市和泉州市。上坟烧纸火源主要发生在 4 月，这与清明节上坟烧纸和放鞭炮有关。该火源主要发生在龙岩市。此外，未查明火源火因的占 13.7%，这需要加大对火灾案件的侦破力度，以增加破案率。

（3）吉林省火源分布规律

吉林省 1969—2017 年共有森林火灾火源 23 类，其中，主要火源来源为祭祀用火、农事用火、纵火、野外生活用火、境外烧入、野外吸烟。据统计，吉林省 1969—2017 年共发生已知火源的森林火灾 5 261 次，共造成受害森林面积 46 830.73hm^2，其中，由主要火源引起的森林火灾共 4 339 次，占总的 82.47%，共造成受害森林面积 36 443.97hm^2，占总面积的 77.82%，68 次重特大森林火灾，有 52 次是由主要火源引起的。吉林省 6 种主要森林火灾火源都具有明显的季节性特征，即主要发生在春（3~5 月）、秋（9~11 月）两季。农事用火和野外吸烟引起的森林火灾在一年中发生最为频繁，造成的危害也大。农事用火共发生了 2 353 起，造成受害森林面积 28 070.52hm^2。农事用火火源在春季引起森林火灾次数极多，共 2 196 起，占该类火源总次数的 93.32%，共造成受害森林面积

26 755. 69hm²，占该类火源对应总受害森林面积的 95. 32%。秋季由农事用火火源引起的森林火灾发生较少，共发生了 139 起，占该类火源总次数的 5. 91%，共造成受害森林面积 1 275. 08hm²，占该类火源对应总受害森林面积的 4. 54%。野外吸烟火源引起的森林火灾也在春季发生较多，共发生 924 起，占该类火源总次数的 77. 26%，共造成受害森林面积 5 623. 43hm²，占该类火源引起总受害森林面积的 70. 14%。秋季野外吸烟以 10 月发生最多，共发生 181 起，占该类火源总次数的 15. 13%，共造成受害森林面积 1 964. 27hm²，占该类火源总受害森林面积的 24. 50%。纵火火源引起的森林火灾在春季主要发生在 4～5月，共发生 90 起，占该类火源总次数的 60. 00%，共造成受害森林面积 116. 73hm²，占该类火源总受害森林面积的 69. 76%。秋季纵火火源主要发生在 9～10 月，共发生 48 起，占该类火源总次数的 32. 00%，共造成受害森林面积 33. 91hm²，占该类火源总受害森林面积的 20. 26%。祭祀用火引起的森林火灾在春季 4 月发生次数最多，共发生 419 起，占该类火源总次数的 74. 82%，共造成受害森林面积 593. 67hm²，占该类火源总受害森林面积的 68. 31%。秋季祭祀用火以 10～11 月发生次数最多，共发生 43 起，占该类火源总次数的 7. 68%，共造成受害森林面积 63. 25hm²，占该类火源总受害森林面积的 7. 28%。野外生活用火引起的森林火灾在一年中除了 8 月，其他月份都有发生，其中，春季共发生 165 起，占该类火源总次数的 56. 70%，共造成受害森林面积 1 767. 03hm²，占该类火源总受害森林面积的 65. 11%。秋季野外生活用火共发生 106 起，占该类火源总次数的 36. 43%，共造成受害森林面积 892. 78hm²，占该类火源总受害森林面积的 32. 89%。野外生活用火在 2 月发生次数要大于其他火源，共发生了 15 起，占 2 月主要火源总次数的 35. 71%，共造成受害森林面积 52. 27hm²，占 2 月主要火源对应总受害森林面积的 52. 07%。由境外烧入火源引起的森林火灾全都发生在春秋两季，其中以春季为主，共发生森林火灾 24 起，占该类火源总次数的 85. 71%，共造成受害森林面积 974. 63 hm²，占该类火源总受害森林面积的 88. 13%。

吉林省不同地区每年由主要火源引起的林火次数和单位面积林火次数有明显的差异，其中，延边、白山、吉林、通化地区发生较多，白城、松原、长白山管理委员会发生较少。值得注意的是辽源地区，辽源地区每年发生的林火次数要远小于延边、白山等地区，年均仅发生森林火灾 3 次，但是辽源地区每年单位面积林火次数却极多，从均值来看仅次于延边、白山地区，高于吉林、通化等地区。辽源辖区面积小，但是林火次数较多，森林防火工作要格外重视。而不同地区之间的受害森林面积差异较小，从均值上来看除了延边地区外其他各地区都没有显著差异，但白山、吉林、通化、白城等地区历史上有重大森林火灾发生。吉林省的地貌特征为西部平原区、中部丘陵区、东部山区，所以中东部地区为森林火灾的高发地区，也是森林火灾的重点防范区。虽然白城地区发生林火次数较少，年均仅发生 1 次，但历史上却有重大森林火灾的发生，因此，西部平原地区的森林防火工作也不能小觑。

由祭祀用火引起的森林火灾在 1969—2017 年共发生 531 次，占森林火灾总次数的 10. 09%，火灾森林面积 845. 31hm²，占总受害森林面积的 1. 81%。清明节是我国的传统节日，焚香、祭祖这样的习俗传承已久，虽然近几年来提倡文明祭扫，吉林省也加大了处罚力度,但由祭祀用火引起的森林火灾还是常有发生。虽然由祭祀用火引起的林火次数较多,但是对森林的危害较小,并没有造成重特大森林火灾的发生。在全省的分布特征大致呈反"J",在中部和东南部分布较为集中,即吉林地区的吉林市市辖区、永吉县,长春地区的长春市市辖区,四平地区的伊通满族自治县,通化地区的通化市市辖区,白山地区的白山市市辖区以及整个辽源地区。辽源地区面积较小,但是由祭祀用火引起的森林火灾却极为频繁;在延边地区发生也较为频繁,且火点均匀;白城和松原地区发生祭祀用火的森林火灾次数最少,造成的危害也小,分别发生了 11 次、16 次,造成受害森林面积分别为 45.20hm^2、28.18hm^2。

吉林省共发生农事用火引起的森林火灾 2 241 次,占森林火灾总次数的 42.60%,造成森林火灾面积 24 445.54hm^2,占森林火灾面积的 52.20%。农事用火引起的森林火灾主要发生在吉林省的中东部地区,且火点分布均匀。吉林省是我国的农业大省,同时也是国家重点林区之一,吉林省的森林资源主要分布在中东部地区,整个中东部地区林地与耕地相互交织在一起,在春秋两季,当农民在野外进行烧秸秆、烧荒梗等农事活动时,就很容易引起森林火灾的发生。农事用火引起的森林火灾以延边地区发生次数最多,共发生森林火灾 1 033 次,共造成受害森林面积 20 565.97hm^2,尤其是敦化市、安图县、和龙市、龙井市火点极为密集,且历史上重特大森林火灾也频频发生;吉林地区的火点也较为密集,且蛟河市、桦甸市还发生过重特大森林火灾;通化地区和白山地区的火点较为集中,主要发生在白山地区的靖宇县、抚松县、白山市市辖区,通化地区的通化市市辖区。

吉林省在 1969—2017 年间由野外生活用火引起的森林火灾共发生了 274 次,占森林火灾总数的 5.21%,造成受害森林面积 2 954.11hm^2,占受害森林面积的 6.31%。由于集体林权制度改革的推行,改革后林业的生产经营出现了小型化、多元化、个体化的特点,所以进山搞副业(养蜂、放牧等)的人就有所增加,他们在生火做饭的时候很容易引起森林火灾,加大了森林火灾的发生概率。由于野外生活用火引起的森林火灾,延边地区发生次数最多,危害也最大,共发生 117 次,包括 6 次重大森林火灾,共造成受害森林面积 2 356.22hm^2,并且在龙井市、和龙市、安图县分布较为集中;其次为吉林地区,共发生 44 次,造成受害森林面积 233.37hm^2。并且野外生活用火引起的森林火灾在吉林地区分布均匀,每个县市都有发生。

境外烧入引起的森林火灾只有延边地区发生过。延边地处吉林省东部,与俄罗斯、朝鲜两国交界,面临日本海,东与俄罗斯滨海区接壤,南隔图们江与朝鲜咸镜北道、两江道相望。延边州辖区内国境线总长 755.2km,其中,中俄边境线长 232.7km,中朝边境线长 522.5km。因此,由这两个国家越境而来的森林火灾严重地威胁吉林省森林资源。吉林省在 1969—2017 年由境外烧入引起的森林火灾共发生 26 次,占发生森林火灾总次数的 0.49%,共造成受害森林面积 888.76hm^2,占总受灾面积的 1.89%。

吉林省旅游资源丰富,境内中东部地区的长白山景区、松花湖景区、五女峰景区、净月潭景区在每年的五一、十一假期都吸引很多游客,这样就致使在林区吸烟的人数增加,大大加重了森林火灾发生的隐患。吉林省在 1969—2017 年由野外吸烟引起的森林火灾极为频繁,共发生 1 117 次,占发生森林火灾总次数的 21.23%,造成受害森林面积

7 142. 89hm², 占总受灾面积的 15. 25%。野外吸烟引起的森林火灾主要分布在吉林省中东部地区, 且分布较为均匀。野外吸烟引起的森林火灾, 延边地区发生次数最多, 共发生森林火灾 419 次, 且包括 6 次重特大森林火灾; 其次是白山地区共发生森林火灾 212 次, 包括 2 次重特大森林火灾, 且主要集中发生在抚松县、白山市市辖区; 吉林地区火点分布较为均匀, 共发生了 177 次; 通化地区发生了 107 次, 主要集中在通化市市辖区。白城市由野外吸烟引起的森林火灾数量明显要高于其他火源, 共发生 17 次, 占该地区主要森林火源火灾总次数的 40. 48%, 而且还造成了 1 次重大森林火灾。

吉林省在 1969—2017 年由纵火火源引起的森林火灾共发生 150 次, 占发生森林火灾总次数的 2. 85%, 造成受害森林面积 167. 35 hm², 占总受灾面积的 0. 36%。纵火火源主要发生在近十几年, 从而成为吉林省的主要森林火源。由于近年来林权逐步流向个人, 私有财产因缺少单位式管理和个人原因而容易遭到他人侵犯, 而且严格的限额采伐制度和对火烧材的相对优惠政策, 在一定程度上诱发了放火案件的发生, 加之行政边界线上和农户间的林权纠纷事件的增加, 引发的利益冲突可能导致报复性故意放火烧山事件的发生。虽然由纵火火源引起的森林火灾发生较为频繁, 但是造成的危害较小, 并没有引起重特大森林火灾的发生。吉林省森林火灾纵火火源分布较为集中, 主要发生在延边地区的敦化市, 吉林地区的蛟河市、桦甸市, 白山地区的靖宇县。

4. 2. 2　火源的变化规律

火源是随地理和时间而变化的, 其变化规律或趋势有以下几点。

(1)火源随着国民经济的发展而变化

当一个地区经济比较落后时, 要开发山地, 增加了山区的火源。当一个地区经济发达, 大批的人进入森林旅游, 增加了山区的火源。因此, 无论穷富都要管好火源。

(2)非生产性的火源在逐年增加

随着国民经济的发展, 人民的富裕, 旅游的人、吸烟的人、迷信烧纸的人、放烟花鞭炮的人增多, 非生产性的火源明显增加。日本非生产性火源占了 70% 以上。我国各地也有逐年增加的趋势。

(3)节假日的火源明显增加

我国火灾明显的节日有: 元旦、春节、元宵节、清明节、劳动节、重阳节(老人节)、国庆节等。其中, 森林火灾最严重的节日是清明节。各地因民族和风土人情不同, 还有一些其他的节日火源, 如广西壮族自治区的"三月三", 是一个主要的火源的节日。

(4)火源随居民密度和森林覆盖率的增加而增加

一个地区的居民密度越大, 森林火灾发生越频繁。H. T. 库尔巴茨基用下述公式来计算可能发生的火灾次数:

$$N = KP \tag{4-1}$$

式中　N——每 10 万 hm² 的火灾次数;

　　　P——居民密度(人/km²);

　　　K——系数(代表一个地区的民族文化素质)。

如果加上森林覆盖率(L)和该地区占优势等级的自然火险林分发生森林火灾次数的百分率指数(B)进行修正，则式(4-1)成为：

$$N = KPLB \tag{4-2}$$

已知民居密度的变化后，利用该公式可在允许的精度范围内计算出研究对象的预期火灾数量。比较居民密度、预期火灾数量和实际火灾数量，就可以看出火源管理的成效。

美国南加利福尼亚1910—1999年统计，每百万人口增加数与森林火灾每10年火灾次数成直线增长。

(5)各种社会矛盾加剧纵火泄愤者增加

如前所述，因对社会存在不满，而放火纵火是各国都有的一种火源，尤其是在社会转型、经济发展停滞等时期社会矛盾突出时这类火源明显增加。

(6)生产性火源在特殊情况下集中爆发

2000年春，南方各省春雨绵绵，大量的生产性用火被积压，3月26～27日，天气放晴，农民急于生产用火，可这时恰逢冷锋过境，造成了南方生产性火源引起林火爆发成灾。

总之，为了控制森林火灾的发生，必须很好地掌握火源的时空变化规律。

4.3　森林燃烧的火源管理

火源管理是在可燃物管理工作的基础上进行的行政、法律、科学技术等方面的综合性管理工作。以往人们对火源进行管理实行的是封闭式管理，在防火季节，杜绝一切野火用火。但是，随着社会的发展，这一管理模式已经不适应当今经济生活发展的要求，现在应实行开放性火源管理，实施计划烧除，鼓励积极谨慎安全地用火。虽然开放性火源管理有一定风险性，但封闭式管理是酿成特大森林火灾发生的重要因素，具有更高的风险性。

4.3.1　利用行政手段管理火源

森林火源的行政管理主要是指在森林防火工作中，利用行政力量，运用行政手段对森林中可能出现的火源进行管理控制，主要包括：实行行政领导负责制、建立健全森林防火组织、广泛开展森林防火宣传教育、全面开展群众防火工作。

4.3.1.1　行政领导负责制

国务院颁布的《森林防火条例》明确规定："森林防火工作实行各级人民政府行政领导负责制""各级林业主管部门对森林防火工作负有重要责任"。林区各单位都要在当地人民政府的领导下，实行部门和单位领导负责制，通过制定奖惩办法，层层签订责任状，落实责任。各级森林防火指挥部在防火期到来之前，召开各种会议进行部署，反复检查各种防火责任是否落实到地段，落实到人头。防火期结束后，认真总结经验和教训，切实兑现奖惩，巩固防火成效。

根据我国国情实行森林防火行政领导负责制，是防御森林火灾的关键措施。我们抓住了这条关键措施，就抓住了根本，抓住了要害。行政领导负责制是近几年来森林火灾受害率和森林火灾次数大幅度下降的重要原因之一。

4.3.1.2　建立健全森林防火组织

我国的森林防火工作，实行各级人民政府行政领导负责制。各级政府和有关部门都应建立健全森林防火组织，切实加强对森林防火工作的统一领导，开展森林火灾综合防治。牢记"隐患险于明火，防范胜于救灾，责任重于泰山"，积极贯彻"预防为主，积极消灭"的森林防火方针。

根据《森林防火条例》等有关规定，我国森林防火组织体系包括：

①国家森林草原防灭火指挥部　国家森林草原防灭火指挥部(简称国家森防指)是根据《国务院办公厅关于调整成立国家森林草原防灭火指挥部的通知》而成立的新组织，由原国家森林防火指挥部调整而成立，是国务院议事协调机构，负责组织、协调和指导全国森林草原防灭火工作。国家森防指下设办公室(国家森林草原防灭火指挥部办公室，简称国家森防指办公室)，设在应急管理部，负责国家森防指日常工作。

②各级地方政府森林防火指挥部　地方各级人民政府应根据实际需要，组织有关部门和当地驻军设立森林防火指挥部，负责本地区森林防火工作。县级以上森林防火指挥部办公室，配备专职人员，负责日常工作。未设森林防火指挥部的地方，由同级人民政府林业主管部门履行森林防火指挥部职责。

③基层单位森林防火组织机构　林区国营林业企业单位、部队、铁路、农场、牧场、工矿企业、自然保护区和其他事业单位，以及村屯集体经济组织，应当建立相应的森林防火组织，在当地人民政府领导下，负责本系统、本单位范围内的森林防火工作。

④区域性森林防火联防组织　省、地、县、乡行政交界的林区，应建立区域性森林防火联防组织，互通情报，相互支援，定期召开联防会议，及时进行联防检查，总结、交流森林防火经验，共同做好联防工作。

⑤专业防火机构　在偏远的大面积国有林区，根据需要建立航空护林站、森林消防队伍、林区派出所和专业护林队等专业组织，做好护林防火工作。有林单位和林区的基层单位，应配备专职护林员。

4.3.1.3　搞好森林防火宣传教育

森林防火工作是一项社会性、群众性很强的工作，它关系到全社会的千家万户，涉及每个人，只有开展广泛宣传教育，提高全社会的防灾意识，才能取得良好的防治效果。各林区可根据自身的特点，分析林火发生规律和人员活动情况，开展有针对性的防火宣传教育。宣传教育要有新意，不应年年都是老一套，宣传标语、警示性标志应经常更换内容、更换颜色、更换地点。宣传标语要简短醒目。宣传教育重点在基层，在农村、在农户和农民，在那些经常接近森林的人群。宣传教育要以人为本，尊重人们的主人翁的立场。

森林防火宣传教育内容很多，主要包括森林防火工作的重要性，森林火灾的危害性、危险性；党和国家关于森林防火方面的各项方针、政策与法律、法规及其他乡规民约；森林防火工作中涌现出来的先进人物、先进单位、先进经验；森林火灾肇事的典型案例；森林防火的科学知识经以及如何安全谨慎科学地用火等。

开展森林防火宣传，形式要多样化，在林区人员集中地区或者道路两侧，应设立防火标语、标牌、匾、碑等，提醒人们做好森林防火工作。在防火期应编印各种宣传材料。除此之外，还要利用多种形式，在不同层次的人群中进行宣传教育。在林区的中小学开设森林防火知识讲座，让学生从小就知道森林防火的重要性；在林区广大群众中召开各种会议，大力宣传森林防火的意义，提高干部群众的认识和责任心；编印宣传提纲、小册子、传单、宣传画和标语，放映森林防火电影、电视、幻灯片；在重点林区防火期的关键阶段要做到每天报纸有防火文章、电台有防火声音、电视有防火影像；还可利用防火宣传车、组织宣传队和文艺小分队进行巡回宣传演出。在林区城镇、村屯、居民点建立宣传牌、宣传塔、宣传标语、过街旗、宣传门、宣传画廊等，形成浓厚的森林防火氛围，以达到最佳的宣传效果。

宣传教育是一项基础工作，要舍得投入，一般应投入占整个防火资金的30%以上。

4.3.1.4 广泛开展群众防火

森林火灾不同于一般的自然灾害和人为灾害，它涉及面广、突发性强，受自然、社会等多方面因素的影响和支配，对于它的预防应属于抢险救灾范围，因此，它就是一项社会性很强的系统工程，既要有各级政府行政力量的参与，更要有广大群众的支持和配合，广泛地开展群众性防火工作。做好群众防火工作，加强群众防火，可减少人为火源，会使森林火灾面积明显下降。

群众防火是一项复杂的社会性很强的工作，必须做到家喻户晓，人人皆知，不能有遗漏。为了搞好群众防火，要摸清森林火灾发生的规律，深入了解各种火源出现的时间、地点、起因、种类、肇事者，要抓住关键时刻，如防火季节严加控制火源，即可预防森林火灾的发生。搞好群众防火，还要了解不同层次人的动态，如工人、农民以及各行各业群众的心理状态及其活动规律。所以，搞好群众防火是火险季节的主要防火工作。防火宣传教育是群众防火的重要组成部分，也是群众防火的主要工作方法。尤其在防火季节，要加强对进入林区的人员护林防火宣传，真正做到护林防火人人有责。除开展防火宣传外，还要进行法制教育，为依法防火、依法治林创造有利条件。

各林区要依法建立执行各种护林防火制度，并且充分利用防火乡规民约进行防火管理。如防火季节发放入山许可证，实行分片包干制度，在防火季节林区群众自觉制订防火公约，规定5级以上大风挂黄旗，禁止用火，挂牌值日防火等。

真正把野外火源管住，是群众防火的重点，也是难点。森林消防队伍依法进行森林防火灭火和森林资源的保护工作，一定要积极参加群众防火工作。

4.3.2 依法管理火源

森林防火不但要重视行政管理，更重要的是以法律为依据，运用法律手段依法治火。逐步建立和完善各种法律、法规和规章制度，改变森林防火工作有法不依、执法不严、违法不究的状况，使森林防火工作走上依法管理的轨道。

目前，我国已形成了以《森林法》《森林法实施条例》《突发事件应对法》为指导、以《森林防火条例》为基本遵循、以防火部门规章、防火规划、《国家森林火灾应急预案》为组成部分、以地方法规为配合的较为完整的法律体系，对森林防火而言，法治化水平很高，法治管理体制很规范。我国的依法治火是从 1984 年《中华人民共和国森林法》颁布开始，在此之后有多部与森林防火相关的法律、法规颁发，或是在修订。

在我国的森林防火法律体系中，上下位法有机衔接、互相补充、互相配合，既明确了森林防火的责任主体，又确定了全国统一指挥火灾扑救的体制，为做好森林防火工作提供了坚实的法律保障。进入 21 世纪，随着依法治国方略的深入实施，全国和各省（自治区、直辖市）一系列法律、法规相继公布实施，加快了我国林火管理立法步伐，全面提升了我国林火立法的质量。

各地在贯彻法律、法规时还要建立完善野外火源管理制度，其中一些重要的法规、制度可由地方人民代表大会通过，政府颁布，使之更具有严肃性。

贯彻森林防火法律、法规时，一方面要大力宣传防火法规，增强群众自觉守法的意识；另一方面要严格执行防火法规，严肃查处火灾案件。有条件的地方应实行森林火灾案件查处责任制，按照管辖权限，分级管理。凡触犯刑律构成犯罪的，由公安机关立案侦察，司法机关判处；需要给予行政处罚的案件，由林业主管部门或授权的森林防火指挥部办公室、防火检查站处理。

4.3.3　采取技术措施管理火源

火源管理技术包括自然火源管理技术和人为火源管理技术，对火源进行统计分析，掌握火源变化规律，绘制森林火灾时空分布图，划分防火期，火因调查等。

4.3.3.1　自然火源管理

自然火源是一种难以控制的自然现象，如雷击火、火山爆发、陨石坠落、泥炭发酵自燃、滚石的火花、滚木自燃、地被物堆积发酵自燃等。从世界各国的自然火源引起森林火灾发生的情况来看，最主要的是雷击火。

对雷击火进行管理，可简单地从对雷暴天气系统的路径和雷达四级特征分析易于引起森林火灾的干雷暴。也可利用闪电磁电波相位差和时间差联合测距单站定位。国外利用云—地闪电的回击波所产生的电磁场对地闪进行识别，并于 1989 年获得了实用。这些数据能给指挥员提供落雷具体经纬度、时间、闪电强度、回击数、定位方法、最佳定位参数，投入定位的站数。为雷击火测报提供了依据。

4.3.3.2　人为火源管理

日常管理中应该掌握、分析火源的时空分布规律和各种火源的着火途径，同时还应该了解火情、火警多发生在什么地段和什么植被上，这样才能有针对性地采取相应措施，减少森林火灾的发生。科学分析火源还应研究林火火源变化规律。

在科学分析火源的基础上，还应研制森林火灾发生图与火源分布图，以更好地掌握各种主要火源分布地点和出现时间，方便重点部署防火、灭火力量和有效地控制火源。

由于一个地区的火源随着时间、国民经济的发展以及人民群众觉悟程度而发生变化，火灾发生图、火源分析图要每隔 5～10 年进行分析修正或者重新绘制。

4.3.3.3 确定火源管理区

根据居民分布、人口密度、人类活动等特点，进一步划分火源管理区。火源管理区可作为火源管理的基本单位，同时也作为森林防火、灭火的管理单位。火源管理区的划分应考虑以下 4 个方面问题：一是火源种类和火源数量；二是交通状况、地形复杂程度；三是村屯、居民点分布特点；四是可燃物的类型及其燃烧性。

火源管理区一般可分为三类：

①一类区　火源种类复杂，火源的数量和出现的次数超过该地区火源数量的平均数；交通不发达，地形复杂，易燃森林所占比例大；村屯、居民点分布散，数量多，火源难以管理。

②二类区　火源种类较多，其数量为该地区平均水平，交通条件一般，地形不够复杂；村屯、居民点比较集中，火源比较好管理。

③三类区　火源种类简单，数量少，低于该地区平均水平，交通比较发达，地形不够复杂；森林燃烧性低，村屯、居民点集中，火源容易管理。

火源管理区应以林场或乡镇为单位进行划分，也可以县或林业局作为划分单位。划分火源管理区之后，按不同等级制定相应的火源管理、防火、灭火措施，制定火源管理目标，开展目标管理。

此外，也可以将火源分为时令性火源、常年性火源、流动性火源、重点火源等。依此可以对火源和林火发生进行预测预报。

4.3.3.4 开展火源综合管理

火源管理是森林防火工作的永恒主题。在一个相对的区域内，火源管理措施是否无遗漏地实现了全面覆盖，是否在调整林区社会行为方面全面发挥了作用，是否有效地预防了森林火灾的发生，是衡量火源综合管理水平的三大标准。火源综合管理不同于一般的火源管理，它是立足于全面调整林区社会有关森林防火的组织行为、生产行为和林区人群生活行为，利用法制、经济和行政等多种管理手段协调实施的管理模式。

通过森林火源综合管理，可以强化林区社会各类人群的森林防火思想观念，调整林区社会各类人群的用火行为，最终达到林区社会生产经济发展与森林生态安全相协调，实现林区社会的持久性森林防火安全和稳定。

森林火源综合管理不同于以一类或多类火源为对象而直接采取措施的一般意义的火源管理，它是站在社会学角度，以培育林区社会成员群体的火险意识为出发点，用火险状态来约束用火行为的综合性管理。这种综合性约束应当是自我约束与外力综合规制调整相结合，以协调保障林区社会生产经济活动为目的，核心目标是建立起良好的森林防火社会化基础。

森林火源综合管理在实际操作中应当确定防控指标、防控途径、资源保障政策等内容。防控指标可以包括森林火灾发生率、危害率等，具体控制指标可以包括各个火源产生类别，群体不当用火，社会公众对火源产生数量或频率、范围方面的心理允许水平等。防控途径是营造林区广泛性的用火文明。在管理实践中应以协调性思想培育，重点以普遍的教育和行为规范为主。在管理措施上应在全面掌握本地区现有森林火源现状的基础上，因地制宜逐步完善。首先，要在国家法律体系内针对林区社会生产生活活动的基本规律、特点，研究制定森林防火法规规章及配套的行政管理制度，地方各级人民政府及其防火机构要建立健全森林防火政策制度，用法律和行政的手段建立健全适合本地森林火源实际的系统性行为规范。其次，培育用火文明社会环境，通过各种管理手段和措施使林区群众自我约束不文明、不符合社会道德和社会规范的用火行为，形成依法文明用火的社会环境。再次，建立健全系统性综合管理方案，在每一个森林防火期前，要以当地森林防火工作的管理目标为依据确立出火源管理的具体目标和各个方面、各个环节的具体控制指标，专门研究和制定火源管理的具体政策规定和管理措施，并形成专项工作方案。最后，应全面落实管控责任要明确责任，明确规定，落实到人。要严格按照相关的管理规定，采取引导加约束、监督加处罚等措施对各个职能单位和工作岗位，对每一个人都进行适时的管理和控制。

实施林区火源环境的综合治理，最复杂、最困难和最关键的因素就是当地林区的火源环境问题。对于火源多发区的综合治理可采取由当地政府挂帅，组织多个相关部门全面进行林区社会动员和防火安全教育；动员和教育的同时制定处罚非常严明的火源管制措施，并建立严格的目标管理责任制度，层层落实下去；普遍建立乡规民约组织，促进村民自律和相互监督，实行举报违章用火有奖和连带处罚等基础性防范工作；加大处罚措施和更加细致的火源疏导措施，实行从重处罚违章用火和合理疏导相结合的"两手抓"对策，并加大火源监管人员密度；建立和实行领导干部层层负责和分片蹲点包保责任制度；对于林区所有的生产单位、作业点和居民等林区人口，全部以户或生产组织为单位，逐个送达和签订森林防火责任书，明确规定其防火义务和法律责任；组织开展多种形式的工作安排、调度及整改活动，确保管理措施层层有力、层层加力，对相关职能部门和单位也同步实行专项考核制度，明确奖惩措施，并坚决执行。

对于时段性火源多发区的综合治理，关键是提前判断和预测，并超前采取强有力的预防性管理对策。在实践中可采取严密监控森林防火期内林区各项生产活动的运行规律和特点，结合火险天气条件预报做出相对准确的林区农业生产各个环节的出现期、高峰期、结尾期预报；提前对各个时期可能出现的火源问题进行应对部署，落实措施，对用火需求进行合理疏导和监护下的计划烧除；在高峰期时段，大量增加临时防护力量，深入到各个林区的林地边缘、入山道口等进行全天候用火巡查和管制；组织动员行政执法力量全面进行违章用火案件查处，并开动宣传工具和宣传媒体进行警示教育，公开处理违章用火案件，发挥法律的震慑作用等手段。

4.3.3.5　划分防火期

《森林防火条例》第二章第二十三条规定："县级以上地方人民政府应当根据本行政区域内森林资源分布状况和森林火灾发生规律，划定森林防火区，规定森林防火期，并向社会公布。"

森林防火期的确定，是一件极严肃的重大事情，它具有法律权威，因此，要十分慎重，要有充分的科学依据，但我国各地的防火期确定还存在着某些主观性。

前苏联的火险期始期是林间空地积雪完全融化日。我国高颖仪（1988）用火灾累积频率来确定吉林省防火期。整个春（秋）季森林防火期，以累积率达到1%或以上为防火始期，以累积率达100%为结束期。其中，累积率达5%～99%为正式防火期，累积率达15%～95%为紧张防火期，累积率达25%～90%为最紧张防火期。有必要时将最紧张防火期，宣布为防火戒严期，将最危险的地带宣布为防火戒严区，吉林省森林防火期划分示意如图4-6所示。

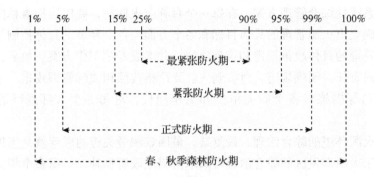

图4-6 吉林省森林防火期划分示意

由于我国幅员辽阔，森林防火期南北差异很大。南方一年四季都可以发生森林火灾，北方除了冰雪覆盖季节以外，也都可以发生森林火灾。所以，在防火期的确定上各地要因地制宜，只有这样才能有效地实施火源管理。

思 考 题

1. 名词解释
（1）森林燃烧火源　（2）非生产性火源
2. 我国森林燃烧火源分布变化有哪些规律？
3. 结合实际谈谈如何开展森林燃烧火源综合管理。
4. 森林消防队伍在火源管理工作中应如何发挥自身的作用？

第5章 森林燃烧的火环境

学习目标: 掌握林火气象基本知识,熟悉各种气象要素与森林燃烧的关系,掌握地形因素在森林燃烧发生发展过程中的作用,学会利用相关知识分析火情。

火环境指气象条件、天气形势和气候条件以及地形地势,这些因素与火源、可燃物互为环境条件,是影响或改变火的发生、蔓延和熄灭等火行为特征的可燃物、地形和气象因素的综合体,会不断变化。林下地被可燃物种类组成及负荷载量是林火发生的关键要素之一,与林火发生频度密切相关。林火发生频率并非随气象单增因子或单减因子量的增大或减小而呈线性变化,取决于各季的气候条件,以"暖干"型林火发生次数最多,以"冷干"型过火面积最大。火环境的研究是林火研究的基础,能够揭示某一地区森林火灾形成的必备条件,能够为森林火险区划、森林防火物资储备、灭火力量配备以及林火监测等提供支撑,也能够为扑火安全提供理论依据,特别是扑火中的安全系统,包括瞭望系统、通信、逃生路线和安全区域设置。火环境的研究主要集中于我国东北大兴安岭的地下火、山地偃松林、呼中林区雷击火发生的火环境,江西庐山森林火灾的火环境因素,我国境外火的火环境,以及云南松林飞火形成的火环境研究等。火环境的研究方法主要有炭屑记录分析、气象资料及气象模型、基于 BP 神经网络的方法等。

5.1 林火与气象

气象,通俗地讲,它是指发生在天空中的风、云、雨、雪、霜、露、虹、晕、闪电、打雷等一切大气的物理现象。它一般又可以分为气象要素、天气系统和气候 3 种类型。林火的发生发展与气象密切相关,气象条件的变化直接或间接地影响森林火灾的多少和面积的大小,是影响林火行为的重要因素。

5.1.1 气象要素

气象要素随时间和空间的变化很快,是影响林火发生和蔓延的重要因素。气象要素很多,包括气温、大气湿度、云、降水量、气压、风向、风速等,以及它们的各种组合。

5.1.1.1 气温对林火的影响

气温是用来表示大气冷热程度的物理量,测量时以距离地面 1.5m 高处的空气温度为准，气温常用摄氏度（℃）来表示。低层大气热量来源主要是地面长波辐射。因此，大气气温的高低随太阳辐射引起下垫面热量变化而改变。一天中气温日出前最低，午后两点左右最高。气温能直接影响相对湿度的变化，气温高，相对湿度就小。

温度是个多变的因子，它可直接影响森林可燃物的温度、含水率及其燃烧性。气温升高可促进可燃物水分蒸发，加速可燃物的干燥，同时较高的气温提高了可燃物本身的温度，使可燃物达到燃点所需热量大为减少。所以，温度高，森林火灾发生的危险性就大。并且随着天气温度的升高，森林火灾的次数也开始攀升，而且间隔越来越短。高温天气会加快林火的蔓延速度和加大林火面积。

气温是火险天气的重要指标，它直接影响森林火灾的发生发展。一般情况是防火期内或长期干旱的时期林火随气温增高而逐渐增多。研究表明，东北地区气温0℃以下时很少发生火灾；低于5℃即使着火，燃烧也缓慢；达到12℃时火灾开始增多；火灾常发生在15℃以上时；气温高于20℃时火灾可大量发生。据黑龙江省调查，在春防时期，月平均气温在 -10℃以下时，一般不发生火灾；-10~0℃时，可能发生火灾；0~10℃时，发生火灾的次数最多，这正是东北林区雪融、风大的干旱季节；10~15℃时，草木复苏返青，火灾次数逐渐减少；15~20℃时，植物生长旺盛，火灾不易发生。何芸以广西2011—2015年的森林火灾数据、气象数据、空间数据为基础，分析出广西森林火灾与气温之间的关系，研究结果表明，广西森林火灾发生的温度区间在1.5~40.0℃，森林火灾次数的峰值出现在29.1~30.0℃，此间共发生森林火灾190次，占5年森林火灾次数的8.45%。在29.1~30.0℃温度区间的前后，出现了森林火灾次数的小高峰。从1.1℃开始森林火灾次数随着气温上升而振荡上升，至30.0℃后开始振荡回落。气温在1.1~8℃时，森林火灾发生次数较少，各区间的森林火灾次数均为个位数。同时，气温日较差也可以反映火险高低，东北地区气温日较差小于12℃时往往阴雨天气较多，火险较低；而气温日较差大于20℃，往往天气晴朗，白天增温剧烈，午后风速增大火险高。

5.1.1.2 大气湿度对林火的影响

大气湿度是表示空气中水汽含量和湿润程度的气象要素。相对湿度用空气中实际水汽压与当时气温下的饱和水汽压之比的百分数表示，取整数。相对湿度的大小取决于温度，与温度呈负相关，温度越高，相对湿度越小。相对湿度是森林火险参考的重要气象因子之一，一般情况下相对湿度低于30%时，易引发山火。最大相对湿度出现在日出前，午后的相对湿度为一天之中最小。于森以北京市房山区为研究区域，收集房山1995—1999年森林火灾统计数据，充分分析了房山林火分布与相对湿度的关系，结果表明，30%~40%的相对湿度引发山火次数最多，40%~100%的相对湿度条件下林火次数随相对湿度的增加而变小。

相对湿度还直接影响可燃物含水量。相对湿度增加，可燃物含水率会随之增大，可燃物则不易燃烧；反之，可燃物易燃。

5.1.1.3 云、降水对林火的影响

当空气中含有的水气随着气流上升到高空时，空气温度下降，呈饱和状态或过饱和状

态,此时大气层中会有云形成。不同的云预示着不同的天气,从而对林火产生不同的影响。

积云常常在高温天气下形成,对火行为影响很大,对预测林火天气很重要。积云的出现表明有空气涡流,大气不稳定,林火行为会受到积云的影响,但不能以常规情况去判断。高度发展的积云常产生闪电、雨、冰雹、强风乃至龙卷风,能释放巨大的能量,其中部分能量转变为电荷或闪电,没有降水或降水很少时,会引发雷击火。2019 年 10 月 29 日澳大利亚新南威尔士州麦克夸利港附近发生山火,过火面积已达 2 000hm²,据悉,此次山火是由闪电引起的。云对太阳有遮挡作用,从而影响地面受热程度,同时由于云的遮挡作用也使得地面的热量散不出去,多云的晚上不易形成霜和露,给灭火造成困难。

当云中的水滴质量大于空气的浮力时就会发生降水,降水是从空中降到地面的液态或固态的水。雨、雪和雹等都是降水。

降水是影响林火的主要因素之一。火线上的降水可以直接灭火。一般情况下,降水主要通过直接影响可燃物的含水率来影响林火的发生发展。降水增加可燃物的含水量,特别是增大死的可燃物的含水量。降水还可增加土壤含水量,使燃烧的林火熄灭或不发生。降水对林火的影响主要体现在降水量、降水形式、降水间隔期(干旱期)方面。通常 1mm 的降水量对林内地被物的湿度几乎没有影响;2~5mm 降水量,能使林地可燃物的含水量基本达到饱和状态,一般不会发生火灾,即使发生,也会大大降低火势或使火熄灭。

降水量相同时,降水形态不同对林火的影响也不同,连续性降水与阵性降水相比,连续降水对可燃物含水量影响较大。降雪能增加林分的湿度,又能覆盖可燃物,使之与火源隔绝,一般在积雪融化前,不会发生火灾。霜、露、雾等平流降水,对森林地被物的湿度也有一定影响,一般能影响可燃物含水率的 10% 左右。

人为活动可以影响降水,可以通过人工增雨作业等方式增加降水量、降水强度,从而对林火的发生发展产生影响。

在我国《森林火险天气等级标准》中规定了森林防火期每日前期或当日的降水量及其后的连续无降水日数的森林火险天气指数 C 值,见表 5-1。

表 5-1　森林火险天气指数 C 值

降水量	降水日及其后的连续无降水日数的森林火险指数 C 值								
（mm）	当日	1 日	2 日	3 日	4 日	5 日	6 日	7 日	8 日
0.3~2.0	10	15	20	25	30	35	40	45	50
2.1~5.0	5	10	15	20	25	30	35	40	45
5.1~10.0	0	5	10	15	20	25	30	35	40
>10.0	0	0	5	10	15	20	25	30	35

5.1.1.4　气压对林火的影响

地球表面单位面积上所受到的大气压力称为气压,其大小等于单位面积上空气柱重量。任何地方的气压总是随高度的增加而递减,在近地面层中,高度每升高 100m,气压约降低 1 263.5Pa。

气压一般随着温度的上升而下降,随着空气中水蒸气含量的增加而下降。气压变化会引起许多气象要素的变化，气压上升，一般预示天气转晴，气压下降是下雨的象征；气压的差异也是产生风的主要原因。所以，大范围的气压变化与森林火灾密切相关。

5.1.1.5 风对林火的影响

空气的水平运动称为风。风是由于水平方向气压分布不均匀引起的。风是影响林火蔓延和发展的重要因子，风对林火的影响主要表现在风向、风速和风的阵性上。风向，指风吹来的来向（图5-1）。风速是指风单位时间移动的水平距离，通常单位用 m/s 表示，或风力的级数来表示（表5-2）。关山等对吉林省重特大森林火灾与气象因子的关系进行研究，结果表明吉林省发生重特大森林火灾次数和面积最多的风向为西南风、西北风和西风；风速在3～5级该地区容易发生重特大森林火灾，4级时发生重特大森林火灾次数和面积均是最大的。风的阵性指风向变化不定，风速忽大忽小的现象。

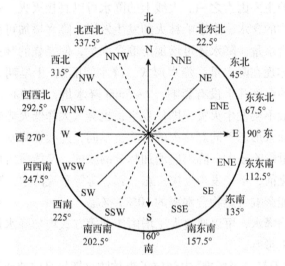

图5-1 风向的16个方位

表5-2 风力判别表

风级	名称	风速（m/s）	陆地物象
0	无风	0.0～0.2	烟直上，感觉没风
1	软风	0.3～1.5	烟示风向，风向标不转动
2	轻风	1.6～3.3	感觉有风，树叶有一点响声
3	微风	3.4～5.4	树叶树枝摇摆，旌旗展开
4	和风	5.5～7.9	吹起尘土、纸张、灰尘、沙粒
5	清劲风	8.0～10.7	小树摇摆，湖面泛小波，阻力极大
6	强风	10.8～13.8	树枝摇动，电线有声，举伞困难
7	疾风	13.9～17.1	步行困难，大树摇动，气球吹起或破裂
8	大风	17.2～20.7	折毁树枝，前行感觉阻力很大，可能伞飞走
9	烈风	20.8～24.4	屋顶受损，瓦片吹飞，树枝折断
10	狂风	24.5～28.4	拔起树木，摧毁房屋
11	暴风	28.5～32.6	损毁普遍，房屋吹走，有可能出现沙尘暴
12	台风或飓风	32.7～36.9	陆上极少，造成巨大灾害，房屋吹走

风向决定燃烧蔓延的方向和火场形状。风向较稳定时，火场的长轴与风向平行，为长椭圆形。地面风向不稳定，或左右 10°~20° 摆动时，这样常形成倒椭圆火场。风力直接影响着火场上氧气的供给、热量的传递、可燃物的干燥和预热情况，大风往往是造成大面积火灾的重要原因。在平地、植被一致、主风方向不变的火场基本形状是长椭圆形。随着风力的增加，火场短轴与长轴的比值增加，即火场宽度与长度的比例增加。根据 Albini (1976)研究，当风速 8km/h（相当 2 级风），短轴与长轴的比值为 1:1.05；风速为 16km/h （相当 3 级风），其比值为 1:2.11；风速为 32km/h（相当 5 级风），其比值为 1:2.8；风速为 48km/h（相当 6 级风），其比值为 1:4.2。由于风具有阵性，在燃烧区域火行为随着风的阵性发生相应的变化。在 2019 年"3·29"山西沁源森林火灾扑救行动中，由于风向突变导致 6 名消防员牺牲。

风对林火的影响还主要表现在风能加速水分蒸发，促使地被物干燥，着火后还能充分供氧，加速火势蔓延，因此，风速是影响重特大森林火灾发生率的重要因子。一般情况下，风速越大，火灾次数越多，火烧面积越大。特别是在连旱、高温的天气条件下，风是决定发生森林火灾多少和大小的重要因子。据大兴安岭林区 15 年的统计资料表明，重大和特大森林火灾，有 80% 以上是在 5 级以上的大风天气下发生的。据调查，月平均风速与森林火灾发生次数有正相关关系（表 5-3）。

表 5-3　月平均风速与森林火灾发生次数关系

月平均风速（m/s）	≤2.0	2.1~3.0	3.1~4.0	>4.0
火灾次数（次）	1	23	31	64
占百分比（%）	1	20	25	54

风对林火的影响不仅表现在对火灾次数、火场面积的影响上，还表现在对具体林火的影响中。在防火期内，林外的草地在下雨后的几小时内，由于风的作用，一旦有火源，就能着火；但在林内，由于风小，湿度大不易着火。此外，风还能改变热对流传递方向，增加平流热的传递，加快林火向前蔓延的速度，有时还会形成飞火，扩大林火面积。从一般经验看，平均风力 3 级或以下时，用火或扑火都比较安全；平均风力达到 4 级或以上时，危险性加大。

如果一个地区盛行风的影响不占主导地位时，地方风的影响就显得重要。山地条件下的山谷风是热量变化引起的空气对流运动，对森林燃烧的影响是十分大的，空气的这种运动会对火场的发展产生至关重要的影响，使林火蔓延方向、速度、强度都随着它发生变化。另外一种对流风是海陆风。海陆风的强度决定于许多因素。海陆风依赖于海陆的温差，通常不是很强，一般 5~6m/s。海陆风通常受盛行风的制约。在受海陆风影响的地区，海陆风对林火产生很重要的影响。某些海风在向陆地移动过程中，由于空气加热常产生涡流，这种涡流常常引起不寻常的火行为。

5.1.2　天气系统

天气系统是具有一定结构和功能的大气运动系统。按照水平范围的大小和生存时间的长短，可将天气系统分为不同的尺度。尺度划分的标准无统一规定。一般水平范围10km左右的天气系统叫小尺度天气系统（龙卷、对流单体等），生存时间为几分钟到几小时。几十到500km的叫中尺度天气系统（强雷暴、飑线、海陆风等），生存时间为几小时到十几小时。500~3 000km的叫天气尺度天气系统（锋、气旋、反气旋、台风等），生存时间为一天到几天。3 000~10 000km的叫长波天气系统（阻塞高压、副热带高压等），生存时间为几天到十几天。10 000km以上的叫超长波天气系统，生存时间为10d以上。有时把等于及大于天气尺度的天气系统统称为大尺度天气系统。各种不同尺度的天气系统有其不同的特性，他们之间是互相联系、互相制约的，也可互相转化。在防火季节里，森林能否着火并蔓延成灾与当时的天气系统密切相关。天气系统直接影响森林燃烧的发生，是森林燃烧发生的重要条件。

5.1.2.1 气团与森林燃烧

气团是水平方向上物理属性比较均匀，垂直方向物理属性也不会发生突然变化，在它控制下的天气特点大致相同的大团空气。气团起源于海洋的称为海洋性气团（M）；起源于大陆的称为大陆气团（C）；起源于高纬度寒冷地区的称为极地气团（P）；起源于低纬高温地区的称为热带气团（T）。这4种基本类型的气团各有自己的特点以及特定的火灾天气。大陆极地气团（CP）干燥而寒冷。当其向南部移动时，接近地表部分变热，因此，使得气团在白天很不稳定，会产生强烈的对流，使大陆极地气团（CP）比其他任何气团与林火的关系都密切。大陆热带气团（CT）干热，因此，常出现干热天气，使可燃物的含水率很低。但是，由于气团本身温度高，CT气团比CP气团稳定，这种气团控制下的天气阵风少，对流不是很强，对灭火很有利。海洋极地气团（MP），由于下垫面为水体，气团下层温度较低，上下层的对流很小，故该气团很稳定。当MP气团登陆后，常常会产生雾和层云。海洋热带气团（MT）非常不稳定，常常会产生积雨云和暴雨。

影响我国天气的主要气团是变性极地大陆气团、热带太平洋气团和赤道海洋气团。变性极地大陆气团是起源于西伯利亚一带的严寒、干燥而稳定的极地大陆气团，它南下时，随着地面性质改变，气团属性相应地发生变化，形成变性极地大陆气团。冬半年（多数地区指11月至翌年4月），变性极地大陆气团活动频繁，在它的控制下，天气特征是寒冷干燥、晴朗、温度日变化大。我国的森林火灾主要发生在这种天气形势下。热带太平洋气团起源于太平洋热带区域，温度高、湿度大，在夏季非常活跃，以东南季风的形式影响全国大部分地区，是降水的主要水分来源。在这种天气形势下，是不会发生森林火灾的。赤道海洋气团起源于赤道附近的洋面上，比热带太平洋气团更为潮湿。在盛夏时，它可影响华南一带地区，天气潮湿闷热，常有热雷击。在这种天气形势下，更不会发生森林火灾。

5.1.2.2 锋与森林燃烧

由于气团很大而且在不停地运动，这样气团之间不可避免地要相遇或相互阻截。由于各个气团的温度、湿度不同，而且空气密度差异很大，因此，气团相遇时不是混合，而是气团之间相互沿其边缘向上或向下滑行移动。这就会在两个气团之间产生一个相交的区域，也就是锋。锋面两端的风向相反。因此，锋面的移动对林火行为影响很大，锋面能使蔓延较慢的火翼迅速变为蔓延非常快的火头。不同的锋面会有不同的天气变化，对林火的影响也就各不相同，冷锋面是热气团在前，冷气团在后，风速很大。如果热气团湿润，那么当锋面过境时，会有阵雨、暴雨或形成稳定降水。锋面过后天气晴朗，空气变干，一般不利于林火的发生。如果热气团干燥，锋面会伴随着强风，而且干燥，则会使林火完全失去控制。暖锋面是冷气团在前、热气团在后。由于热空气轻、密度小，所以，热气团向冷气团上滑行。随着热气团的上升、逐渐变冷，常常形成厚厚的云层，在锋面到来之前常常有降水。锋面过后，热气团空气湿度很大，而且稳定，一般不会发生林火。

我国的林火常发生在无降水的冷锋天气。如 1987 年 5 月 6 日大兴安岭特大森林火灾，就是新地岛冷空气南下，推动贝加尔湖暖脊东移形成冷锋，5 月 7 日冷锋过境时引发大火。在我国准静止锋非常活跃，静止锋天气和第一型冷锋天气相似。在准静止锋的锋上，森林火灾是不会发生的。但冬季，在昆明、贵阳附近形成地形静止锋却是引发昆明的冬季林火的重要原因。根据 51 次森林火灾统计，昆明有 34 次发生在云贵之间维持明显的准静止锋天气的时候。1983 年 4 月 17～24 日，在昆明以东维持准静止锋，全省火灾频繁，发生森林火灾 25 起，仅 18 日全省就发生大火灾 6 起。

5.1.2.3　气压系统与森林燃烧

气压的空间分布称为气压场，气压场呈现不同的气压形势称为气压系统。气压系统的基本形式有低气压、低压槽、高气压、高压脊、鞍形气压场。

对林火影响最大的气压系统是气旋（低压系统）和反气旋（高压系统）。天气学中低压系统称气旋。在北半球气旋中的空气呈反时针方向旋转，地面空气辐合上升（图 5-2），绝热冷却，水汽凝结，成云致雨，多为阴雨天气。低压系统又可分为热带低压和锋面低压。热带低压在南方或北方的夏季产生，虽有分散雷暴产生，但由于产生丰沛降水，不易发生火灾。锋面低压系统在我国东北最典型的是贝加尔湖低压、蒙古低压、河套低压。春季锋面低压系统由于暖区温度高，风大容易引起火灾，这是一种应该警戒的天气系统。

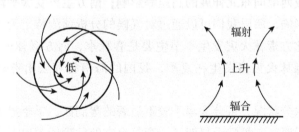

图 5-2　北半球低气压旋转方向和低气压产生的辐合上升气流

高压又称反气旋。在北半球反气旋的空气呈顺时针方向旋转，高空空气辐合下沉（图 5-3）。我国北方林火受冷高压系统影响，这个系统往往是温带气旋的后部，比较浅薄，冷空气受地面增温作用可以很快变暖，晴天可持续 3～4d 或更长些，日射较强，地被物易干燥，容易引起森林火灾。影响我国南方林火发生的高压系统主要是南北纬 30° 的广大副热带地区产生的副热带高压。这个高压是暖性高压，在高压中盛行下沉气流，天空晴朗少云，炎热、微风，容易发生火灾。

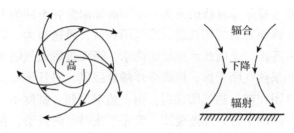

图 5-3 北半球高气压旋转方向和高压产生的辐合下降气流

5.1.3 气候

气候是指某一地区多年的、综合的天气状况。气候是天气长期作用的表现，也就是长期天气作用的平均值。反过来，根据气候也可推测特定时间和地点下的天气情况。林火管理者需要了解本地的气候特点，并根据气象数据来确定某一时期火灾发生的平均值，这对于指导防火工作具有很大的意义。

5.1.3.1 气候与森林燃烧

气候对林火的影响主要表现在两个方面：一是气候决定火灾季节的长短和严重程度；二是气候决定特定地区森林可燃物的负荷量。

由于纬度、地形及距离水域(海洋)的远近等情况的不同，一年内火灾气候的发生及其严重程度差异悬殊。在纬度较高的地区，火灾季节多为夏季，虽然相对来讲比较短，但是火灾非常严重。从高纬向低纬地区火灾季节逐渐延长，直到赤道附近，全年均为火灾季。根据不同月份的火灾次数、火灾面积或月降水量、年降水量等，可将某些地区划分为不同的火灾气候区。

我国的气候主要受来自极地与太平洋气流的影响。北方主要受贝加尔湖气旋、蒙古气旋、华北气旋和北部或西部向东北伸展的高压等影响；南方主要受太平洋热带副高压和西南暖流及西北寒流的影响，所以我们可以通过对气候的分析预测特定天气条件对林火的影响。一般而言，我国北方森林火灾发生季节主要是春秋季，南方森林火灾季节是冬春季，而少数地区，如新疆森林火灾多发生在夏季，我国的海南省和云南省森林火灾多发生在旱季。

根据我国的大气水分状况，可分为旱季较不显著的湿润区、旱季显著的湿润区、半湿润区、半干旱区、干旱亚区、极端干旱亚区，森林火灾的危险依照以上次序逐渐增强。同一气候带，因年降水量不同，出现不同的森林类型，其森林火险性依降水量而定。

地球气候带的森林火灾的一般规律是，从赤道带向两极森林火灾的危险性逐渐增加。除了极地没有森林火灾外，地球上任何气候带都可发生森林火灾。如地处赤道带的印度尼西亚的加里曼丹，1983 年发生了特大森林火灾，烧毁森林面积 350 万 hm^2，大火从 2 月一直烧到 6 月，持续了 5 个月，烧遍了整个东加里曼丹。一般将世界气候分为三个纬度带和高地气候四大区，在各纬度带中又分若干气候类和气候型。

①赤道多雨气候　基本无森林火灾。

②热带海洋性气候　少森林火灾。

③热带干湿季风气候　干季常发生森林火灾。

④热带季风气候　这个区的植被类型称热带季雨林。每当夏季风和热带气旋运动不正常时，就会引起旱涝灾害。旱灾时，就可能发生森林火灾。

⑤热带干旱气候、热带多雾干旱气候、热带半干旱气候　森林火灾严重区。

⑥副热带干旱气候、副热带半干旱气候　森林火灾区。

⑦副热带季风气候　我国南部地区处于这一气候区，冬春常发生森林火灾。

⑧副热带湿润气候　少森林火灾。

⑨副热带夏干气候（地中海气候）　夏季常发生森林火灾。

⑩温带海洋性气候　少森林火灾。

⑪温带季风气候　我国北部处于这一气候区，春秋常发生森林火灾。

⑫温带大陆性湿润气候　仍有森林火灾。

⑬温带干旱气候、温带半干旱气候　我国西北地区处于这种气候区，较易发生森林火灾。

⑭副极地大陆性气候　如果夏季出现干旱，则易发生森林火灾。

⑮极地苔原气候　自然植被是苔藓、地衣以及某些小灌木，很少发生火灾。

⑯极地冰原气候　没有森林，就没有森林火灾。

⑰高地气候　由于高地的高度差很大，一座高山，会出现高地气候带，出现各种植被，森林火灾呈现复杂的状况，如我国的珠穆朗玛峰地区。

我国按气温划分为寒温带、温带、暖温带、亚热带、热带、高寒区域，森林火灾的危险性从南到北逐渐加强。我国各气候带水平地带性的森林分布，可分为寒温带针叶林、温带针阔叶混交林、暖带落叶阔叶林、亚热带常绿阔叶林、热带季雨林。森林的燃烧性按以上次序由强逐渐变弱。

5.1.3.2　大气环流与森林燃烧

由于大气环流是赤道、极地之间和海陆之间的热量传输，是空气中水汽输送的动力，因此，它对气候有重要的影响，对林火发生也起重要的作用。当大气环流形势趋向于长期平均正常状态，各地的气候也是正常的，林火水平走向趋于正常年份。当环流形势在个别年份或个别季节出现异常时，天气和气候出现异常，林火发生也就会出现异常。

5.1.3.3　洋流与森林燃烧

海洋的洋流承担着高低纬度之间的能量的传输，对地球上的气候有重要的影响，因此，林火也受其变化的影响。厄尔尼诺现象指在海洋和大气相互作用失去平衡后，赤道东太平洋海水表面温度异常升高，海面温度（SST）正距平（即海面温度与其气候标准值的差值为正数）至少持续 3 个季，且至少 1 个季以上距平值超过 0.5℃。在赤道中、东太平洋表层地区，海水大规模持续（半年以上）异常偏冷的现象为反厄尔尼诺或拉尼娜现象。在热带东南亚与热带西太平洋到印度洋地区，大气中海平面气压场存在着一种"跷跷板"式的反相关变化的现象称为南方涛动，是中赤道太平洋海平面大气压力的周期性变化。大气和海洋中的这两种现象存在着内在联系，实质上是同一现象在两种不同介质中的反应，并把厄尔尼诺（或拉尼娜）和南方涛动现象合称为"恩索"（ENSO）。厄尔尼诺就是 ENSO 循环的暖事件，拉尼娜则是指 ENSO 循环的冷事件。

张晓玉等对 1950—2016 年不同林区厄尔尼诺/拉尼娜年份森林火灾的发生情况开展统计分析，分析结果表明，厄尔尼诺当年及次年东北地区夏季通常出现高温、降水减少，拉尼娜次年气温偏低，降水增多，厄尔尼诺当年及次年该地区森林火灾明显增加。西南地区在厄尔尼诺年份和拉尼娜年份都会出现干旱，火险高于常年。长江流域及长江以南地区常常发生干旱，拉尼娜年份降水量有增加趋势。南方林区在厄尔尼诺年份森林火灾减少，而在拉尼娜年份森林火灾增加。华北地区在厄尔尼诺年份温度呈现负异常，易发生干旱，春季火灾比常年严重。

5.1.4　灾害性天气对森林燃烧的影响

5.1.4.1　干旱与森林燃烧

干旱是指长时期降水偏少，造成空气干燥、土壤缺水，林木体内水分亏缺，影响其生长发育的气象灾害。天气干旱直接影响森林火灾的发生发展，森林火灾往往伴随干旱发生。一般情况下，大面积森林火灾的出现是与天气干旱密切相关的。

研究表明，干旱的发生在时间上有准周期性的特点。即干旱多发年代与少发年代有交替的规律，明显的周期有 5～6 年、9～11 年、19～24 年、32～40 年。这种规律与森林火灾多少的出现规律有相似之处，这充分说明了森林火灾的发生、发展与干旱周期密切相关。

另外，依据中央抗旱办公室历年旱情登记表和降水量资料计算的各地年平均受旱天数超过 30d 以上的有东北西部、黄淮海大部、四川盆地东北部及云贵高原。东北地区西部超过 90d 的受旱范围最大，云贵高原受旱天数不超过 40d。由此不难看出，我国森林火灾最危险地区为东北西部的大兴安岭林区，其次是云贵高原。华北地区虽然旱情最为严重，但森林分布不多且又分散，因此，森林火灾相对少些。不同季节干旱也直接影响我国的森林火灾多少和严重程度。冬春干旱，南方各省的森林火灾频繁发生，灾情严重。春秋干旱，北方森林火灾频繁发生，其火灾损失也比较严重。夏季干旱，也会导致长江中游及闽浙等地出现伏旱天气，森林火灾增多。特大森林火灾的发生与长期干旱密切相关。干旱使深层及重型可燃物变干，使植被过早成熟（顶部枯萎），使河流水位降低，失去天然防火线，并使有机质暴露出来，大大增加有效可燃物量；使已腐朽可燃物的含水量降到最低程度，增加飞火的着火概率。如 1987 年春季，大兴安岭北部林区发生了 1949 年以来最大的森林火灾，其原因就是长期干旱的结果。王秋华等研究表明，云南 1～3 月干旱最严重，平均每年有约 2/3 的土地受旱，也是森林火灾最多的季节。越是干旱的月份，森林火灾越多，并且越严重。1980—1999 年 20 年间，昆明地区的安宁市共出现 8 次干旱，1995 年的干旱，从 3 月 1 日至 4 月 30 日长达 61d，2 个月降水仅为 5.6mm，持续干旱高温干燥的天气，直接诱发了 4 月 17 日的县街乡的重大森林火灾。2009 年持续至 2013 年的连续干旱也将对森林火灾产生深远的影响。2019 年澳大利亚大火燃烧了 210d，过火面积 400hm^2，造成至少 33 人死亡，研究表明，这场大火的产生与干旱有密切的关系。澳大利亚气象局 2019 年 12

月宣布，刚刚过去的春季是澳大利亚历史上最干旱的一个季节。悉尼的每月日均降水量都在 2mm 以下，而 12 月仅有 0.06mm，是悉尼历史上降水量最少的 12 月。以往澳大利亚 11 月的平均降水量都在 100mm 以上，而 2019 年只有 18mm，整个澳大利亚都在大旱之中。

5.1.4.2　寒潮与森林燃烧

寒潮是一种冷高压的天气。我国中央气象台规定，由于冷空气的侵入使气温在 24h 内下降 10℃ 以上，最低气温降至 5℃ 以下，作为发布寒潮警报的标准。

我国的森林火灾与寒潮天气密切相关。特别是我国南方的森林火灾，一般发生在寒潮到来之前的几天，寒潮到来之前增温明显，当寒潮过境时突变的天气往往会引发林火，这时出现的大风常给扑火工作带来困难。寒潮过境后，又多是晴朗天气。如果锋面降水很少或没有降水，寒潮过后的晴朗天气森林火险逐渐增高。

近年我国南方由寒潮引发的雨雪冰冻灾害等问题直接影响了防火工作。如 2008 年雨雪冰冻灾害后，南方多个省份爆发多起林火，造成群死群伤就是明显的例证。王明玉、舒立福等人以湖南省为研究区域，分析冰雪后短期内(3 月)卫星热点的空间分布特征与受害程度的空间关系，森林火灾发生的特点和扑火人员伤亡情况，发现受害区 2008 年 3 月火灾次数、过火面积和人员伤亡人数的异常增高已经超出了气温和降水对火发生正常影响的范围。2008 年 3 月，共发生火灾 3 097 起，过火面积 23 227.68hm²，火灾次数超过 1999—2007 年 3 月火灾次数的总和，且是 3 月平均火灾次数的 10.86 倍。过火面积是 3 月平均过火面积的 4.69 倍。人员伤亡 40 人，是 1999—2007 年 3 月平均伤亡人数的 6.56 倍。

5.2　地形与森林燃烧

地形是地表起伏的形势。根据陆地的海拔和起伏的形势，可分为山地、高原、平原、丘陵和盆地等类型。通常的地形图用等高线和地貌符号综合表示地貌和地形。

地形会影响太阳的辐射，气温、降水、风等气象要素的分布构成不同的小气候，一方面可影响可燃物的种类及其分布；另一方面又能影响生态因子的重新分配，从而影响林火的发生、蔓延以及强度的大小。不同地形条件形成不同的通信、交通、人口状况、产业状况等对林火发生、发展会产生影响。不同地形条件下防火措施、灭火力量、灭火过程的不同会对林火发生、发展产生影响。

5.2.1　地形因子对森林燃烧的影响

地形对林火的影响多数情况下是通过地形因子反映出来的，对林火产生影响的地形因子主要有坡向、坡度、海拔和坡位等。

5.2.1.1　坡向对森林燃烧的影响

不同坡向受太阳的辐射不一样，南坡受到太阳的直接辐射大于北坡，偏东坡上午受到太阳的直接辐射大于下午，偏西坡则相反。因此，南坡温度最高，可燃物易干燥，易燃。根据美国唐纳德·波瑞统计，不同坡向的火情分布也证实了这一结论(图 5-4)。

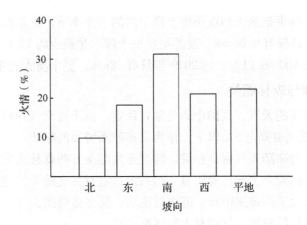

图5-4 不同坡向火情分布

5.2.1.2 坡度对森林燃烧的影响

不同坡度，水分停滞时间不一样，陡坡水分停留时间短，水分容易流失，可燃物非常容易干燥；相反，缓坡水分停留时间长，可燃物潮湿，不易干燥，不容易着火和蔓延。火在山地条件下蔓延与坡度密切相关，坡度与火的蔓延速度成正比。坡度越陡，上坡火的蔓延速度越快，下坡火则相反。一般认为坡度每增加5°，相当风力增加1级。根据日本小村忠一实验，上山火蔓延速度与平地火相比，25°坡时为2.2倍，35°坡时为7.1倍，45°坡时为26.7倍。下山火仅为上山火的速度的1/40～1/3(图5-5)。但下山火常因燃烧物滚落形成上山火。

坡度在35°以上的坡，上山火蔓延速度极快，因此，在森林防火地形图上，应标出这些地区。这一点在灭火过程中尤其要注意，一般情况下不能迎面扑打上山火。

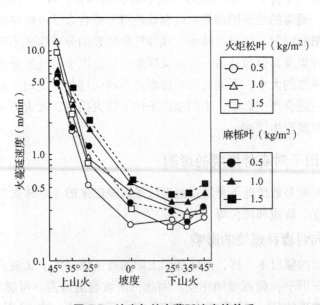

图5-5 坡度与林火蔓延速度的关系

坡长对林火蔓延影响很大，一般坡长越长，上山火向山上蔓延越快；相反下山火时，坡长越长，火蔓延速度越缓慢。

随着坡度的增加，上坡火速度加快，火灾对树木的损害程度逐渐降低。但陡坡上山火容易使山顶部分的针叶林由地表火转为树冠火，会给林木带来较大损害，也会对灭火行动产生不利的影响。

5.2.1.3　海拔对森林燃烧的影响

海拔不同，直接影响气温变化，同时影响降水。一般海拔越高，气温越低，形成不同植被带，出现不同火灾季节。如大兴安岭海拔低于500m为针阔混交林带，春季火灾季节，开始于3月，结束于6月底；海拔500～1 100m为针叶混交林，一般春季火灾季节开始于4月；海拔超过1 100m为偃松林、曲干落叶松林，火灾季节还要晚些。

5.2.1.4　坡位对森林燃烧的影响

在相同的坡向和坡度的条件下，不同坡位的温湿状况、土壤条件、植被条件不同。从坡底到坡腹、坡顶，湿度由高到低，土壤由肥变瘠，植被由茂密到稀疏。一般情况下，坡底的林火日夜变化较大，日间强烈，晚间较弱。坡底的植被，一旦燃烧，其火强度很大，顺坡加速蔓延，不易控制。坡顶的林火日夜变化较少，其火强度较低，较易控制。对广东省1996—2005年25宗森林火灾统计资料的分析也表明坡底和坡面中段林火发生频率较高（表5-4）。

表5-4　按起火点的坡位统计分析

类型	上坡	中坡	下坡	平地	合计
次数	0	6	17	2	25
比例（%）	0	24	68	8	100

5.2.2　山地林火分析

地形能够直接影响林火蔓延方向和蔓延速度，在山地防火、扑火和计划火烧时，需要掌握不同地形条件对林火行为的影响。

5.2.2.1　山地森林燃烧的特点

我国森林大部分在山区，山地地形复杂多变，林火蔓延受山地地形的影响，表现出有别于一般林火的特点。

（1）山地条件下山谷风向变化影响林火发展

白天山谷风强度大，会加快上山火的蔓延，火难以控制。而夜间山风会使上山火蔓延减速，是扑火的最有利时机。傍晚及上午9:00～10:00，山谷风转换时有静风期，也是扑火的有利时机。

（2）地形变化使火对林木的伤害部位不同

在一般情况下，树干被火烧伤部位均朝山坡一面，这种现象称为林木片面燃烧。造成林木片面燃烧现象有几种情况：一是在山地条件下，枯枝落叶在树干的迎山坡的一侧积累较多，一旦发生火灾，在树干朝迎山坡一侧火的强度大，持续时间长，林木烧伤严重；二是火在山地蔓延时，多为上山火，火遇到树干后，在其迎山坡一侧形成"火涡旋"，火在涡旋处停留时间长，烧伤严重，常形成"火烧洞"；三是在平坦地区，由于树干的阻挡，火在树干的背风侧亦能形成"火涡旋"，也常常形成火疤。

（3）小地形的变化能引起局部环境可燃物组成和小气候发生明显变化，能强烈改变火行为

小地形指在周围几十米范围内的小生境，如在坡地上的凹洼地、山谷中的小高地，能改变林火的蔓延速度，遇到局部低洼地，湿度大，不易燃烧，一般地表火接近时常会一跃而过，出现未被火烧的小面积植被，俗称"花脸"。

（4）山地条件下容易形成高能量火和大面积火

形成高能量火需要一定数量的可燃物，一般可燃物在 $10t/hm^2$ 以上也需要燃烧面积在 $20hm^2$ 以上方可产生高能量火。在山地条件下，因为坡度的影响，林火蔓延加速，接近山脊部分容易形成高能量大火，所以不需要太大的面积就足以形成高能量大火。当大火越过山脊后，容易形成火旋风产生飞火，造成新火源，扩大了森林火灾的面积。有时火蔓延受地形的阻碍也可能形成火旋风。在大风和地形的共同作用下往往形成大量火旋风，使大火迅速扩展。给扑火人员带来麻烦和危险。当风吹进峡谷时，风口风速大，往往发生急进火。若谷中宽阔，则风速减缓火蔓延速度也相应减缓。

（5）山地条件下林火易引发树冠火

从林地表层到顶层一般分布有杂草、密灌、竹类和针阔叶树，各种植物枝叶相连，可燃物从地表至树冠连续分布非常明显，特别是在一些坡度较大的林区，受地形影响，增加了可燃物垂直分布范围。当可燃物垂直分布连续时，易产生燃烧发展速度极快且强烈的树冠火；当地表可燃物载量大，且存在较厚地下可燃物时，也能引发破坏性极大的地下火，从而形成地表火、树冠火与地下火并存的特殊林火行为。

（6）山地条件下林火蔓延会出现较为复杂的火场形状变化，不易准确判断火行为

在山地林区，因山体混乱拥挤、走势复杂，一定水平距离内垂直落差较大，林内可燃物分布广、密度大、种类多，其抗燃性不同，林火燃烧蔓延变化也不尽相同，致使火场火线时断时续，形成数条互不相连的火线或若干个分散的火点。林火燃烧时，山顶的冷空气与山谷热空气相互作用，引发气流的剧烈变化，容易出现一个火场内同时形成数个甚至十几个火头的现象。因植被分布在不同的坡位，阳坡地表植被干燥易燃，林火燃烧推进速度较快；背坡或沟谷部位地表植被相对潮湿，可燃物含有一定的水份，林火燃烧推进速度较慢，往往会形成数个"U"或"W"形状火线，而且燃烧发展速度、方向各不相同。遇到陡坡、狭窄山谷等特殊地形时，在火场小气候作用下，火势骤然发生变化，林火强度、燃烧推进速度成倍增长，甚至出现火旋风、火爆，其危险性、危害性随之增大。

（7）山地条件下易形成"二次燃烧"

"二次燃烧"指火烧迹地内，未燃烧可燃物在合适条件下发生燃烧的现象。

这主要是因为急进地表火或间歇性树冠火，在快速向山顶蔓延时，过火林地会出现不完全燃烧甚至未燃烧较大区域，这些区域在高温、大风等因素影响下发生燃烧并迅速扩

散，形成二次燃烧。由于可燃物在第一次燃烧或热辐射中失去大量水分，加之火场内温度急速升高，为二次完全燃烧创造了条件，使燃烧的强度剧增，其破坏性和危险程度都非常大。

(8) 山地条件下火场跳跃发展，险情多

主要有以下 3 种情况：一是由于形成二次燃烧，致使林火蔓延推进速度呈几何积数增长，燃烧形式呈现出跳跃发展态势；二是在山高谷深的区域内，由于受其地形、温湿度的影响，在火场同一方向出现断续或燃烧极不规则的火线；三是上山火燃烧至山顶后，一般情况下改变为速度相对缓慢的下山火，同时因未完全燃烧的松果、鸟巢、倒木等一旦滚落山腰或谷底，极易产生新火点，迅速形成燃烧猛烈的高强度上山火，甚至出现火爆或飞火，灭火行动险情增多。

从扑救森林火灾自然与客观条件看，由于受地形、植被、气象、道路交通、供给保障等因素影响制约，在山地条件下灭火时，灭火作战行动还面临开进机动困难、战斗保障困难、灭火行动困难、监测预警困难、决策指挥困难、确保安全困难等难题，这些问题的存在导致林火行为复杂、火势扩大，增大了扑救难度。

5.2.2.2 特殊地形与森林燃烧

特殊地形对气流产生动力作用(主要是阻挡、绕流、越过作用和狭管效应)和热力作用，影响林火发生后的火行为特征。主要表现在以下几个方面：

(1) 地形上升气流

当地形阻挡风时，就形成上升气流(图 5-6)。这种气流加速林火的蔓延。当风刮过地形突出部位时，这时也产生一种上升气流，使林火沿山脊加速蔓延。

(2) 越山气流和绕流

当地形高度不能阻挡气流时，会产生越山气流。在风速随高度基本不变的微风情况下，空气呈平流波状平滑地超过山脊，称为片流，它对林火影响不大。当风速比较大，且随高度逐渐增加时，气流在山脉背风侧翻转形成涡流、乱流(图 5-7)。在背风坡形成涡流、乱流，对背风坡的灭火队员的安全有很大的威胁。

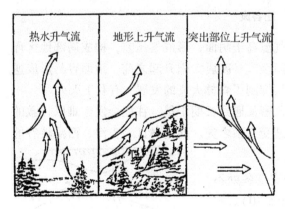

图 5-6 地形上升气流

图 5-7 大风越过山脊后的涡流示意

林火在山顶受山地作用抬升，会在山地跳跃式蔓延。这种情况多发生在迎风坡长、背风坡陡、风速大的火场，在山体重叠的西南林区，也会发生这种跳跃式蔓延。

当气流经过孤立或间断的山体时，气流会绕过山体（图5-8）。气流绕过孤立山体时，如果风速较小，气流分为两股，两股气流速度有所加快，过山后不远处合并为一股，并恢复原流动状态。如果风速较大，在山的两侧气流也分两股，并有所加强，但过山后将形成一系列排列有序，并随气流向下游移动的涡旋，称为卡门涡阶。在灭火和计划烧除时，要注意绕流对林火的影响。

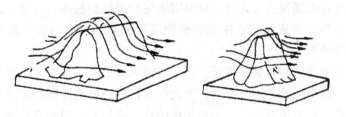

图5-8 绕流示意

（3）山谷风和峡谷风

山坡受到太阳照射，热气流上升，就会产生谷风，通常开始于每天早上日出后15～45min。当太阳照不到山坡时，谷风消失，当山坡辐射冷却时，就会产生山风（图5-9）。山谷风可以改变林火蔓延方向和林火强度，在森林灭火作战和计划烧除的过程中，要特别注意山风和谷风的变化。

图5-9 山谷风

如果山谷是南北向，向阳面受日照时，气温高于阴面，形成气压差，构成局部地区环流。高山峡谷在相对稳定的天气条件下，夜间至次日凌晨太阳升起之前，地面容易形成逆温层。如果此时在山谷发生森林火灾，逆温层抑制了森林火灾的发展，有利于灭火。

当峡谷盛行风与山谷平行时，山地森林茂密又遇到长期干旱，往往会发生难以扑救的高能量大火，甚至许多鸟兽都难以逃脱，而遭受灭顶之灾。西南林区、青海、西藏峡谷的林火都会发生这类高能量林火。

若盛行风沿谷的狭长方向吹，当谷地的宽度各处不同时，在狭窄处风速则增加，称为峡谷风（图5-10）。峡谷地带是灭火危险地带。

如果盛行风向与谷的狭长方向成一定夹角时，可发

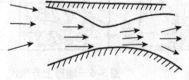

图5-10 峡谷风

生"渠道效应"，在谷中产生沿谷的走向吹的气流。由于山谷的特殊地形，使山谷中风与盛行风有很大差别。盛行风横过山谷，由于山脊本身引起的动力作用，山谷中可以形成局部环流。如果盛行风占整个山谷，则由于谷地占有很大的体积，谷中的风速将比谷外快得多。

（4）焚风

焚风是影响林火的另一重要特点。焚风是从山上刮下来的干燥的风，它经过的地方，能把湿润的地被物的水分在短时间内蒸发掉，变成干柴，容易着火。焚风常发生在具有强烈的下降气流发展的反气旋所占据的山系，在这种情况下，山脊的两面可同时发现焚风，最常见的是气流越过较密的山脉时，迎风坡的气流被迫上升，由于绝热冷却水汽凝结，产生降水，在背风坡下沉时呈干燥绝热而温度升高，到达平地时，显示极度的高温低湿状态，非常有利于火灾发生。

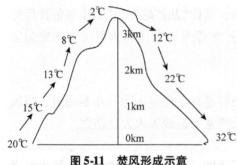

图 5-11　焚风形成示意

标准焚风的形成如图 5-11 所示。山前原来气温 20℃，水汽压 125Pa，相对湿度 73%。当气流沿山上升到 500m 高度时，气温为 15℃，达到饱和，水汽凝结。然后，按湿绝热率平均 0.5℃/100m 降温，到山顶（3 000m）时气温在 2℃左右。过山后背风坡下降，按干绝热率增温，当气流到达背风坡山脚时，气温可增加到 32℃，而相对湿度减少到 15%。

焚风是山地经常出现的一种现象，如亚洲的阿尔泰山、欧洲的阿尔卑斯山、北美的落基山东坡等都是著名的焚风区。我国不少地方有焚风，如偏西气流越过太行山下降时，位于太行山东麓的石家庄就会出现焚风，据统计，出现焚风时，石家庄的日平均气温比无焚风时可增高 10℃左右。

地形起伏变化，影响着林火对林木的受害部位。一般树干被火烧伤的部位均在朝山坡的一面，称为林木片面燃烧。造成林木片面燃烧现象大体有两种原因，一是在山地条件下，枯枝落叶积累在树干的迎山坡一侧较多，一旦发生火灾，在树干迎山坡一侧火强度大，持续时间长，容易烧伤树木；二是火在山地蔓延时，一般从山下向山上蔓延快，火越过树干时，形成旋涡火在旋涡处停留时间较长，因此，树干朝山坡一侧容易受害，形成树洞，在平坦地区，风向决定林木片面燃烧部位，一般发生在背风面。

5.3　危险火环境

火环境指气象条件、天气形势以及地形地势，这些因素与火源、可燃物互为环境条件，是影响或者改变火的初起、蔓延及火行为的可燃物、地形和气象因素的综合体。研究危险火环境，可以为我们安全扑救森林火灾提供指导。

5.3.1　危险地形因素

地形能够产生地形风，进而影响着林火行为，也决定着灭火方式。例如，西南高山林区特殊地形决定了林火行为的变化，人们常说"西南林区打火打地形"。因此，在确定直接灭火战术时，应避开以下危险地形。

(1)狭窄山谷

高山地区由于山体走势复杂，狭窄山谷纵横交错。由于狭窄山谷通风条件差，火势发展较慢，会产生大量烟尘在谷底沉积，产生一氧化碳。随着时间的推移，林火对两侧陡坡上的可燃物进行预热，热量逐渐累积。一旦风向、风速发生变化，烟尘消失，火势突变火爆，若灭火队员处于其中极难逃生。

(2)单口山谷

三面环山，只有一个进口的山谷，称为单口山谷，俗称"葫芦峪"。单口山谷的作用如同排烟管道，为强烈的上升气流提供通道，很容易产生爆发火，使林火行为变化更为复杂，危险性极高。

(3)鞍部

鞍状山谷是指两个高点之间的低洼区域，鞍状山谷是林火蔓延阻力最小的通道，当风越过山脊鞍形场，形成水平和垂直旋风。鞍形场涡流带常常造成灭火人员伤亡。

(4)陡坡

陡坡会自然地改变林火行为，尤其是林火的蔓延速度。随着坡度的增加，火焰由垂直地面发展状态而转变成为平行地面发展状态，火焰上空的对流柱大大提高了燃烧热能的传播。

(5)窄山脊线(拱脊)

窄山脊线(拱脊)是很危险的地方。在那里往往产生热辐射和热传导，温度极高，人无法忍受。若山脊线附近着火，其林火行为瞬息万变，难以预测。

(6)破碎特征的地形

破碎特征的地形一般指凸起的山岩等，由于其独特的地形条件，往往产生强烈的空气涡流。林火在涡流的作用下，容易产生许多分散的、方向飘忽不定的火头。

5.3.2　危险气象因素

(1)温度

气温与林火发生十分密切，直接影响空气的相对湿度和可燃物含水率的变化。气温升高，相对湿度变小，可燃物自身的温度也提高，使达到燃点所需热量大大减少。气温越高，其火险指数越高，森林火灾发生的危险性就越高。

(2)相对湿度

相对湿度40%是临界值。低于40%，细小可燃物容易燃烧，火的强度基本保持不变，当小于20%时，常使细小可燃物猛烈燃烧，并产生飞火。超过40%时，火的蔓延速度将显著降低，直立的木质可燃物极不容易点燃，产生飞火的可能性很少，但大于55%时，飞火火源不能使周围的可燃物燃烧。

(3)风

在连旱高温的天气条件下，风是决定发生森林火灾的最重要的因子。风不仅能够加速可燃物水分蒸发而干燥，补充火场的氧气，同时可增加火线前方的热量，使火烧得更旺，蔓延得更快。

(4)降水

通常情况下，一个地区的年降水量超过 1 500mm，且分布均匀，一般就不会发生火灾或很少发生火灾。例如，热带雨林终年高温高湿，不易发生火灾。若年降水量虽很多，但分布不均，呈季雨林气候，有明显的干、湿季之分，在干季就易发生火灾。月降水量超过100mm 时，一般不发生火灾或较少发生火灾。

5.3.3　危险可燃物

危险可燃物载量越大，含水率越低，形体细小、易燃性越强，发生火灾后的林火蔓延速度越高、火焰越高，危险性越强。

一个地区可燃物的体积和数量是必须考虑的因素。可燃物越多，产生的热量就越多，它影响着可燃物火强度的大小。一般地，可燃物体积越大，火强度越大。草本可燃物载量的变化范围是 $2.5 \sim 12t/hm^2$；灌木可燃物载量的变化范围是 $50 \sim 100t/hm^2$，废材（枝丫）可燃物载量的变化范围是 $75 \sim 100t/hm^2$；原木可燃物载量的变化范围是 $250 \sim 1\ 500t/hm^2$。

5.3.4　几种典型的危险火环境

(1)云南松林飞火形成的火环境研究

飞火是高能量火中最复杂、最危险的现象，是在燃烧过程中，由火焰热对流带出的未燃尽的木屑、炭块等散布在火区外形成新的火点现象。有人把飞火看成是除了传导、对流和辐射之外的第 4 种热量传递的方式。云南松林又称"飞松"或"青松"林，是我国西南地区的一个特有、广布森林类型，是云贵高原的主要针叶树种，是地带性植被的主要建群种，也是云南的主要森林类型。云南松林区是森林火灾最严重地区之一，受害面积约占云南全省的 70% 以上、四川全省的 80%。飞火的出现给火头前方和火区外围增加了新的火源，使扑救森林火灾更困难、更危险。王秋华等通过 2006 年"3·29"重大森林火灾典型案例，分析云南省安宁市 1971—2000 年 30 年的气象资料、基础地形数据，并调查火烧迹地研究云南松林飞火形成的火环境，从而揭示飞火形成的基础属性，为安全扑火提供指导。

研究表明，云南松林飞火形成的火环境很复杂，影响因素很多。首先，气象因素非常有利于形成飞火：云南松林区的干季，特别是 3 月，气温逐渐上升，平均相对湿度、最小相对湿度分别达到最小值，分别为 53% 和 3%，降水量为 18.2mm，但蒸发量高达263.0mm，非常干燥；最大平均风速、平均风速、大风日数都达到一年中最大，分别为29.0m/min，16.3m/min 和 16.3d，一旦发生森林火灾，有利于火的蔓延，很容易产生飞火。其次，地形、地势有利于飞火的产生：全市相对高差为 $200 \sim 1\ 000m$ 的面积占了总面积的 60.7%，特征是山高坡陡，有利于飞火的产生、传播。其他因素：云南松林区干、湿季分明，特别是干季气候干暖、少雨，此时又正是云南松及其林下灌丛、草本的休眠期，可燃物非常丰富，特别是稍腐朽的球果，燃烧性较强，很可能发生飞火。

（2）大兴安岭地下火形成的火环境研究

在前面章节，我们对地下火已经有了一定的了解和认识。近几年来，由于全球气温的不断升高，导致北方林区气候偏旱，林地地温偏高，森林地下火有增长的趋势，地下火作为一种随机干扰因子引发森林火灾，使预防与扑救变得非常困难。舒立福等选择大兴安岭地区 2001—2002 年发生地下火的 8 处火烧迹地，设置标准地，调查其可燃物类型、地下可燃物、可燃物厚度和坡向。研究结果表明：

①森林地下火往往发生在处于长期干旱、降水少、蒸发量大、高温低湿季节中的原始森林里。地表火发生的原始森林区域，如针叶林、阔叶林或针阔混交林，都有可能发生地下火。

②地下火一般燃烧速度慢、持续时间长、燃烧充分，具有隐蔽性强、燃烧不连续、方向易变等特点。地下火在所有火灾中对森林危害最大，特别是对落叶松、樟子松、云杉等的破坏更为严重。

③森林地下火发生取决于 4 个条件：干旱状况、地表可燃物含水率、较厚层的地表地下可燃物和较高的温度。

④地下火作为森林中一种难以控制的燃烧现象，其形成机理极为复杂。地下火作为一种随机干扰因子引发森林火灾，使得地下火的预防与扑救变得更加困难。

（3）大兴安岭呼中雷击火形成的火环境研究

雷电是引发植被火最重要的自然原因之一，雷风暴及雷电在世界各地发生非常频繁。我国的雷击火在少数地区也相当严重，全国范围内雷击火占 1%~2%，主要发生在黑龙江的大兴安岭，内蒙古的呼伦贝尔盟和新疆的阿尔泰山地区，其中，以大兴安岭和呼伦贝尔盟林区尤为突出，大兴安岭地区几乎每年都有雷击火引起的林火，也是全国雷击火发生最多最集中的区域。大兴安岭地区的雷击火约占该地区森林火灾总次数的 38%，呼伦贝尔盟占 18%，最多年份可达 38%，最少年份也有 8%。舒立福等以黑龙江省大兴安岭林区呼中区为研究对象，分析该地区雷击火发生的火环境，研究结果表明：

①特殊可燃物、出现干雷暴的天气和较高的地形构成了雷击火发生的火环境。长期干旱降水少，可燃物失水严重，森林中积累丰富的可燃物，雷暴发生后干燥的植被容易引火燃烧。起火之后，遇上盛行的大风就能使火灾迅速蔓延。

②雷击火的分布与雷暴系统的路径、植被状况和地理条件分不开。大兴安岭纬度越高的林区，雷击火越多，51°N 以北海拔 800m 以上山脉的腹部或山顶的落叶松—偃松林、樟子松—偃松内地区为该林区雷击火发生最集中区域。雷击火主要发生在人烟稀少，交通不便的边远原始林区，因此，很少及早发现和及时扑救。一次干雷暴天气过程，可以同时引起多起雷击火，它们之间的距离最远可达 150km。

③越干旱年份，雷击火就越多。雷击火多发生在 6~8 月，每年这个时期都会出现一个雷击火高潮。雷击火的发生时段也有一定的规律性，主要集中在 14:00~17:00，这也和

雷暴发生的时段相符合。雷击火的发生与雷暴、连旱天数、温度、相对湿度和可燃物含水率有关，主要因素取决于降水量的多少。当可燃物的含水率达到不能燃烧时，雷暴的次数再多也不能构成雷击火。当年降水量在 600mm 以上时，雷击火就少，降水量在 350～580mm 时，雷击火就多于往年。越是干旱天气，雷击火越多，损失也越严重。

思　考　题

1. 名词解释

(1) 火险天气　(2) 林木片面燃烧　(3) 小地形　(4) 渠道效应　(5) 谷风

2. 气温变化对林火会产生什么影响？这些影响对防火实践有何指导意义？

3. 分析空气相对湿度和空气温度如何影响可燃物的燃烧性？在防火实践中有哪些应用？

4. 降水与林火的关系有哪些？

5. 用天气对林火发生影响的理论分析我国不同地区森林防火期不同的原因。

6. 用天气对林火发生影响的理论解释南方林区夏季发生林火的原因。

7. 分析长期干旱会对森林防火产生哪些不利的影响？

8. 分析各种地形因子对林火蔓延速度的影响。针对这些影响判断哪些地形会对灭火安全产生不利影响。

9. 山地林火特点主要有哪些？山地条件下哪些地形是灭火有利地形？

10. 试分析如果灭火作战时进入了危险地形，应该如何处置。

第6章 林火原理的应用

学习目标: 了解林火原理在林火预防、森林火灾扑救中的应用方式, 掌握生物防火、计划烧除和林火扑救的原理, 培养理论联系实际、理论指导实践的能力。

森林火灾作为一种自然灾害, 被列入《国家突发公共事件总体应急预案》进行防范和处置。突发事件按生命周期可以划分为事前、事发、事中和事后 4 个阶段, 森林防灭火工作中的防火、灭火、灾后评估等工作即为各个阶段的核心工作, 林火原理的应用贯穿森林火灾这一突发事件的全过程。本章着重介绍林火原理在森林防灭火工作中各核心阶段的理论基础和应用情况, 并说明在农业生产中的应用。

6.1 在林火预防中的应用

燃烧三角是指导森林防火工作的基本原理, 破坏燃烧三角的任何一方, 森林火灾均不会发生。由此产生的防火方法有控制可燃物方法、隔绝空气方法、清除点火源方法和设置防火间距方法, 在实际工作中衍生出多种防火措施, 生物防火和计划火烧都是运用林火原理的典型应用。

6.1.1 林火预防的原理

6.1.1.1 林火预防理论基础

根据燃烧发生的条件, 我们可以确定防火的基本原理, 主要是防止森林燃烧 3 个条件(燃烧三角形)的形成。根据上文介绍的森林燃烧三角形, 可以提出如下防火方法。

(1)控制可燃物

可燃物是燃烧过程的物质基础, 控制可燃物就是使燃烧三要素中不具备可燃物条件或缩小燃烧范围, 如本节介绍的生物防火和计划烧除措施。

(2)清除点火源

防火的基本原则应主要建立在消除火源的基础之上, 清除点火源就是使森林燃烧三要素中不具备引起森林燃烧的火源条件。实际应用中, 消除点火源的措施有很多, 本书中在第 4 章有详细的介绍。

(3)设置防火间距

通过对林地和生产生活用地进行合理的布局并设置防火间距, 减少火灾区域或火灾多发区域对临近林地的辐射热和烟气影响，可以防止或减缓森林火灾在林缘、林内蔓延，同时为人员疏散、森林消防人员的救援和灭火提供相应条件。实际应用中此类措施也很多，如开设防火公路、防火隔离带等措施都应用到此原理。

另外，还有隔绝空气法。隔绝空气就是使燃烧三要素中缺少助燃条件，即氧化剂。生产生活中此类应用比较多，如易燃易爆物在密封的容器贮存、危险生产过程充装惰性气体保护等。但森林燃烧处在一个开放性的空间，防火中应用隔绝空气法比较困难，这里仅作为一种防火方法介绍。

在现行林火预防实践中主要通过林火预防管理措施和林火预防技术措施对森林火灾加以预防，这些措施里都体现着以破坏森林燃烧三要素条件为基础的防火方法。

6.1.1.2　林火预防管理措施

2016 年 5 月，加拿大艾伯塔省发生森林大火，火灾地点位于高纬度寒温带针叶林区，各方面因素与我国 1987 年大兴安岭火灾状况相似。这场大火持续时间长、蔓延面积大、损失严重，导致 10 万多人流离失所，政府启动全国救灾机制，成为加拿大史上最严重自然灾害。加拿大此次林火发生初期，火势平稳，之后受强风影响，火势蔓延失控。加拿大林业和防火工作一直位列世界前端，但是天气因素给林火的发生带来突发性，加之政府应急能力不足、无法形成有效的地空配合、城市规划建设存在隐患、林火管理策略存在风险等问题，都是导致这次森林火灾造成严重损失的原因。加拿大森林大火给我国防火提供诸多启示，加强森林防火的体系建设，把预防森林火灾加入学校安全教育，增加宣传内容和力度，做到全民防火、全民安全用火，积极做好预防工作，主要包括以下几点。

（1）全面了解和掌握火源

做好火灾的预防工作，是防火的先决条件。做好火灾的预防工作，就是做好火源控制工作。引起火灾的 3 个条件中，火源是引起火灾的决定性因素，只有可燃物和氧气而没有火种一般是不会起火的。因此，只有严格控制好火源，才能防患于未然。火源绝大多数是人为火造成的，所以，做好人的工作，全面了解和掌握火源，是做好预防工作的根本所在。

在全面了解和掌握火源的基本情况后，就要找出当地经常发生而且危害又最大的火源，从而加以重点预防。同时还需不断摸索和掌握火灾发生的规律，结合本地区火源状况，制作火源分布图是十分必要的。

（2）做好宣传教育，增强法制意识

森林防火宣传是森林火灾预防工作的重要内容。该工作以野外火源管理为中心，紧密结合各项森林防火工作进行，主要宣讲森林防火政策法规、森林防火常识，其目的是通过宣传，使公众特别是进入林区的公众，掌握基本的森林防火常识，了解森林火灾的危害，明确违反森林防火有关法律、法规的后果，以提高公众对在林区内行为的自我防火约束性和参与防火的自觉性。开展各种形式的教育，是预防森林火灾的一项有效措施，是一项很重要的群众防火作。通过各种形式的宣传教育活动，可以提高广大职工群众的思想觉悟，增强遵纪守法爱林护林的自觉性。

有针对性的防火宣传能收到显著效果，如美国很早就重视护林防火宣传教育工作，

1944 年便以虚拟人物斯莫基熊（Smokey Bear）作为防止森林火灾的象征，是美国家喻户晓的形象（图 6-1）。为了唤起民众对森林防火的重视，美国开展了全国性的"斯莫基熊运动"，有效地防止了森林火灾的发生。有人估计，这个运动使美国避免了 100 亿～200 亿元的森林火灾损失。为纪念"斯莫基熊"在防止森林火灾和森林保护方面发挥的重要作用，1984 年 8 月，在它"诞生"40 周年之际，美国邮政部门专门为它发行了一枚邮票。

图 6-1　美国防火吉祥物——"斯莫基熊"
（Smokey Bear）

图 6-2　中国森林防火吉祥物
——防火虎"威威"

我国防火宣传形式多样，除了设置标语牌、标语板、宣传栏等永久性设施外，还可利用各种形式重点宣传，如召开职工大会、林区居民大会、编印宣传小册子、传单、标语等。宣传做到"三个结合"，宣传声势和实效结合，普遍教育和重点教育结合，正面教育和法制教育结合。我国的防火吉祥物为"虎威威"（图 6-2），全名为防火虎"威威"，与保卫的"卫"字谐音，2007 年 4 月 4 日成功当选中国森林防火吉祥物。卡通形象容易被小孩接受，更好传输防火意识。

《森林法》是森林的根本大法，是做好森林防火工作的切实保证。《森林法》规定，保护森林是公民应尽的义务。2008 年年底国务院公布的《森林防火条例》是对《森林法》的补充和完善，是专对森林防火法的法规。因此，认真宣传、坚决执行，依靠国家林业大法的威力，以法治林，才能做好工作。目前，世界许多国家都重视以法治林。加拿大、美国、俄罗斯、日本、朝鲜、罗马尼亚、奥地利等国都有森林法。不管国有林，还是私有林都受到森林法的保护，凡破坏森林都要受到严厉惩处，我们已经有了自己的森林法，今后一定强化法制观念，严格执法，在防火期违反防火规定、肆意弄火者，都要进行管制，造成违法的失火犯，要严肃处理，不能马虎行事。只有严明法纪、以法治林，才能有效地控制人为火的发生。

（3）建立和落实各级各类防火责任制

为了防止森林火灾的发生，各地建立了行之有效的防火责任制（如行政领导责任制），在加强森林防火工作，提高森林防火的积极性和责任感方面起到巨大作用。

①入山管理制度　森林防火期为防止森林火灾、保障森林安全，制止乱砍滥伐、保护稀有和珍贵动植物资源，规定或建立了入山管理制度。在入山要道口设岗盘查，对入山人员严加管理，凡没有入山证明者禁止入山。对于从事营林、采伐的林区工人以及正常入山搞副业生产的人员，凭入山证进山，但要向他们宣传并遵守防火制度，不得随意弄火。

②巡护瞭望制度　在防火期内，为了及时发现森林火情，要指定专人负责巡逻瞭望观

察，加强值班值宿工作。瞭望台主要昼夜值班，不停地瞭望视区内的火情。一旦发现森林火情要迅速及时报告防火指挥部。铁路、森铁沿线、易燃林地等地段以及其他关键要害地段，要有专人检查巡护，发现火情迅速报告，积极扑灭。

③联防制度　在防火期内，凡省与省、县与县、乡（镇）与乡（镇）之间森林毗邻地段，要建立联防制度，定期召开联防会议，制定联防公约，商定联防工作中的有关问题，有火情互相报告，相互支援扑火。以消灭"三不管"的火灾死角区域。

④请示报告制度　防火期各级森林防火指挥部都要昼夜值班值宿，有火情及时请示报告。火灾扑灭了也要请示报告。属于联防地区的，有火灾还要报告联防友邻，将准确情况及时报告上级，有利于指挥及时扑救火灾。

⑤奖惩制度　《森林法》《森林防火条例》明确规定，森林防火有功者奖，毁林者罚，纵火者惩。凡认真贯彻森林防火方针、政策，防火、灭火有功的单位和个人给予精神和物质奖励。对于违反森林防火规定，肆意弄火者要分情节轻重给予批评教育或依法惩处。

（4）严格控制火源，消除火灾隐患

在野外和林内进行的生产生活用火，是发生山火的主要火源，认真执行各地规定的野外用火制度、减少或避免野外人为火源。上坟烧纸、烧香等迷信用火引起的山火在各地都为数不少。为了减少这种火源，要有严格的控制措施，如在清明节前组织宣传队、出动宣传车，进行宣传教育，批判封建迷信思想；在通往坟地的道口增设临时岗卡；坟地附近设置流动哨等，都是控制迷信火源的有效措施。

自然火源方面，雷击火是主要的自然火源，预防雷击火是一项艰巨的任务，是一个世界性的难题。目前只能属于实验性的做法，无法在实际中使用。

（5）建立各级森林防火组织

建立专业护林组织，主要任务是宣传贯彻《森林法》和森林防火政策、法令，发动和组织群众爱林护林，巡察森林，管理野外火源，监督野外用火，检查防火措施，做好火情观察瞭望工作和火情初期扑救工作。

建立防火检查站，在林区交通要道口设立防火宣传检查站，主要任务是做好入山人员管理，严格控制火源。它是控制林区火源和散杂人员入山的重要关卡。实践证明，成立防火站，加强防火检查站的工作，可以有效地控制非法入山人员，有效地保护森林，减少森林火灾。

6.1.1.3　林火预防技术措施

林火预防技术措施主要集中体现在林火阻隔系统的运用和林火监测预警技术措施上。目前，应用最为广泛的林火预防技术措施是林火阻隔系统。这里仅对林火阻隔系统进行介绍。

（1）林火阻隔系统的定义和分类

林区内，能阻隔林火蔓延的天然或人工障碍物称为林火障碍物。林火阻隔系统指林区内由人工开设或自然形成的，符合防火标准要求的，具有一定宽度，能有效阻隔林火蔓延的，封闭式的带状障碍物集成体系。按阻隔障碍物的构成，林火阻隔系统可分为以下4类（表6-1）。

①自然阻隔带　由自然障碍物组成的阻火区域，包括裸岩、戈壁、沙漠、常年冰雪覆盖区、河流、水域、沟壑、石滩等。

②工程阻隔带　通过人工措施，用无生命的阻火障碍物营建的防火区域，包括防火线、生土带、防火沟、防火墙等。防火线指按一定线路，在规定宽度范围内，通过人工清除或点烧地表层上的低矮可燃物、植被枯落物(不清除地上高大乔木)，不翻起地表新土，能有效阻隔地表火与树冠火的带状空间。生土带指按一定线路，在规定宽度范围内清除地表上所有植被，翻起地表新土，能有效阻隔地表火与树冠火的带状空地。防火沟指由地表向下挖掘的干沟，用于阻隔由腐殖土、泥炭土层燃烧蔓延的地下火。防火墙指由土、石等防火材料垒砌而成，能有效阻隔地表火与树冠蔓延的墙体。

③生物阻隔带　由活立植物构成的林火阻隔带，包括人工乔木林带、经济作物带、天然植被带等。

④组合阻隔带　指在规划阻隔带的宽度位置上，由两种或两种以上阻隔带构成的林火阻隔系统。

表6-1　林火阻隔系统构成

序号	一级分类	二级分类	
		利用类	建设类
1	自然阻隔带	沙漠、戈壁、天然沟壑、裸岩区、湿地(河流及河滩、沼泽、湖泊、溯滨带、海岸、水库、塘池等)、常年冰冻积雪区等	
2	工程阻隔带	公路、铁路、水渠、电力高压线走廊	生土带、防火线
3	生物阻隔带	经济作物带、天然植被带	生物防火林带(人工乔木林带)
4	组合阻隔带	以上两种或两种以上阻隔带构成	

(2)林火阻隔系统建设原则

林火阻隔系统建设应根据防火区域的地形、气候、可燃物、经济管理水平、火源、火行为、交通条件、扑救能力等条件，通过比较、论证，选建安全、经济、合理、适用的阻隔系统。

①林火阻隔系统建设应考虑林区的地形地物特点，充分利用河流、水域、冰雪区、裸露山脊、裸岩、道路、沟壑等阻火障碍物，实施组合阻隔。

②林火阻隔系统建设应遵循"先易后难、突出重点、因地制宜、因险设防、统筹规划，科学设计、分批建设"的原则进行。优先在重点火险区、国有林区、重点公益林区建设林火阻隔系统。林火阻隔控制面积宜由大到小、逐步加密林火阻隔网密度。

③立地条件优越，适宜防火树木生长的区域，应优先建设生物阻隔带。

④林火阻隔系统建设应遵循经济效益、生态效益和生态安全相兼顾的原则。

⑤新建林火阻隔系统应与现有林火阻隔系统相互补充、统筹布设。应充分利用天然的、现有的阻隔系统，不得进行重复建设。

⑥林火阻隔系统应与其他营林工程紧密结合，凡新造林地，必须配套建设林火阻隔系统，做到林火阻隔系统工程建设与造林同步规划、同步设计、同步施工、同步验收。

⑦在水热、土壤条件较好的南方林区，宜将原来建设的生土带改建成生物防火林带。

⑧林火阻隔系统设置宜与行政区域界线、山林权属界线相一致。

⑨林火阻隔系统应相互联结，构成封闭式林火阻隔网格。

（3）林火阻隔系统的一般要求

①林火阻隔系统的宽度要求　林火阻隔系统的宽度应能有效阻隔林火蔓延，一般参照地形、坡度、四周树高、易燃物种类、风向、风速等综合确定。林火阻隔系统的宽度应在保证防火效果的前提下，考虑节省工程量和占地面积。林火阻隔系统宽度最窄处应大于15m，位于风口、陡坡处应适当加宽。个别宽度应根据阻隔系统周边的地物（居民点、道路、现存林分）、所处位置（行政界限）分别确定。

②林火阻隔网控制面积要求　林火阻隔网密度应根据防火区的地形、火险区等级、火行为、防火期气候、多年森林火灾平均受害面积、森林经营水平、经济条件、人口密度、防火要求、林木经济价值等因素综合确定。林火阻隔网控制面积的确定一般以县（市）级为单元进行，先按《全国森林火险区划等级》（LY/T 1063—2008）确定本县（市）火线等级，然后根据表6-2确定本地区林火阻隔网控制面积。特殊防火区域对森林防火有较高要求，可自行加密建设林火阻隔网。

表 6-2　县（市）林火阻隔网控制面积

序号	县（市）级火险 等级区	林火阻隔网控制 面积（hm²）	与阻隔网控制面积相对应 的长度密度（m/hm²）
1	Ⅰ级火险等级（森林火灾危险性大）	<500	>17.88
2	Ⅱ级火险等级（森林火灾危险性大）	501~1 000	17.88~12.65
3	Ⅲ级火险等级（森林火灾危险性大）	1 001~5 000	12.65~5.66

③林火阻隔系统的位置要求　林火阻隔系统宜尽量减少破坏原生森林植物，有利于林木生长和经营活动。通常布设在山脊、林缘、道路、河流、沟壑、水渠或自然阻隔带两侧，以及居民村屯和生产场点的周围。布防方向宜与防火期主风方向相垂直。林火阻隔系统布设避免沿陡坡或峡谷穿行。

另外，能纳入林火阻隔系统加以利用的自然阻隔带，必须做一定的条件限制。要求是分布在林火阻隔系统规划带上，宽度大于15m、地域上连片的自然阻隔带。宽度低于15m的，其阻火功能不能满足要求（林火阻隔系统最低宽度要求大于15m），利用价值不大。因此，应有选择性地利用。自然阻隔带分布区，往往自然条件相对恶劣，加宽建设其他阻隔带的成本较高。所以，对自然阻隔带宜坚持选择性利用、适当加宽建设的原则。

组合阻隔带作为一种复合的林火阻隔系统，改变传统、单一的阻火模式，实现由单一阻火向组合阻火的转变。作为林火阻隔系统建设的发展趋势，建立组合式阻隔带是行之有效的方法。在林火阻隔系统宽度范围内，可采取以下综合建设措施：一是营造多树种混交、多层结构的防火林带，采取针阔混交的防火林带，提高阻火功能。二是在交通不便，位置偏远的高森林火险区域的沟壑、林缘开设生土带，并在生土带上种植经济作物，替代火烧防火线，降低防火成本。三是充分利用道路、天然河流和湿地，建设组合隔离带。四是交替使用人工除草、计划烧除与施用环保型、无毒、无公害的化学除草剂，降低清除隔离带可燃物的维护成本，减少单一清除方法对生态环境的负面影响。

（4）林火阻隔系统建设中存在的主要问题

我国林火阻隔系统工程建设中存在以下主要问题：

一是没有充分认识林火阻隔系统的重要作用，重扑救、轻预防的观念没有转变。

二是建设资金严重不足，各地的林火阻隔带建设缓慢。防火林带建设投资较大，营造 $1hm^2$ 防火林带平均需 4 500 ~ 7 500 元。很多重点火险区分布在山区、林区，而这些地方经济发比较落后，财政困难。由于建设资金不足，致使林带建设慢。

三是部分地方防火林带建设标准低，缺乏管护，失管报废比高。由于绝大部分防火林带工程建设在山脊上，土层薄、石砾多、养分少、蓄水少、干旱风大，加上资金缺乏，不少地方在营造防火林带时，设计标准低，种苗质量差，基肥不足，种植后没有坚持 3 年抚育管理，致使林木生长缓慢，保存率低。据福建省防火办公室对 1996、1997 年新造的 2.8 万 km 防火林带普查，失管报废的林带就达 3 100km，占全省两年新造林带的 11%，损失近千万元。另据广东省统计，全省已营造生物防火林带 30 867km，能起防火功能的林带仅占现有林带的 50%，有的地市甚至仅占 20% 左右。

四是现有生物防火林带布局不尽合理，防火阻隔系统不健全。大部分林业用地没有按照"四同步"的要求建设防火林带，有的省份虽然已营造了一定数量的生物防火林带，但没有按网络化要求进行统一规划布局，零星、分散、小块状、断头带较突出，网络不闭合；有的地方林带宽度不够，起不到应有的阻火作用。

五是没有合适的树种。北方林区，冬季属于高寒地区，植物生长缓慢，一些耐火树种短期内发挥不了阻火作用，没有速生、丰产、耐火的树种，影响了生物防火林带的建设。鉴于北方营造防火林带较少的现状，今后各地建设林火阻隔系统时应因地制宜，不宜盲目照搬。

6.1.2 生物防火

2000 年，舒立福教授编著了《防火林带理论与应用》一书，为生物防火在我国的应用提供了理论依据。生物防火指利用绿色植物（主要包括乔木、灌木及草本植物），通过营林、造林、补植、引进等措施来减少林内可燃物的积累，改变火环境，增强林分自身的难燃性和抗火性，同时能阻隔或抑制林火蔓延。这种利用绿色植物通过各种经营措施，使其能够减少林火发生，阻隔或抑制林火蔓延的防火途径即谓"生物防火"。

6.1.2.1 生物防火的机理

（1）森林可燃物燃烧性的差异

所有的生物都是有机体，也就是说是可燃物，都能够着火燃烧。生物有机体燃烧是绝对的，能阻火是相对的，是有条件的。不同森林可燃物的燃烧性有很大差异。植物种类不同，有易燃、可燃和难燃的差别。由燃烧性不同的生物个体组成的森林群落，其燃烧性也有所不同。例如，易燃烧植物与易燃烧植物组成的森林就非常易燃；而难燃植物与难燃植物组成的森林群落就构成了难燃群落；易燃植物和难燃植物构成的植物群落，其燃烧性大小主要取决于易燃与难燃成分的比例。

可燃物的燃烧性主要取决于其理化性质,包括抽提物、纤维素(包括纤维素和半纤维素)、灰分等物质的含量及热值(发热量)、含水率等。抽提物、纤维素含量越多,热值越大,可燃物燃烧性越高;相反,灰分含量和含水率越大,可燃物越难燃,抗火与耐火性越强。绿色防火就是利用可燃物燃烧性之间的差异,以难燃的类型取代易燃类型,从而达到预防和控制火灾的目的。

(2)森林环境的差异

森林火灾多数发生在荒山、荒地、林间空地、草地等地段,这些地段一般多喜光杂草,在防火季节易干枯,易燃,而且蔓延快,常引起森林火灾。如果将这些地段尽快造林,由于森林覆盖,环境就会发生变化。林内光照少,不利喜光杂草丛生,同时气温低,湿度增大,林内风速小,可燃物湿度相应增大,不容易着火。

火环境是森林燃烧的重要条件,而林内小气候则是火环境的重要因素。表 6-3 说明,不同林分的日平均相对湿度、最小湿度都以火力楠纯林最高,混交林次之,杉木纯林最小;而日均气温、最高气温、日均光照强度都以杉木纯林最高,混交林次之,火力楠纯林最低。因此,从 3 种林分构成的小气候特点来看,易燃性以杉木纯林最大,混交林次之,火力楠纯林最小。

表 6-3　不同林分的小气候特征

林分类型	杉木纯林	杉木火力楠混交林	火力楠纯林
日均气温(℃)	28.7	38.2	27.2
最高气温(℃)	32.9	31.4	31.1
日均湿度(%)	88	91	93
最小湿度(%)	80	86	86.5
光照强度(lx)	9 510	5 230	3 800

资料来源:胡海清,2005,《林火生态与管理》。

林分郁闭度影响林内小气候,影响可燃物的种类和数量,进而影响森林燃烧性。例如,我国大兴安岭林区的兴安落叶松林郁闭度差异很大,其燃烧性差异也很大。郁闭度为 0.4~0.5 类型的林分,林下喜光杂草和易燃灌木多,林内小气候变化大,林内易燃可燃物容易变干,火险程度高。郁闭度为 0.6~0.7 的林分,林下喜光杂草和易燃灌木明显减少,但凋落物的数量明显增多,林内小气候较稳定,火险程度有所降低。郁闭度 0.7 以上的林分,林下几无喜光杂草和灌木,大量凋落物形成地毯状,林内小气候稳定,不仅火险程度低,而且有较好的阻火能力,是大兴安岭地区较好的天然阻火林。

(3)种间关系

利用物种之间的相互关系,降低森林燃烧性,如营造针阔混交林,改变纯针叶林的易燃性,提高整个林分的抗火性能,同时还有的物种能起到抑制杂草生长的作用,减少林下可燃物,提高林分的阻火性能。

混交林树种间通过生物、生物物理和生物化学的相互作用,形成复杂的种间关系,发挥出混交效应。从阻火作用分析,由于树种隔离,难燃的抑制易燃的树种;从火环境分析，混交林内温度低、湿度大，降低燃烧性。针阔混交可增加调落物，且分解速度快，并有利于各种土壤微生物的繁衍，提高分解速率，减少林下可燃物的积累，增强林分抗火性能。

有人对杉木火力楠混交林的燃烧性进行研究后发现，杉木火力楠混交林的林内日均相对湿度、地被物平均含水率、林分贮水量分别比杉木纯林高3%、7.66%、46.8%，易燃危险可燃物的数量和能量、林分生物量与总潜在能量的比率分别比杉木纯林小8.5%、3.96%。火力楠的着火温度比杉木高27℃，具有较强的抗火性能。因此，杉木火力楠混交林能够降低林分的燃烧性。

(4)物种对火的适应

东北林区的旱生植物，在春季防火期内，先开花生长，体内有大量水分，不易燃烧，防火期结束则此类植物随之枯萎。生活在大兴安岭溪旁的云杉林，其本身为易燃植物，由于长期生活在水湿的立地条件下，而对其生境产生适应，在深厚的树冠下生长有大量藓类，阳光不能直射到林地，藓类又起隔热的作用，使林地化冻晚。1987年"5·6"大火，林火未能烧入其林内，此类林分免遭了林火的毁坏而保存下来就是佐证。

上述诸多因素的相互作用、相互影响，是影响生物阻火的重要原因。生物防火是有条件的。生物阻火林带随着树种组成的不同，林带结构、立地条件以及天气条件的差异，其本身的阻火能力大小也不相同。可燃物是森林燃烧的物质基础，绿色防火的机理就是不断调节可燃物的类型、结构、状态和可燃物的数量，降低其燃烧性。

6.1.2.2　生物防火的应用情况

(1)生物防火的发展情况

绿色防火(生物防火)，早在20世纪30年代苏联在欧洲部分地区进行森林防火规划设计时，提出在针叶林或针阔叶混交林中营造阔叶防火林带，控制树冠火的蔓延和扩展。40~50年代，日本曾研究行道树与公园阔叶树的分布与控制都市火灾的关系。60年代苏联和东欧等国选择抗火树种营造防火林带。70~80年代欧洲南部与美国关岛等地区，开始种植耐火植物带和阔叶树防火林带，控制森林火灾的扩展与蔓延。到80年代后期，英国人工筛选几种新的微生物，能使枯草快速变为肥料，从而取代常规秋季计划火烧。

我国开展绿色防火比世界上一些国家要晚些。中华人民共和国成立后，南方有些国有林场为了明确场界，在边界山脊营造阔叶树，后来发现这些阔叶树界标带具有一定阻火作用。在20世纪60年代我国南方有人提出以阔叶树防火林带取代铲草皮开设防火线，认为防火林带既能保持水土，又能防火，还能提高林地生产力，一举多得。80年代我国南方大面积营造防火林带，不断扩大阻隔网，有效地控制了森林火灾蔓延。并采用多种方法选择防火树种，有的采用现场点火的方法，试验防火林带的控火能力。1986年有人提出我国应开展生物与生物工程防火。之后，绿色防火向纵深方向发展，从而深入探讨防火林带的阻火机理。在北方提出了兴安落叶松可作为良好防火树种，从而改变了过去认为针叶树不能作为防火树种的片面认识。南方逐渐采用微生物减少可燃物的积累，提高森林的阻火能力。显然，生物工程防火已成为21世纪的发展方向。

目前，我国的绿色防火发展很不平衡，北方地区缓慢，南方各地区发展得较快。他们在林缘、山脚、田边、道路两侧营造各种类型的防火林带和耐火植物带。有乔木带、灌木带、乔灌混交带等。福建发展得更快，到1992年年底，全省已有各种类型的防火林带2.5万km，他们逐渐从国营林场单位发展到集体林区；由零星分散的林带形成了闭合网络；由单一树种结构发展到多层次、多功能的综合防火体系。广东经过验收合格的防火林带有2.6万km，广西有1.15万km(不完全统计)。南方各省的防火林带建设到目前已经形成了一定的规模。目前，我国的绿色防火已走在世界的前列。北方林区这项工作发展得较慢，最近几年开始对落叶松的阻火性能进行研究，以落叶松林改为阻火林，而对防火林带的性能、防火树种的筛选工作正在逐渐深入开展。

(2)生物防火的作用

①有效性 森林可燃物和适宜的火环境是森林火灾发生的物质基础。不同森林可燃物的燃烧性有很大差异，有易燃的、可燃的，也有难燃的。其中，易燃可燃物是最危险的，最容易引起火灾和维持火的连续蔓延。如林区的林间草地、草甸，多为禾本科、莎草科、菊科等草本植物，干枯后非常易燃，常常是火灾的策源地；再如林间空地、疏林地、荒山荒地等易杂草灌木丛生，易燃性大，常常引发火灾。为了防止火灾发生，其措施之一是减少森林中这些易燃可燃物数量。绿色防火措施可以实现这一目的。通过抗火、耐火植物引进，不仅可以减少易燃物积累，而且可以改变森林环境(火环境)，使森林本身具有难燃性和抗火性，从而能有效地减少林火发生，阻隔或抑制林火蔓延。例如，在南方林区由于山田交错，森林与农耕区、各村庄居民点之间相互镶嵌，人为火源多而复杂，只要遇上高火险天气，就有发生火灾的危险。除了加强林火管理以外，通过建设和完善防火林带网络，既可阻隔农耕区引发的火源，又可控制森林火灾的蔓延，把火灾控制在初发阶段。即使发生森林火灾，也可以把火灾面积控制在最小范围。如福建省尤溪、漳平等县的木荷防火带曾多次阻隔火灾。广西扶绥县红荷木林带11次有效地阻隔界外山火，闽北杉木林下套种砂仁，覆盖率达90%以上，地表非常潮湿，极难引燃。

②持久性 利用树木及其所组成的林分(带)自身的难燃性和抗火性来防治火灾，一旦具有防火作用，其发挥作用时间就能持续很长。例如，东北林区的落叶松防火林带的防火作用至少能持续30~40年，这是其他任何防火措施所不及的。灌木防火林带除见效快以外，也能维持较长时间的防火作用。草本植物、栽培植物防火带与人类的经营活动密不可分，只要经营活动不停止，其发挥防火作用仍继续。如利用黄芪、油菜、小麦等野生经济植物和栽培作物建立绿色防火带，只要人们在带上从事其经营活动，防火带就能持久地起防火作用。

③经济性 选择具有经济利用价值(用材、食用、药用等)的植物(野生或栽培植物)建立绿色防火带，在发挥其防火作用的同时，还可取得一定的经济效益。据调查，内蒙古呼伦贝尔盟有些地区在防火线上种植小麦产量在4 500kg/hm²以上，种植油菜可产油菜籽2 250kg/hm²，经济效益十分可观。对于每年进行收获的绿色防火线，其经营的植物不一定耐火或抗火，因为在防火期到来时，这些植物已收获，留下的"农田"即可作为良好的防火线。在防火线上种植农作物，秋季收获后即可作为防火线，直到春防经营活动开始，周而复始地发挥防火线作用。绿色防火的持久性不仅能够减少由于森林火灾而带来的直接经济

损失，而且能够减少用于防火、灭火所需要的巨大投资。绿色防火的重要意义不仅在于减少森林火灾损失，而且它能够充分利用土地生产力，发展了林区的多种经济，增加了经济收入。1km 木荷防火林带，到成林主伐期，可产 90m³，林带的枯枝落叶还可改良土壤，提高土壤肥力。山脚田边营造果树防火林带，避免了农民为增加农田光照每年在山边田头开辟荒地带，减少地力、劳力浪费。生土带防火时效短，一年不维修即失效，维修 1km 需投资 300 元以上。

④社会意义　随着森林可采资源的不断减少，林区"两危"日趋严重，极大地影响了林区人民的生产和生活。目前，我国正在实施天然林保护工程，面临林业产业结构调整和下岗人员分流。而绿色防火工程可增加林区的就业机会，活跃林区经济，缓解林区"两危"，改善林区人民生活。因此，绿色防火工程的开展具有重要的社会效益。

⑤生态意义　绿色防火措施能够调解森林结构，增加物种的多样性，从而增加森林生态系统的稳定性；绿色防火线的建立，可以绿化、美化、净化人类赖以生存的生态环境。防火林带的建设，把山脊上的防火线、田边、路边、山脚下的空地都利用起来，提高了森林覆盖率，能保持水土，净化、美化环境，还具有经济效益，体现出森林的综合效益，多种功能。总之，绿色防火不仅是有效、持久、经济的防火措施，而且具有重要的生态和环境意义，是现代森林防火的发展方向。

(3)我国生物防火林带树种的选择

①防火树种选择的依据。

一是植物的燃烧性。选择时应根据燃烧难易和速度快慢等因素综合评价。植物体中抽提物和纤维素等物质含量越高，热值越大，越易燃，着火后易蔓延；相反，灰分物质含量越多，含水率越大，越不易燃，着火后蔓延迟缓。因此，在防火树种(植物)选择时，应选择那些体内难燃成分多的植物。

二是植物的抗火性。植物的抗火性主要指植物抵抗火烧的能力，主要表现在皮厚、结构紧密，甚至坚硬、含水率大等方面，一旦遭受火烧，皮下形成层不易受到伤害，具有抵抗火烧的能力。植物的抗火性是由其生物学特性所决定的。因此，在选择防火树种(植物)时应尽量选择那些皮厚、结构紧密和含水率大的种类。

三是植物的耐火性。植物的耐火性主要指火烧以后植物的恢复能力。植物的耐火性亦可为植物对火的适应性，主要表现在火烧后植物的更新能力，特别是无性更新能力的大小。火烧后能迅速通过萌芽等方式更新，说明树种具有较强的耐火性。植物的耐火性随种类不同而有很大差异。

四是植物的生物学和生态学特性。植物的生物学和生态学特性，如形态结构、树冠疏密、叶子质地、树皮厚薄、自然整枝、萌芽力、耐阴性、耐湿性等都影响植物的抗火性和耐火性。应选择难燃、抗火、常绿、树冠浓密、适应性强、生长快的作为防火树种。另外，还应考虑种源丰富、栽植容易、成活率高、速生等树种特性。

②可供选择的防火树种　防火林带是生物防火工程的一部分，用阻火树种营造宽 30m 以上的林带，或者在营造大片针叶林的同时，每隔一定距离营造宽 30m 以上的阔叶林带。从营林的全局出发，如果能够针、阔隔带造林不仅有利于防火，还有利于病虫防治。营造

防火林带既对防火有利，又是一项永久性工程，还可增加林木资源，应该大力提倡。目前，黑龙江省多用密植落叶松的办法营造防火林带，5 年郁闭后，林冠下不再生杂草而起阻火作用。

北方林区：

乔木：水曲柳、核桃楸、黄波罗、杨树、柳树、椴树、榆树、槭树、稠李、落叶松等。

灌木：忍冬、卫矛、接骨木、白丁香等。

南方林区：

乔木：木荷、冬青、山白果、火力楠、大叶相思、栓皮栎、交让木、珊瑚树、茴香树、苦槠、米槠、构树、青栲、红楠、红锥、红芽油茶、桤木、鳖蒴栲、闽粤栲、杨梅、青冈、竹柏等。

灌木：油茶、鸭脚木、柃木、九节水、茶树等。

6.1.3 计划烧除

计划烧除，又称规定火烧或计划火烧，是在规定的区域内，利用一定强度的火来减少森林可燃物的载量，以满足降低潜在林火强度和其他森林经营要求。

计划烧除中火的强度有一定限度，一般都比较低，其火强度通常为低强度火（不超过 $350\sim700kW/m$）。这种火由于强度较低，烟是散布和飘移的，不产生对流烟柱，对森林环境不良影响较小，有利于维护森林生态系统的稳定和发展。

6.1.3.1 计划烧除的机理

火既会对森林造成危害，也能对森林起到有益作用。经过长期的研究和实践，人们逐渐认识到火是维持生态系统稳定的重要一部分。火究竟对森林起到有害还是有益的作用，归根结底取决于火作用的时间和强度。只有高强度的火烧会破坏森林内部结构、破坏生态平衡，起到危害作用，而低强度火烧有利于维持生态系统稳定、促进森林自然更新、提高林地生产力。计划烧除是根据火的两重性（火害和火利）提出来的，它是利用火的有利一面。一方面能减少可燃物的积累，降低森林燃烧性；另一方面，火烧过的地方可作为良好的防火线或阻火林。

6.1.3.2 计划烧除的应用情况

（1）计划烧除的发展情况

①认识问题　目前许多人对计划火烧还缺乏足够认识。特别是一些行政部门的领导，唯恐跑火而对用火持怀疑态度。某些不科学的用火经常导致森林火灾，更增加了林火管理部门的戒心。

②科学性问题　计划烧除具有严谨的科学性。科学安全地用火才是计划烧除。而有些人或生产单位对计划火烧的科学性认识不足，或还尚未掌握用火的科学和技术就进行火烧或大面积烧除。多数计划火烧跑火都是由这种原因造成的，这不是"防火""用火"，而是"放火"。

③管理问题　计划烧除是一项科学、严肃的工作，除了有用火的人员外，还必须有严格的管理程序，可以说计划火烧也是一项系统工程，任何一个环节出问题，都将导致用火失败，甚至与用火背道而驰。

④人员培训问题　目前，真正能够从事计划烧除的人员并不多。打火经验丰富的人不一定能够从事计划烧除，用火过程中跑火现象也屡见不鲜。其原因是用火人还没能掌握科学用火。因此，重点培养一些真正能够从事用火的专业人员是必要的。

（2）计划烧除的作用

①有效性　在防火期前选择适当的点烧时机和点烧条件，在林内外进行计划烧除，一方面能减少可燃物的积累，降低森林燃烧性；另一方面，火烧过的地方可作为良好的防火线或阻火林，实践证明，黑色防火确是十分有效的防火措施。

②速效性　利用火烧开设防火线或搞林内计划烧除，其防火功能见效快，且效果好。火烧过的地方当时即可作为防火线。但从某种意义上，黑色防火缺乏持久性。春季利用火烧开设的防火线，只能在春防期间发挥作用，到秋季就会失去防火功能，或防火效果大大下降。这恰恰与绿色防火互补。因此，研究如何利用黑色防火与绿色防火这种互补性，充分发挥两种措施长处，避其短处。

③经济性　实践证明，利用火烧开设防火线比利用机耕、割打、化除等方法均优越。一是速度快，二是经济。利用火烧防火线费用较其他方法开设防火线降低至几十分之一，甚至上百分之一，真可谓"经济实惠"。

④生态影响　定期林内计划火烧，除减少可燃物积累，降低森林燃烧性，具有良好的防火功能外，从另一角度讲，火烧加速凋落物的分解，增加了土壤养分，有利于森林的生长发育，从而维持森林生态系统的平衡与稳定，有其重要的生态意义。但是，无论林内计划火烧，还是林外火烧防火线，都要根据植被类型、立地条件等研究其用火间隔期。决不可以每年都进行火烧，这样会改变森林环境，使其朝干旱的方向发展，对今后的森林更新与演替均不利。因此，对于黑色防火来讲，首先要掌握其安全用火技术，另外还要研究用火间隔期、用火时期(机)，避免给森林生态系统，乃至人类的生存环境造成不良影响。

（3）我国计划烧除的措施

①火烧防火线　在铁路、公路两侧，村屯、居民点及临时作业点等周围，点烧一定宽度的隔离带，防止机车爆缸、清炉，汽车喷火，扔烟头等引起火灾，阻隔火的蔓延。一般防火线的宽度在 50m 以上，才能起到阻隔火蔓延的作用。

②火烧沟塘草甸　在东北和内蒙古林区多分布有"沟塘草甸"（草本沼泽），宽几十米到几千米，面积很大，在大兴安岭林区约占其总面积的20%。此类沟塘多为易燃的禾本科和莎草科植物，易发生火灾，是森林火灾的策源地。着火后蔓延速度很快，林区人常称其为"草塘火"。因此，常在低火险时期进行计划烧除。一方面清除了火灾隐患；另一方面火烧过的沟塘可作为良好的防火线，能有效地阻隔火的蔓延。

烧除沟塘常在以下几个安全期进行：

一是春融安全期。春季雪融化一块，点烧一块；秋末冬初第一、二次降雪后有转温的时段，有些地块雪融化，有些还存在积雪，点烧已融化的地段。此法也称跟雪点烧，非常安全。

二是霜后安全期。秋季第一次降霜后 3d 左右，沟塘杂草枯黄即可点烧。此时林下杂草仍呈绿色，火不会烧入林内。但是，为了确保安全，可在雨后或午后安全期用火。

三是霜前安全期。在夏末秋初，大约 8 月下旬至 9 月上旬，沟塘杂草仍呈绿色。此时对具有大量"老草母子"积累的沟塘可进行点烧。火不仅能烧掉"老草母子"，而且还能烧除正在生长的杂草。而且火不会上山，绝对安全。这种点烧只适用于当年未烧的沟塘。点烧时间不宜过早，否则会有新的杂草滋生，不利于翌年的防火。

③烧除采伐剩余物　森林采伐、抚育间伐、清林等将大量的剩余物堆放或散落在采伐迹地或林内。采伐剩余物是森林火灾的隐患，常采用火烧的方法清除。

堆清，在采伐迹地或抚育间伐林内，常将剩余物堆放在伐根或远离保留木的地方，堆的大小约为长 2m、宽 1m、高 0.6m，每公顷 150～200 堆。通常在冬季点烧。一方面绝对安全；另一方面树木处在休眠状态，不易受到伤害。

带状清理，将采伐剩余物横向带状堆积，宽 1～2m、高 0.6m，长度不限。比堆积省力，在东北林区广泛应用。堆放时应尽量将小枝丫放在下面，大枝丫放在上面，有利于燃烧彻底。常在冬季点烧。

全面点烧，在皆伐的迹地上，为了节省开支，对枝丫不进行堆放呈自然散布状态。在夏季干枯后即进行点烧，也可在秋防后期进行。我国南方的炼山多为此种烧除方式。

④林内计划烧除　采用火烧的办法减少林内可燃物积累，不仅能降低森林自身的燃烧性，减少林火发生，而且还能阻隔或减缓林火蔓延。近几年来，我国东北和西南林区广泛开展林内计划烧除，并取得了良好的效果。林内计划火烧对降低易燃林分的火险非常有效，如东北林区的蒙古栎林、杨桦林、樟子松人工林等；西南林区的云南松林、思茅松林、栎林等。

6.2　在林火扑救中的应用

随着科学的发展，人们发现用燃烧三角形来表示无焰燃烧是确切的，但是有焰燃烧燃烧过程中存在未受抑制的分解物(游离基，包括氢原子、氧原子及羟基等)，作为中间体，发生了链式反应，燃烧三角就不能很好地反映这一过程，所以为了表示有火焰燃烧就需要未受抑制的链式反应这样一个必要条件，这样就形成了以可燃物、助燃物、一定的温度和未受抑制的链式反应构成的燃烧四面体。燃烧四面体是指导林火扑救的基本原理，限制燃烧四面体的任何一面，都会有效扑灭、控制森林火灾的发展、蔓延。由此产生的灭火方法有隔离法、窒息法、冷却法和抑制法，在实际扑火工程中衍生出森林消防特有的灭火措施。

6.2.1　林火扑救的原理

森林燃烧需要具备 3 个条件：森林可燃物、氧气和火源。这三者构成燃烧三要素，缺少其中一个，燃烧就会停止。同时根据连锁反应理论，很多燃烧的发生和持续需要"中间体"游离基(自由基),也就是说游离基也是这些燃烧不可或缺的条件,因此需要构建着火四面体才能更加准确地描述燃烧的条件。而对于灭火,就是要破坏已经形成的燃烧条件,扑救森林火灾就是破坏其中至少一个要素而使火熄灭。燃烧四面体不仅描述了着火所必要的条件,还为灭火提供了理论指导,根据燃烧四面体中的4个要素,灭火方法可以分为4种,分别是隔离法、窒息法、冷却法和抑制法。

(1)隔离法

把可燃物与引火源或氧气隔离开来,燃烧区等不到足够的可燃物就会自动熄灭。扑救森林火灾中,通过人工、机械、爆破、洒水等措施使燃烧的可燃物与未燃的可燃物分开,使火熄灭。例如,开设防火线、挖防火沟、利用索状炸药炸出生土带,利用飞机或水车洒水、洒化学阻火剂、泡沫灭火剂等都能一定程度上起到隔离可燃物与氧气的作用。

(2)窒息法

可燃物的燃烧都必须在一定的氧气浓度下才能进行,否则燃烧就不能持续进行。因此,通过减低燃烧物周围的氧气浓度可以起到灭火的作用。扑救森林火灾中,可以通过隔绝燃烧所需要的氧气来阻止火势的发展和蔓延。当空气中氧的浓度低于14%~18%时,燃烧现象就会停止。用土覆盖、用化学灭火剂(化学灭火剂受热分解,产生不燃性气体,使空气中氧气浓度下降,从而使火窒息)等都是利用此原理灭火。

(3)冷却法

根据燃烧四面体,可燃物的点燃需要足够强度的点火源,因此,将可燃物冷却到其燃点或闪点以下,已经燃烧的可燃物就不能点燃未然的可燃物,燃烧反应就会终止。冷却灭火法的原理是将相应的灭火剂直接喷射到燃烧的物体上,以将燃烧区的温度减低到可燃物的燃点之下,使燃烧停止;或者将灭火剂喷洒在火源附近的可燃物上,使其不因火焰热辐射作用而形成新的火点。扑救森林火灾中,采用降温的办法使燃烧停止,如喷洒水、覆盖湿土等都可达到降低可燃物的温度从而灭火的目的。

(4)抑制法

根据燃烧四面体,抑制燃烧反应自由基的方法也是一种有效的灭火方法,这就是抑制法。燃烧过程中,使灭火剂参与到燃烧反应中去,它可以销毁燃烧过程中产生的游离基,形成稳定分子或低活性游离基,从而使燃烧反应终止,达到灭火的目的,如使用化学灭火剂、气溶胶灭火剂进行抑制灭火。需要注意的是,使用抑制法灭火时,一定要将灭火剂准确喷射到燃烧区内,使灭火药剂参与到燃烧反应中去,否则起不到抑制反应的作用。

实际扑救森林火灾中使用的灭火方法并不容易归结为以上4种方法中的单一一种,可能是多种灭火方法共同作用的结果。

6.2.2 林火原理在灭火基本方法中的应用

扑救森林火灾有直接灭火和间接灭火两种方式。直接灭火是扑火队员用灭火工具或利用消防车、飞机等大型灭火设备直接扑救森林火灾。这一方式中,扑火队员和火线接触的手工具直接灭火只适用于中、弱度火的扑救。飞机等大型机具可扑救高强度火。间接灭火指扑火队员或消防机具不直接接触火,而是通过开设防火隔离带等措施间接扑灭森林火灾的方法。间接灭火方法主要用于火强度大，火场产生大量热和烟，人或消防机具不能接近火线的火灾扑救。

6.2.2.1　直接灭火法

直接灭火法共有 6 种方法。

（1）扑打法

扑火队员使用树条、二号工具等直接扑打火线。这种方法适用于扑打中、弱度的地表火。

（2）土灭火法

扑火队员利用铁锹或各种喷土机械将土覆盖在火线上，使火与空气隔绝，从而使火窒息。这种方法适用于枯枝落叶层较厚、森林杂乱物较多的地方，特别是林地土壤结构较疏松的沙土或沙壤土等。以湿土灭火会同时有降低温度和隔绝空气的作用，其优点是就地取材，效果较好。在清理火场时用土埋法熄灭余火，防止"死灰"复燃也十分有效。土灭火法常用的工具和机械有手工工具（铁锹、铁镐）、喷土枪、推土机等。

（3）水灭火法

扑火队员利用水龙带、水枪、水车等工机具将水喷洒在火线上，实现灭火的方法。水是普遍而廉价的灭火剂。在自然界中水源非常丰富，如河流、湖泊、水库、贮水池等。用水灭火效果较好，它可以缩短灭火时间，而且没有任何污染，它既可以直接熄灭火焰，又可以防止火的复燃。

水灭火根据喷洒水方式分为地面喷洒和空中喷洒。地面喷洒，用水枪、轻型水泵和各种载水消防车洒水灭火。空中喷洒，用飞机悬挂盛水容器或飞机直接载水灭火。喷洒水灭火要解决水源、运载机具、喷洒机具、道路等问题。

洒水灭火应注意，扑火时要将水流对准火焰中心，充分发挥水灭火的最大效能，节约用水，防止浪费。用水灭火时，要从立脚点开始向四周喷水，不能只对准火线喷水，以保证扑火人员的安全。为控制火头，或为保护村屯、建筑物或其他经济价值较高的地点就可采用喷水阻火法。为了提高水的灭火效果，有效地控制林火的蔓延，常在水中加入添加剂，使其充分发挥灭火性能。

（4）风力灭火法

该法是利用风力灭火机产生的强风，把可燃物燃烧释放出来的热量吹走，切断可燃性气体，使火熄灭的一种灭火法。一般只能扑灭弱度和中度地表火，而不能扑灭暗火和树冠火。

一台风力灭火机相当于 25～30 名扑火人员用手工工具的灭火效能。多年的扑火实践证明，风力灭火机不但是扑灭森林火灾的有效工具，也是计划烧除时控制火蔓延的有效工具。

（5）爆炸灭火法

爆炸灭火的原理：爆炸可吸收大量氧气，使燃烧处空气中的氧气含量降低；爆炸时的气波可以产生比风力灭火机还要大的冲击力，炸起来的沙、石、土可覆盖可燃物，使其与空气隔绝；爆炸后形成的土坑、土沟，可以破坏森林可燃物的连续性。

爆炸灭火方法有以下几种：

①穴状爆炸 穴状爆炸是每隔 2~3m 挖一个深 20~30cm 的坑，每个坑埋炸药 300~600g，通电爆炸后，形成 3~4m 宽的生土带，并产生气浪，将火扑灭。

②索状炸药 将炸药放入一定尺寸(通常直径 40~50mm，长 10~20m)的聚乙烯管中，制成索状炸药。然后，根据灭火需要，将数根索状炸药连接起来，放在火头前方一定距离处，并将电雷管用胶布或油绳拴在索状炸药一端。电雷管引出线再连接在一定长度的胶质导线上，两根导线分别接在起爆器的正负极上，待火头靠近时引爆，这样瞬间即可形成 3~4m 宽的隔离带，将火头扑灭或使火势大为减弱。索状炸药具有高效快速的特点，一个雷管可引爆几百米至几千米的索状炸药。实践证明，在我国南北方均可使用索状炸药来扑灭森林火灾。但是，使用人员必须进行严格培训，按操作规程使用才行。

③手投干粉灭火弹 手投干粉灭火弹是采用钠盐干粉灭火剂，制成灭火弹。引爆后抛撒干粉，在一定空间形成高浓度的粉雾，充分发挥干粉的灭火效能，瞬间即可灭火。常用的有 DMS 型干粉灭火弹。

(6)化学灭火法

该方法利用化学药剂进行消灭或阻滞火灾蔓延。其优点是灭火速度快，效果好，复燃率小，可用于直接扑灭地表火、树冠火和地下火等，用于开设防火隔离带。缺点是会给环境造成一定程度的污染。

①常用化学灭火剂 磷铵类灭火剂：磷酸二氢铵(MPP)、磷酸氢二铵(DAP)、磷酸铵和聚磷酸铵(APP)等。

硫酸铵类灭火剂：硫酸铵为白色或微带黄色的结晶，易溶于水，不溶于醇类。受热时发生热分解反应。

混合型灭火剂：以硫酸铵和磷酸铵为主剂的森林灭火剂，有某种程度的协合效应，从而提高了灭火剂的灭火效率，又降低了药剂成本和对金属的腐蚀作用。

卤化物类森林灭火剂：分为无机卤化物和有机卤化物两大类。常用的无机卤化物如 $CaCl_2$、$NHCl_4$、$MgCl_2$、$ZnCl_2$ 等。常见的有机卤化物如氟里昂、海龙等。

泡沫灭火剂：在水中加入发泡剂，如蛋白朊和合成发泡剂。泡沫可黏附在可燃物上，形成薄膜隔绝层，隔绝空气和热量，使火焰窒息。

烟雾灭火剂：主要指分散在空气中的固体分子团或小颗粒和液态小水滴。

干粉灭火剂：钾盐和尿素的热合成产物，如国产的钠盐干粉。

②化学灭火剂的使用方法 用飞机喷洒化学灭火剂，主要有两种方式，一种是倾倒式的喷洒，用于直接灭火；另一种是喷洒隔火带阻截林火的蔓延。

使用地面机具喷洒化学灭火剂，主要方式包括使用森林消防车、灭火器等喷洒。

③化学灭火剂注意事项 化学灭火剂一般都具有一定的毒性，如大量使用，对森林环境产生一定的影响，对空气、水源产生一定污染，必须考虑灭火剂使用后的负面效应。因某些药剂有毒，在使用时碰到皮肤上，会刺激皮肤，可能产生"发烫"感觉，必须十分注意安全。

6.2.2.2　间接灭火法

间接灭火法有两种方法。

（1）阻隔法

阻隔法可以分成隔离带法和防火沟法两种。

①隔离带法　在草地或枯枝落叶较多的林地内发生地表火或树冠火火灾，蔓延迅速，扑火队员难以靠近火线直接扑救，可在火头蔓延的前方，在火头到来之前开设好隔离带，阻止火灾的蔓延。隔离带一般应为生土带。开设时可用锹、镐、铲等掘土，也可用投弹爆破，把土掀开，还可使用拖拉机开设生土带，或伐开树木、灌丛等，以阻止树冠火的蔓延。根据火灾蔓延的速度和扑火人员前进的速度在火头前方选好适当的位置，开设隔离带。为了保护大片森林，可利用自然道路、河流、湿的林中空地等有利条件，将树木伐开，把截下的树头、枝丫及可燃物尽可能推到河里或转移到安全地带。如果来不及，可将这些可燃物堆放到着火的一面。隔离带的宽度一般要为树高的 2 倍以上。此外，还可采用化学隔离带，在火头前方选择合适的距离，用飞机喷洒或人工喷洒化学灭火剂，建立隔离带，以达到阻火灭火的目的。

我国北部、东北部边境线上，多属草原森林交错分布区，风力大，地势平坦，火源传播距离远。根据当地多年的防火经验，边境（草原地带）防火隔离带开设宽度至少 100m，才能够较好地阻隔 6 级风以下的火，个别重点地段加宽到 300m 才能起到阻火、防火功能。林缘防火隔离带开设宽度 60m，林内防火隔离带开设宽度 30m，一般情况下能够较好地阻隔稳进地表火，但在大风天气条件下，特别是形成树冠火后，防火隔离带的阻火功能将基本丧失。

②防火沟法　这是阻止地下火蔓延的一种方法。在有腐殖质和泥炭层的地方发生地下火，可用挖沟法进行阻火。沟口宽为 1m，防火沟底部宽度应大于 0.5m。沟深取决于泥炭层和腐殖质的厚度。一般低于泥炭层 0.5m，这样才能起到阻火作用。挖沟的腐殖质和泥炭要放在防火沟的迎火一面。有条件的地方还可以往沟内注水，阻火效果更好。当燃烧腐殖质或泥炭的地下火沿着可燃物蔓延到阻火沟，被阻挡，切断了可燃物的连续性，达到了阻火的目的。

一般用锹、镐和开沟机挖掘防火沟。使用开沟机挖掘防火沟效率高、质量好，适合于浅山农林交错地区开设防火隔离沟。

（2）点迎面火法

在火头前方一定位置，火场产生逆风时点火，使火烧向火场方向，当两个火头相遇时，火即熄灭。这种扑火方法称为点迎面火法，也称为以火攻火。

当大火逼近或遇到猛烈的树冠火，人力难以扑救，又来不及开防火线时，可采用点迎面火的方法，在火前进的方向，要注意选择安全地带和利用有利地形，利用河流、道路作为控制线，或利用生土带、化学灭火剂浇成的湿润带及火烧防火线作为控制线，当火场有逆风产生后，在火头前面点火，火便向火头方向蔓延，两个火头相接近时形成很大的气旋，火势很猛，两个火头相遇后，由于氧气迅速减少，火便立即熄灭，如果火场上逆风尚未形成，过早或过晚的点迎面火都会产生相反的效果，而且对在控制线上扑火人员有很大的危险性，应特别注意。

在利用迎面火法时，最好利用河流、道路等作为依托。如果火场上逆风尚未形成，过早点火，火不会烧向火场，而向前蔓延，达不到灭火的目的，反而会使火场扩大。如果逆风形成很久之后才点火，由于距离主火头很近，对点火人员有很大的危险。

6.2.3 不同林火种类的扑救方法

6.2.3.1 地表火扑救方法

地表火按蔓延速度可划分为两种类型，即急进地表火和稳进地表火。急进地表火主要发生在近期天气较干旱、温度较高、风力在4级以上的天气条件下，多发生在宽大的草塘、疏林地和丘陵山区，火场形状多为长条形和椭圆形。其特点是：火强度高，烟雾大，蔓延速度快，火场烟雾很快被风吹散，很难形成对流柱。急进地表火的蔓延速度为4~8km/h，火从林地瞬间而过，因此，在燃烧条件不充足的地方不发生燃烧，常常出现"花脸"，对林木的危害较轻。急进地表火很容易造成重大或特大森林火灾，扑救困难。稳进地表火的发生条件与发生急进地表火相反，近期降水量正常或偏多，温度正常或偏低，风小，这种林火多发生在4级风以下天气。稳进地表火火强度低，蔓延速率不超过4km/h，大火场火头常出现对流柱，火场形状多为环形。稳进地表火燃烧充分对森林的破坏性较大，容易扑救。

(1)轻型灭火机具扑救地表火

轻型灭火机具灭火，是指利用灭火机、水枪、二号工具等进行灭火。

①顺风扑打低强度火　顺风扑打火焰高度1.5m以下的低强度火时，可组织4个灭火机手沿火线顺风灭火。灭火时，一号灭火机手向前行进的同时，把火线边缘和火焰根部的细小可燃物吹进火线的内侧，灭火机手与火线的距离为1.5m左右；二号灭火机手要位于一号灭火机手后2m处，与火线的距离为1m左右，吹走正在燃烧的细小可燃物，这时火的强度会明显降低；三号灭火机手要对明显降低强度的火线进行彻底消灭；三号灭火机手与二号灭火机手的前后距离为2m，与火线的距离为0.5m左右；四号灭火机手在后面扑打余火并对火线进行巩固性灭火，防止火线复燃。

②顶风扑打低强度火　顶风扑打火焰高度1.5m以下的低强度火时，一号灭火机手从突破火线处一侧沿火线向前灭火，灭火机的风筒与火线成45°角，这时，二号灭火机手要迅速到一号灭火机手前5~10m处，用与一号灭火机手同样的灭火方法向前灭火，三号灭火机手要迅速到二号灭火机手前方5~10m处向前灭火。每一个灭火机手将自己与前方灭火机手之间的火线明火扑灭后，要迅速到最前方的灭火机手前方5~10m处继续灭火，灭火机手之间要相互交替向前灭火。在灭火组和清理组之间，要有一个灭火机手扑打余火，并对火线进行巩固性灭火。

③扑打中强度火　扑打火焰高度在1.5~2m的中强度火时，一号灭火机手要用灭火机的最大风力沿火线灭火，二、三号灭火机手要迅速到一号灭火机手前方5~10m处，二号灭火机手回头灭火，迅速与一号灭火机手会合，三号灭火机手向前灭火。当一、二号灭火机手会合后，要迅速到三号灭火机手前方5~10m处灭火，一号灭火机手回头灭火与三号

灭火机手迅速会合，这时二号灭火机手要向前灭火，依次交替灭火。四号灭火机手要跟在后面扑打余火，并沿火线进行巩固性灭火，必要时替换其他灭火机手。

④多机配合扑打中强度火　扑打火焰高度在2~2.5m的中强度火时，可采取多机配合扑火，集中三台灭火机沿火线向前灭火的同时，3名灭火机手要做到：同步、合力、同点。同步是指同样的灭火速度，合力是指同时使用多台灭火机来增加风力，同点是指几台灭火机同时吹在同一点上。后面留一个灭火机手扑打余火并沿火线进行巩固性灭火。在灭火机和兵力充足时，可组织几个灭火组进行交替扑火。

⑤灭火机与水枪配合扑打中强度火　扑打火焰高度在2.5~3m的中强度火时，可组织3~4台灭火机和2支水枪配合扑火。首先，由水枪手顺火线向火的底部射水2~3次后，要迅速撤离火线。这时，3名灭火机手要抓住火强度降低的有利战机迅速接近火线向前灭火，当扑灭一段火线后，火强度再次增高时灭火机手要迅速撤离火线。水枪手再次射水，灭火机手再次灭火，依次交替进行灭火。四号灭火机手在后面扑打余火，并对火线进行巩固性灭火，必要时替换其他灭火机手。

6.2.3.2　树冠火扑救方法

树冠火多发生在干旱、高温、大风天气条件下的针叶林内，树冠火立体燃烧，火强度大，蔓延速度快，对森林的破坏严重。按蔓延速度，树冠火可分为急进树冠火和稳进树冠火两种，按其燃烧特征又可划分为连续型树冠火和间歇型树冠火。急进树冠火（狂燃火），在强风的作用下，火焰在树冠上跳跃式蔓延，其蔓延速度为8~25km/h，扑救困难；稳进树冠火（遍燃火）的蔓延速度为5~8km/h。连续型树冠火能够在树冠上连续蔓延，而间歇型树冠火在森林郁闭度小或遇到耐火树种时降至地表燃烧，当森林郁闭度大时又上升至树冠燃烧。

（1）扑救方法

①利用自然依托扑救树冠火　在自然依托内侧伐倒树木点放迎面火灭火。伐倒树木的宽度应根据自然依托的宽度而定，依托宽度及伐倒树木的宽相加应达到50m以上。

②伐倒树木扑救树冠火　在没有可利用的灭火自然依托时，可以伐倒树木灭火。采取此方法灭火时，伐倒树木的宽度要达到50m以上。然后，用飞机或森林消防车向这条隔离带内喷洒化学药剂或水，如果条件允许也可在隔离带内建立喷灌带。伐倒树木的方法主要有两种，一是用油锯伐倒树木；二是用索状炸药炸倒树木。

③用推土机扑救树冠火　在有条件的火场，可以用推土机开设隔离带灭火。开设隔离带的方法，可按推土机扑救地下火和用推土机阻隔灭火的方法组织和实施。

④点地表火扑救树冠火　在没有其他灭火条件时，选择森林郁闭度小，适合开设手工具阻火线的地带，开设一条手工具阻火线，等到日落后，沿手工具灭火线内侧点放地表火。

⑤选择疏林地扑救树冠火　在树冠火蔓延前方选择疏林地或大草塘灭火，在这种条件下可采取以下几种方法灭火：当树冠火在夜间到达疏林地，林火下降到地面变为地表火时，按扑救地表火的方法进行灭火。如有水泵或森林消防车，也可在白天灭火；建立各种阻火线灭火，如建立推土机阻火线灭火、建立手工具阻火线灭火、利用索状炸药开设阻火

线灭火、利用森林消防车开设阻火线灭火、利用水泵阻火线灭火、飞机喷洒化学药剂阻火线灭火等。

（2）注意事项

扑救树冠火时，需时刻观察，防止发生飞火和火爆；抓住和利用一切可利用的时机和条件灭火；时刻观察周围环境和火势；要在夜间点放迎面火；在实施各种间接灭火手段时，应建立避险区。

6.2.3.3　地下火扑救方法

地下火的蔓延速度虽然缓慢，但扑救十分困难。扑救地下火除人工开设隔离沟灭火，还可利用森林消防车、水泵、人工增雨、推土机和索状炸药等进行灭火。

（1）利用森林消防车扑救地下火

目前，用于扑救地下火的森林消防车常用的主要有两种：我国生产的 804 森林消防车和经改装的 NA-140 森林消防车。804 森林消防车最高车速 55km/h，载水量 1.5～2t，爬坡32°，侧斜 25°，最大行程 450km，水陆两用。NA-140 森林消防车最高车速 55km/h，载水量 1.5～2t，爬坡 45°，侧斜 35°，最大行程 500km，水陆两用。

在地形平均坡度小于 35°，取水工作半径小于 5km 的火场或火场的部分区域，可利用森林消防车对地下火进行灭火作业。在实施灭火作业时，森林消防车要沿火线外侧向腐殖层下垂直注水。操作时，水枪手应在森林消防车的侧后方，跟进徒步呈"Z"字形向腐殖层下注水灭火。此时，森林消防车的行驶速度应控制在 2km/h 以下。

（2）利用水泵扑救地下火

水泵灭火是在火场附近的水源架设水泵，向火场铺设水带，并用水枪喷水灭火的一种方法。单泵输水距离随地形坡度而变化，坡度在 15°以下时可输水 3 000m 左右，坡度在15°～30°时可输水 2 500m 左右，坡度在 30°以上时可输水 2 000m 左右，单泵输水量 18t/h左右。

火场内、外的水源与火线的距离不超过 2.5km，地形的坡度在 45°以下时，可利用水泵扑救地下火。如果火场面积较大，可在火场的不同方位多找几处水源，架设水泵，向火场铺设涂胶水带接上"Y"形分水器，然后在"Y"形分水器的两个出水口上分别接上渗水带和水枪。使用渗水带可防止水带接近火场时被火烧坏漏水。两个水枪手在火线上要兵分两路，向不同的方向沿火线外侧向腐殖层下呈"Z"字形注水，对火场实施合围。当与对进灭火的队伍会合后，应将两支队伍的水带末端相互连接在一起，并在每根水带的连接处安装喷灌头，使整个水带线形成一条喷灌的"降雨带"，为扑灭的火线增加水分，确保被扑灭的火线不发生复燃火；当对进灭火的队伍不是用水泵灭火时，应在自己的水带末端用断水钳卡住水带使其不漏水，然后，在每根水带的连接处安装喷灌头；当火线较长，火场离水源较远，水压及水量不足时，可利用不同架设水泵的方法加以解决。

（3）利用推土机扑救地下火

在交通及地形条件允许的火场，可使用推土机扑救地下火。在使用推土机实施阻隔灭火时，首先应有定位员在火线外侧选择开设阻火线路线。选择路线时，要避开密林和大树，并沿选择的路线做出明显的标记，以便推土机手沿标记的路线开设阻火线。开设阻火线时，推土机要大小搭配使用，小机在前，大机在后，前后配合开设阻火线，并把所有的可燃物全部清除到阻火线外侧，以防在完成开设任务后，沿阻火线点放迎面火时增加火线边缘的火强度，延长燃烧时间，出现"飞火"越过阻火线造成跑火。利用推土机开设阻火线时，其宽度应不少于3m，深度要达到泥炭层以下。

(4)利用索状炸药扑救地下火

利用索状炸药扑救地下火，是目前在我国扑救地下火中速度最快、效果最好的方法之一。在使用索状炸药扑救地下火时，可按照爆破灭火中扑救地下火时的使用方法实施。

(5)人工扑救地下火

人工扑救地下火时，要调动足够的兵力对火场形成重兵合围，在火线外侧围绕火场挖出一条1.5m左右宽度的隔离带，深度要挖到土层，彻底清除可燃物，切不可把泥炭层当作黑土层，把挖出的可燃物全部放到隔离带的外侧。在开设隔离带时，不能留有"空地"，挖出隔离带后，要沿隔离带的内侧点放迎面火烧除未燃物。

在兵力不足时，可暂时放弃火场的次要一线，集中优势兵力在火场的主要一线开设隔离带，完成主要一线的隔离带后，再把兵力调到次要的一线进行灭火。

以上各种灭火技术，可在火场单独使用，在地形条件较复杂的大火场可根据火场的实际情况，采取多种灭火技术合成灭火。

6.3 农业生产中安全用火的应用

我国是农业大国，农民占总人口80%。我国以世界7%的土地养活了世界22%的人民，并基本解决了全国人民的温饱问题。为此，进一步提高我国农业生产水平，是我国要解决的基本问题之一。农业生产用火已被提到日程，而农业生产用火不慎而引起的火灾，也屡见不鲜。我国农业用火不慎引起的森林火灾约占人为火源的50%。因此，如何管好我国农业生产用火和农业生产火源，保护好我国的现有林和生态环境，就显得更为重要。

6.3.1 农业生产用火概述

6.3.1.1 农业生产用火的意义和作用

我国是当今世界人口最多的国家，温饱问题必需依靠自立更生解决，为此迅速提高我国农业生产水平是非常重要的。我国农田大多数与森林镶嵌，形成农林交替结构。尤其是目前我国农业生产用火较多，用火不慎常引起森林火灾，既破坏了森林，又影响了森林的涵养水源和保持水土能力。

目前，南方多为集体林，农业生产方式仍然是包产到户，农业生产用火较多，一旦火源管理不当，往往发生森林火灾。因此，搞好农业生产用火，对于发展农业生产和林业生产均有利，同时也稳定了社会，繁荣了经济。因此，搞好农业生产用火，对于发展农林业是完全必要的。它不仅能提高我国农业的经营水平，也有利于林业的发展。

6.3.1.2 农业生产用火的进展

大约300万年前，地球上出现了古人类不久，火就与人产生密切的联系，在人类居住的洞穴中，常有大量炭屑与灰烬。因此，火使人类能够在温带与寒温带得以生存和繁衍。由于古人类的用火，使人类的文明进程得以发展，由生食变为熟食，改善了人类卫生状况。一直到人类发明钻木取火、摩擦取火，接着就产生了第三种火源——人为火源。

农业生产用火大致可分为以下几个阶段：

（1）游耕阶段

人类发明取火方法后，开始在森林中用火。种植农作物时，随时用火烧毁森林，然后种植农作物，此时，大地多为森林覆盖，耕地不固定，烧一块就种植一块，没有固定耕地。因为此时人口少，森林面积大，人类随时用火烧林种地，故称为游耕阶段。

（2）轮耕阶段

随着人口的增加，逐渐形成部落。人类居住相对稳定，烧林种地也比较稳定。连续栽种几年，土壤肥力减退后弃耕。弃耕地依靠自然力量，又重新恢复森林，当土壤肥力增加，地力恢复后，人类又重新砍伐火烧，改为农耕地。又连续耕作几年，土地肥力消耗，又弃耕，这种粗放轮作制，也称为"刀耕火种"。这种落后的农业耕作制度，至今仍然在我国西南地区少数民族中采用。

（3）固定耕地阶段

随着人类社会的发展，人类越来越集中。在平原水肥条件好的地区或交通发达地区，形成固定农业区。农业区集中形成固定耕地，农田采用施肥方式以提高土壤肥力。在农业生产中，也大量采用火，如烧田埂草、烧灰积肥等。但用火不慎，引起的山火，也不断发生。

6.3.1.3　林区农业生产用火应注意的问题

在我国山区或林区多为农林镶嵌地区，因此，应对农业生产用火加以管理，以免由农耕火引发森林火灾。应该制定防火期农业用火管理办法，在一般防火期用火，应注意防火，紧要防火期严禁一切农业用火，有的地区已经规定几烧几不烧制度，按林火预测预报进行用火管理，确保农业生产安全用火。

目前，我国林区有许多森林采伐后，改为农耕地。在小兴安岭林区，就有大面积的次生林采伐后变为农业耕地。在这些地区用火应有防火林网，一是防火；二是保证农业高产，保持水土，涵养水源，维护生态平衡。我国平原地区的防火林网既能提高农业产量，又能调节气候，维护生态良性循环。因此，在林区划分为农耕地的地块，应规划好，以免走回头路。

在农林镶嵌的地区，应做好土地规划，如远山森林、近山花果、平地米粮川。对于一个山体，山顶森林戴帽，可以保持水土，涵养水源；果树缠腰，良田铺地。做好土地规划，既有利于森林防火，又充分发挥地力，提高经济效益。

随着我国经济和高、精、尖技术迅速发展，发展农业也要运用高科技，不断改变农业生产方式，使农业高产稳产，不断改变农业用火方式，使农业用火引起的森林火灾有明显减少。

农业的出现，使人类的祖先告别了"穴居野处""茹毛饮血"的愚昧时代，正式步入了文明时代。人类文明的初期，农业的发展是以毁坏森林为代价的，人们用火将一部分森林和草原开垦为农业用地,促进了农业的发展,促进了人类文明的进步,火的使用在人类文明和农业发展历史过程中功不可没。尽管刀耕火种、烧荒等用火方式的确也带来许多问题,但是,火在现代农业中的应用是否已经完成其历史使命,现在下结论为时尚早。客观地总结用火的经验教训,屏弃不良的用火习惯,开拓新的用火途径,促进现代农牧业的发展,是防火工作者不可推卸的责任。

6.3.2 大面积烧荒、烧垦与防火安全

我国人口不断增长,对粮食的需要量也不断增加,就目前来讲,解决食饱、穿暖,仍然是我国发展农业的头等大事。所以,我国要继续开荒开垦,增加耕地面积,大力发展农业。在山区、林区,大面积开垦荒地,仍然占有相当重要的地位。

6.3.2.1 大面积烧荒、烧垦的好处

为了发展我国农业,一是要提高单位面积的产量,保证粮食的高产、稳产;二是要适当增加耕地面积。为此,在我国林区、山区,采用烧荒、烧垦来增加耕地,也是目前发展农业生产的一项重要措施。

(1)火烧可以减少大量草籽

在开垦的荒山荒地上生长着许多杂草,然而,这些杂草将来是农作物竞争的对手。因此,开垦的土地应力争消灭杂草,火烧就是消灭杂草的最好办法。为此,应选择草籽尚未成熟时点火烧之,使大量杂草种籽被烧死。火烧还可以使一些脱落地面的草籽被高温烤死,失去发芽能力,或促使一些鸟类啄食减少杂草种籽数量。

火烧过的荒山荒地应及时进行翻耕,因为多年生草本植物借助火烧后的良好条件又开始萌发幼草。经过及时翻耕后,将这些幼草压入土壤深层,变为绿肥,可促进农作物的生长,同时又能有效地控制杂草。

(2)火烧可以清除耕地上各种杂草和杂乱物

开荒、开垦必须烧掉荒地上的杂草和杂乱物,为农作物创造一个良好的生育环境,以保证农作物的稳产和高产。因此,大面积地清除杂草和杂乱物,是开荒、开垦的首要任务。

尽管清除杂草、杂乱物还有许多其他方法,但是采用火烧是最好的办法,也是最经济的办法。火烧比较干净彻底,而且速度快,适用于大面积的烧荒、烧垦。烧荒、烧垦至今已有几千年的历史。它不需要什么精密仪器和设备,只需要掌握用火的天气条件和点烧的技术,确保用火的绝对安全,就能取得事半功倍的效果。

(3)烧荒、烧垦可防止病虫鼠害

荒地草甸上的杂草和杂乱物中,存在许多病菌和孢子体,有许多昆虫卵、幼虫、茧和成虫,有些病虫会影响农作物的生长。采用火烧可以将寄生在杂草中的虫卵和虫茧烧掉,使它们失去繁殖能力。同时,也可以烧掉它们的隐藏处。火烧后,可迅速改变这些病、虫的生存环境,使病虫害明显减少。

烧垦后立即进行翻耕,使土壤中的病、虫暴露在土壤表面,遭受冻热灾害,这样可使新开垦地病虫害明显下降,确保种植农作物的丰收。此外,在许多荒山荒地,由于有大量

杂草和杂乱物，形成大量鼠类隐蔽的地方。通过火烧可以清理鼠类的隐藏处，烧掉它们的食物，改变鼠类栖息地的环境。大量的烟熏，使许多鼠类在洞穴内窒息而死。在新烧垦地消灭鼠类，可以确保开垦地的粮食丰收。因为新开垦地鼠害十分猖獗，一旦粮食丰收，立刻会被鼠类盗走许多。

（4）烧荒、烧垦有利于机械化操作

大面积开荒、开垦的土地可进行机械化作业。然而，田间杂草清除不干净，会直接影响机械的施工。杂草不仅影响机械作业，有时还影响到施工进度。更严重时，由于杂草阻截，使机械发生故障，会影响到机械的使用寿命。为此，大面积开荒、开垦时，火烧一定要求干净彻底，不要留有未烧地，以免直接影响机械作业。

（5）烧荒、烧垦能增加土壤肥力

烧荒、烧垦，能将耕地上的杂草、杂乱物等有机物经过高温处理，可转变为可溶性的营养元素（灰分），这些营养元素有的被雨淋溶到土壤中，贮藏起来，将来被农作物吸收利用。火烧后应立即进行翻耕，使这些营养元素翻入土壤中保存，有利于农作物的充分吸收利用，并保持土壤肥力。这是烧荒、烧垦的一大好处。

总之，烧荒、烧垦是传统办法，一直沿袭了几千年，这说明烧荒、烧垦对农业生产是有益的。

6.3.2.2 烧荒、烧垦的方法和步骤

在进行大面积烧荒、烧垦时，未烧之前应在靠山林的边缘先开设50~100m宽的防火线。可用拖拉机翻耕生土带，以防烧荒、烧垦时跑火上山。如有自然防火障碍物，应充分利用，可以节省劳力和资金。荒地上有较大的灌木应伐倒、晒干，以便火烧。在进行火烧时，应留有灭火人员，一旦遇到天气变坏或刮大风时，应立即将火扑灭，以免引起森林火灾。火烧后，不能马上将灭火人员撤离烧荒场地，以防死灰复燃，一定要等到烧荒场地无烟，不会再发生火灾时，方可撤离火场。

烧荒、烧垦时，如果还有大量杂乱物或杂草未烧干净，应该堆积后重新火烧，力争将荒地燃烧干净。在大面积烧荒、烧垦时，应先点燃四周边缘，由外逐渐向里烧，越烧越安全，不会引起山火。另外，先点烧危险地段，也会越烧越安全。因为，开始点烧时，火强度不大，人数也比较多，容易控制火势，越烧面积越大，也越安全。

若烧荒、烧垦面积过大，应区划若干小区，一般火烧面积最好在10h以内点烧完毕，这样，天气条件容易控制。如果面积过大，几天才能点烧完毕，一旦天气变化，火势无法控制，容易跑火成灾。在大面积烧荒、烧垦时，还应该加强领导，应有一支点烧和灭火的专业队伍。一定要做到烧荒、烧垦的绝对安全，确保不发生森林火灾，并应配备一切必要的防火、灭火设备和车辆与机械等。

6.3.3 火烧秸秆和茬子与防火安全

在农业区或是新开垦的农场丰收时，农田里有大量秸秆和茬子需要及时进行处理。否则，放在农田里会直接影响土地的耕作，因此，对秸秆或茬子及时处理是搞好农业生产的一件大事。

6.3.3.1　火烧秸秆和茬子的意义和作用

对农作物的秸秆和茬子的处理，应因地而宜。如在我国南方的大面积农业区，可以将秸秆收回，分给各家做烧柴，留给牲畜做饲料或收回用作沼气原料，再利用沼气做饭、取暖、发电、照明，剩下的沼气渣子还可以做肥料。

然而，在我国北方，农村人口较少，机械化程度高，秋收后，农田上剩下大批秸秆或茬子，如果不及时处理，就会影响农业生产。为此，及时处理秸秆、茬子，就成为开展好农业生产中的一件重要工作。所以，在这些新开垦的农场上，通常采用的一种方法就是火烧。火烧秸秆和茬子有很多作用，归纳起来有以下4个方面。

第一，在较短时间内，可以快速焚烧大面积秸秆和茬子，只需掌握用火规律和天气条件，在安全期用火，就可以取得多快好省的效果。

第二，可以消灭病虫鼠害和杂草的危害。许多农业作物的病、虫卵、幼虫、成虫、茧等，焚烧时，高温可将它们杀死，农田中的鼠类也被烧死或是熏死。同时，火烧也可以把农田的杂草、种籽烧掉，使农田杂草显著减少。火烧后改善了农田的卫生状况，有益于改善农田的耕作环境。

第三，大面积火烧秸秆和茬子，有利于秸秆还田。火烧后，这些秸秆、茬子的灰分归田，提高了农田土壤的肥力，可以减少农田施肥量，降低成本。

第四，火烧秸秆和茬子，在人员稀少、交通不便的林区，是一种行之有效的措施。目前，火烧秸秆和茬子在我国大、小兴安岭林区、三江平原、松嫩平原和西南林区广泛使用。

6.3.3.2　火烧秸秆的方法

我国许多林区、农场，因为靠近山区，烧柴不缺乏，加上交通不便，人少地多，特别是种植高秆作物，如高粱、玉米等，秋收后，将高粱、玉米收回，剩下秸秆则放在地里。等到翌年春耕前3~4月，点火焚烧，可以很快将这些秸秆烧除，有利于耕作，同时又能烧灰归田，提高农田肥力。

火烧秸秆一般在地面仍有部分残留积雪时进行，此时点烧比较安全，火烧时，田内的秸秆平铺后再烧，可使农田受热均匀，烧完后的灰分分布均匀，等于均匀施肥。同时，也可以加速农田积雪融化，提高地温，有利于提前进行农业耕作。不要堆积焚烧，这样易使农田受热不均匀，因为堆积处火强度高，对农田土壤结构和微生物都有影响。在火烧秸秆时，应该选择稳定天气，风速应小于3级。在大风天或风向不稳定的天气条件下不宜点烧，因风大时火烧易跑火，且火烧后灰分也容易被风吹走，影响秸秆还田。火烧秸秆后，应该立即进行土壤翻耕，使大量灰分翻入土壤深处，这样可确保农田土地肥力的增加。在交通发达和秸秆能多种利用的地区，烧秸秆的做法已日益减少。

6.3.3.3　火烧茬子的方法

我国广大农村中，烧茬子的做法比较广泛，这也是农业生产中的主要火源。

在农田收割时，留茬子过高则不宜翻耕，采用火烧茬子的方法，既快速，效果又好。如1996年小麦丰收时，我国南方许多省份采用联合收割机收麦子，速度快，节省大量劳动力。但留茬过高又不宜翻耕，一般农民采用烧茬子的办法将茬子清除。如果火烧不慎，会引起未收割的麦子着火，使农作物受损失。因此，火烧茬子时应注意防火，不要因烧茬子而引起农田火灾或森林火灾。一般烧茬子应选择无风或小风天气，火烧是在低火险天气下进行，应该先烧危险边缘。如果相邻森林和荒山有未收割的谷物、稻田和麦地，要避免跑火烧毁森林或庄稼，农田火烧茬子时，应注意点火的天气和点火四周的环境，有时在危险地段需要开设防火带。

火烧茬子后，应立即进行耕作，将火烧灰分翻入土中，做到茬子还田，提高土地的肥力。

农作物还有高秆作物，如玉米、高粱和大豆等作物，根部粗大，比较坚硬，不容易腐烂，因此，应该将这些茬子刨出后进行火烧，将火烧后的灰分均匀撒在田地中，再进行耕作。

思　考　题

1. 名词解释

（1）燃烧四面体　（2）生物防火　（3）计划烧除

2. 从林火原理的角度分析生物防火的可行性。

3. 计划烧除对林火预防有哪些积极作用？实施过程中需要注意什么？

4. 试分析森林火灾扑救的基本原理及由此衍生出的基本方法。

5. 从林火原理的角度分析森林火灾的种类及相应的扑救方法。

第7章 案例分析

学习目标： 通过案例分析教学，剖析林火发生原因和发展规律，明析案例中森林防灭火工作存在的不足，总结防灭火工作实践经验，提高正确分析判断火情和进行科学组织指挥的能力，为今后从事森林防火灭火工作奠定理论基础，提供指挥和行动依据，保证森林防灭火工作科学、安全、高效的开展。

案例一 河北省保定市顺平县"3·23"森林火灾

内容摘要

2006 年 3 月 23 日，因当地村民野外吸烟，保定市顺平县神南乡百福台村发生森林火灾。经 970 余人全力扑救，至 3 月 25 日 11 时全部扑灭。火场总面积 66.7hm²，1 人死亡，4 人烧伤。

案例正文

一、火场基本情况

起火地点为百福台村上其河自然村大阴秀沟北坡，坡向西南。火场坡度均在 35° 以上，海拔 420~750m，相对高差 320m。山场多年封育，植被较厚，形成连绵的灌木丛和草坡。风力 5~6 级，主风向西南，由于山高坡陡，受地形影响，火场风向变化较大。主要是灌木林和荒山。

二、扑救经过

3 月 23 日 10 时许，神南乡百福台村村民韩银乐野外吸烟，引发山火，火势随风迅速蔓延。河北省林火卫星监测系统监测到热点后，迅速通知市、县防火办。

顺平县防火办接到通知后，县防火办和县半专业扑火队 15 人立即赶赴现场，与当地乡政府及当地村民 150 人奋力扑救，17 时，明火基本得到控制。此时过火面积约 17hm²。19 时许，风力逐渐加大，火势又失去控制，当时天色已黑，为了保证扑火人员安全，县防火办决定，扑救人员停止扑火，监控火场。24 日 9 时，县政府领导到达火场后，动员扑火人员兵分三路，投入扑火，上午 10 时，明火基本扑灭。11 时，监控火场人员发现死灰复燃，县林业局韩文杰等 5 名扑火人员抄近路沿垂直火线方向下山接近火场，扑打上山火，堵截火源。刚进行扑救，突然狂风骤起，火苗窜起数丈高，几秒钟内，火势急剧蔓延，5 名扑火人员被火包围，造成 1 死 4 伤。

伤亡发生后，11 时 30 分，顺平县政府主要领导命令县民兵应急分队赶赴火场，同时向当地驻军紧急求援，并成立扑火前线指挥部，全面指挥扑救工作。其间，国家和省、市有关领导也闻讯赶赴现场。经过干部群众及当地驻军的奋力扑救，天黑前后，除陡峭山崖处有几处明火不能直接扑救外，其余火点基本扑灭。鉴于天黑、坡陡，极易造成人员伤亡，前指决定：除留 300 人看守火场外，其余人员撤离到安全地带休整待命。此时过火面积约 45hm²。

3 月 25 日上午，国家、省、市、县领导坐镇各火点一线指挥，组织 970 余人全力扑救，至 11 时全部扑灭。

附 录

保定市位于华北平原中部、河北省中部，太行山东麓，冀中平原西部，北纬 38°10′~40°00′、东经 113°40′~116°20′。北邻北京市和张家口市，东接廊坊市和沧州市，南与石家庄市和衡水市相连，西部与山西省接壤。辖 3 区 4 市 18 县，1 100 万人，总面积 22 190km²。

保定年平均气温 12℃，年均降水量 550mm，属于温带季风性气候。四季分明，冬冷夏热，雨热同期，冬季寒冷有雪，夏季炎热干燥，春季多风沙，秋季凉爽舒适。

顺平县位于河北省西部，保定市西郊，太行山的东麓，东经 114°50′~15°17′、北纬 38°45′~39°07′，总面积 714km²，人口 30 万人(2006 年)，是国家农业部、国家林业和草原局命名的"中国苹果之乡""中国桃之乡"，果树总面积约 2.05 万 hm²，果品年产量 2.01 亿 kg。

顺平地处太行山东麓，洪积冲积扇平原中部，地势西北高东南低，境内多山与丘陵，平原约占 2/5。属低山丘陵区，全县地势由西北向东南倾斜，自然分为低山、丘陵、平原三大地貌类型，山区、半山区占全县面积的 2/3，平原区占 1/3。总面积 708km²，耕地面积约 2.67 万 hm²。顺平县境内流经主要河流，有曲逆河、蒲阳河、界河、金线河、七节河，近 30 年来均变为季节河。全县多年平均自产地表水资源量 0.96 亿 m³，地下水平均资源量 0.97 亿 m³。

顺平县属暖温带季风大陆性气候，年平均气温 12.2℃，年均降水量 578mm。

顺神公路、京广西线公路过境。

案例分析讨论题

1. 试分析本案例中地形因素对林火行为的影响。
2. 分析本案例中人员伤亡的直接原因。
3. 试分析本案例中天气条件对林火发生发展的影响。

分析思路或要点

1. 从坡向、坡度、坡位、海拔等方面进行分析。

2. 从上山火的蔓延特点来分析。

3. 从温度、风向、风速、相对湿度、降水等方面进行分析。

案例二 河北省承德市滦平县"3·24"森林火灾

内容摘要

2006年3月24日13时，河北省承德市滦平县西沟乡老仟村和山嘴村，因有人故意纵火发生森林火灾，当地政府组织860余人进行扑救，于次日下午17时全部扑灭。火场总面积134hm²，受害森林面积60.1hm²。

案例正文

一、火场基本情况

该地区森林资源丰富，是河北省为数不多的集中连片的天然次生林区。海拔多在450~1 075m，坡度30°~35°。火灾发生时气温5~21℃，相对湿度20%，平均风力5~6级，最大风力8级。

二、扑救经过

3月24日13时，隆化县太平庄乡七道沟村大南沟半山腰处发生火灾。隆化县政府立即调集人员进行扑救，在全力扑救过程中，有一个火点蔓延到滦平县境内，直接威胁滦平县几十万亩天然次生林及老仟村老虎沟自然村50户村民的安全。滦平县发现火灾后立即启动扑火预案，第一批县专业扑火队15人迅速到达火场围堵火源。第二批专业扑火队员随后赶赴火场。当第二批队员到达火场时，发现又有一个火头从隆化县烧入。由于此时火场风力逐渐加大，第二个烧入火头已成为主要蔓延点，火头迅速沿山脊线向前推进，同时向两侧山坡燃烧。指挥部依照火势变化情况，命令第二批专业扑火队员利用有利地形，将沟底火扑灭，阻止火势向沟外蔓延。第二批专业扑火队员按照指挥部要求，分兵堵截，首先集中力量堵住了沟口，阻止了向沟外的蔓延；其次兵分两路，分别向两翼推进，削弱火势，降低火灾蔓延速度。

根据火场情况，指挥部又紧急调集了市武警应急分队50人、当地驻军100人和群众近百人赶到火场参加扑火，火势蔓延趋势速度得到有效控制。

16时，火场天气突变，大风骤起，风力6~7级，形成遮天蔽日的沙尘暴，能见度仅2~3m，火势又迅速蔓延，第一、二个烧入火头连成一片，形成一个火场，严重威胁第一批专业扑火队员的安全，指挥部立即命令第一批专业扑火队员迅速转移到火烧迹地避险。

此时，又有一个火头烧入滦平县境内，并很快与第一、二个火头燃烧成一片，三个火头形成一个大的火场。考虑到火势太猛，地形和天气条件恶劣，而且很快就要天黑了，为防止发生伤亡事故，经指挥部研究决定一线扑火人员撤离火场，外围组织群众对重点林区和居民点实施重点监控。

为更好灭火，指挥部再次调动当地驻军 420 人，群众 260 人到火场待命。深夜风力减弱时，指挥部组织人员进行了详细的火情侦查，研究制定了详细的扑火方案。

25 日凌晨 5 时，利用早晨温度低、风力小的有利时机，集中优势兵力全力突击灭火。至上午 11 时将南线明火全部扑灭，留 100 余人清理火场，其余灭火人员转移至北部火场，分 3 段对剩余的火线进行分割合围，下午 17 时火灾全部扑灭。

附 录

承德市位于东经 115°54′~119°15′，北纬 40°11′~42°40′，处于华北和东北两个地区的连接过渡地带，西南与南分别紧邻北京与天津，背靠内蒙古和辽宁，省内又与秦皇岛、唐山两个沿海城市以及张家口市相邻，市域面积 39 375km²。境内有京承、锦承、京通、承隆 4 条铁路线，正线延展里程 632km，共有国家干线公路 5 条，公路通车里程 5 358km，户籍总人口 370 万人。

承德市地势由西北向东南阶梯下降。气候属季风气候区，但因山地地形影响，南北差异明显，气象要素呈立体分布，使气候具有多样性。

风向的变化具有明显的季节。冬季 12 月至翌年 2 月以偏北风为主，夏季 6~8 月以偏南风为主，春秋两季是这两种气流的转换季节，春季接近夏季情况，秋季则近于冬季。除静风外，年最多风向为西南和西北。年平均风速为 1.4~4.3m/s，坝上 3.3~4.3m/s。全年大风日数 11~63d。丰宁、围场、隆化、承德县大风日数较多，最多年份多达 63~93d。坝上多达 116d。年平均气温的分布是由北向南增高。平均气温年变化特征是：从 2 月起温度逐月增高，7 月为最热月，8 月温度开始下降，1 月为最冷月。年平均降水量 402.3~882.6mm，南部 627.1~882.6mm，最多可达 1 500.2mm，最少为 298.0mm；中部 501.0~609.1mm，最多 923.8mm，最少 206.8mm；北部 402.3~515.4mm，最多 885.6mm，最少 249.0mm；坝上 411.6~514.0mm，最多 627.9mm，最少 298.8mm。雾灵山和七老图山迎风坡因地形作用，形成两个多雨地区。降水的分布具有干湿界限分明的季节变化特点，春季 3~5 月雨量 55.5~74.7mm，占年降水量的 10%~12%；夏季 6~8 月降水量为 241.5~542.4mm，占年降水量的 56%~75%；秋季雨量 66.4~102.1mm，占年降水量的 14%~16%；冬季雨雪稀少，为年降水量的 1%~3%。滦平县位于承德市西南部，是河北省环京津的 35 个市县之一。总面积 2 993km²，辖 20 个乡镇、1 个街道办事处、200 个行政村、9 个居委会，总人口 31.4 万，其中，以满族为主的少数民族人口 19.4 万人，占全县总人口的 61.8%，是省政府确定的民族县。

滦平县地处山区，境内有滦河、潮河等 4 条主要河流，是京津两市的主要饮水源。滦平县温带季风气候，气候温和，四季分明，昼夜温差大，全年平均气温 7.6℃，是玉米、水稻、大豆、高粱、谷子等农作物主要产区，以生产优质玉米著称，是玉米出口基地县之一。盛产苹果、红果、板栗、酸梨等干鲜果品，出产杏仁、蘑菇、山枣、黄芩、柴胡、串山龙、山野菜等 500 多种高营养、具有药用价值的野生植物。

案例分析讨论题

1. 结合本案例，谈一谈如何搞好火源管理工作。

2. 结合本案例，分析风对林火行为的影响。

3. 如何进行火场侦察工作？

分析思路或要点

1. 分述常见的火源种类及相应的管理办法。

2. 从风向、风速两方面进行分析。

3. 主要从可燃物、地形、气象、依托条件、水源条件等方面进行侦察。

案例三　山西省忻州市五台县"3·29"森林火灾

内容摘要

2006 年 3 月 29 日 14 时，忻州市五台县金岗库乡小估计沟因电线短路（硫铁矿的高压线路）引发森林火灾。经过近 2 000 人的共同努力，4 月 1 日将明火全部扑灭。过火面积 243.3hm²，受害森林面积 18hm²，损失林木蓄积量 695m³，总价值 150 余万元。

案例正文

一、火场基本情况

火灾发生地位于五台县，起火点位于县办硫铁矿附近的小估计沟，坡向西南，坡度 35°~65°，海拔 1 000~3 030m，相对高差 1 130m。浅山地区树种以油松为主，多为 20 世纪 70 年代末人工栽植；中山地区以灌丛为主；高山为草甸。多年的封山，形成了很厚的枯枝落叶层，可燃物载量极高。

火灾发生时该地平均风力 6~7 级，最大风力 8~9 级；当日平均气温 17℃，最高气温 32.4℃，已连续 90d 以上无有效降水，植被极其干燥，火险等级很高。

二、扑救经过

由于特殊的地形条件，山高坡陡草深灌密，一般情况下扑火只能是凌晨出发，清晨扑火；午后要看气象条件，温高风大时只能监视和看守火场，扑火部队休整。

29 日 14 时左右，县人民政府接到发生火情的报告后，当即成立了以县长为总指挥的扑火前线指挥部和以机关干部、僧尼以及当地群众为主的两个扑火小分队和一个后勤保障组，进行了有效的扑救工作，并立即请求上级支援。

市防火办接到火情发生的报告后，立即向市政府领导进行汇报，针对火灾发生地的特殊性，启动了市级预案，并根据县政府的请求，调集了市级森林消防专业队伍及驻军进行支援。

省防火办接到火情报告后，值班主任一方面及时向省森防指领导和国家防火办报告，另一方面利用各种渠道及时全面掌握火场的发展变化动态，并派出了工作组赶赴火场。省森林防火指挥部领导也立即赶赴省森林防火指挥中心了解火情，带领省森林消防专业队

300 名官兵，火速赶赴火场进行增援。并要求省防火办根据火情发展形势及火场特殊的地理环境，立即启动《山西省处置重、特大森林火灾应急预案》，要求忻州市人民政府执行三级响应，市政府主要领导全面指挥扑火工作。

省委领导看到省防火办的《火情快报》后，也相继赶赴火场，指挥扑火工作。

国务院、国家林业局接到山西省的火情报告后，对五台县的火灾扑救工作给予高度关注和大力支持，国家森防指主要领导始终坐镇国家指挥中心密切关注扑火进展情况，并派出工作组亲赴现场指导灭火工作。根据火情发展，国家防火办又从森林警察指挥学校调集了灭火经验丰富的 300 名森警官兵赶赴火场增援。经过近 2 000 人的共同努力，4 月 1 日将明火全部扑灭。

附　录

五台县位于山西省东北部，东经 112°57′41″~113°50′56″，北纬 38°28′~39°4′49″。县界北起峨岭，与繁峙、代县为邻；南至牛道岭，与盂县为界；东接长城岭，与河北省平山、阜平两县相连；西至济胜桥，与定襄、原平接壤。全县南北长 50km，东西宽 70km，略呈长方形，总面积 2 869km²。县城距忻州 70km，距太原 135km，距北京 530km，是忻州地区面积最大的县，辖 6 镇 24 乡。

五台县属土石山区，地形呈东北高、西南低，最高处北台顶 3 058m，素有"华北屋脊"之称，最低处神西乡坪上村海拔仅 624m。境内山峦绵亘，沟壑纵横。按自然条件划分，平川中有丘陵，丘陵中有山地，深山回环中有茹村、豆村、沟南、东冶 4 个小盆地。山地约 21.94 万 hm²，占总面积的 77.3%，丘陵 2.84 万 hm²，占总面积的 10%，平川 3.6 万 hm²，占总面积的 12.7%，全县耕地 3.4 万 hm²，占总面积的 12%。全县耕地 3.4 万 hm²（其中已退耕还林约 0.35 万 hm²），宜林面积约 10.67 万 hm²，宜牧面积约 12.67 万 hm²。五台县境内有较大山峰 146 座。五台山为群山鼻祖，境内诸山统称五台山山脉，属太行山系。五台山由东西南北中五座环抱而立的峰顶组成，五座峰顶虽高却平，五台山山脉按其成因和形态特点，可分三大类：即剥蚀构造的断块高中山地、黄土台地和河谷沟川。断块高中山地以 5 个台顶山地为主，绵延清水河流域，为石山区，相对高程 1 000~1 500m 以上，峰峦重叠，苍山如海，盛产林木山珍，唯耕地甚少；山间黄土岔地，是积陷盆地的地貌类型，包括东冶、沟南、茹村、豆村地区，海拔均为 700~1 200m，这些地区四周环山，盆地边缘为黄土丘陵，盆地土地平坦，面积共 227.63km²，盆地汇水地域投影面积总和为 1 169.69km²，占全县总面积的 1/4，全县粮食主产区、人口密集区大都集中于此。河谷沟川为水蚀冲刷的地貌类型，河谷两岸，形成多级阶地，梯田层层，是黄土丘陵区，也为较好的农业区。

五台县属明显的大陆性气候，从海拔 624m 的西南部向海拔 3 058m 的北台顶梯级过渡的地形特点，形成了梯次明显的气候特征。一年四季受大气环流的影响变化较大。冬季受蒙古西北气流控制，气候寒冷而干燥；夏季受大陆低压影响，多偏南气流，气候温和；春季是冬夏季风交替的过渡期，气候变化无常，降水少，风沙大，蒸发快，十年九春旱；秋季低压迅速为高压代替，寒温适中，但为时极短。综观全县气候特点，冬季漫长而严寒，春季干旱而多风，夏季温和而而湿润，秋季凉爽而多雨。海拔升高 100m，温度下降 0.5～0.8℃，年平均气温 5～10℃，海拔升高 100m，降水增多 40～50mm，年降水量一般在 400～500mm，无霜期 90～170d，全年日照总时数 2 400～2 700h。冰冻期随地形和纬度变化有差异，南部温和区 11 月中旬封冻，翌年 3 月中旬地表层解冻，4 月中旬土壤解冻，冰冻期为 150d 左右；北部高寒区 11 月上旬封冻，次年 4 月上旬耕层解冻，5 月中旬土壤解冻，冰冻期 190d，历史上十年九旱，风、雹、洪、霜等自然灾害时有发生。

五台县共有 5 条较大河流贯流全县，山涧沟岔的 244 处小泉小溪大都汇入 5 条河中。滹沱河为县境内流量最大的河流，发源于繁峙县，由县境西南瑶池入境，在神西边家庄出境，最终汇入海河，注入渤海。境内流域全长 15km。境内所有地表水，最终都汇入该河，流速 1m/s，汛期流速 4～6m/s，年总流量 86 400 万 m^3。清水河为县境内流域面积最大的河流，发源于五台山的紫霞谷及东台沟，于坪上村汇入滹沱河。沿路有 23 条支流及汇水沟谷与其汇集，流速 1.2m/s，汛期平均流速 2.5m/s，年径流量 25 500 万 m^3。滤泗河又名护城河，发源于杨岭南的岭底村，于黄椿坪汇入清水河，全长 30km，流速 0.3m/s，总径流量 2 100 万 m^3。泗阳河，发源于小柏村，至河口村与清水河汇合，全长 20km，沿河有 7 条小溪和节令河与其汇合，流速 0.4m/s，汛期 1.1m/s，年总流量 5 627 万 m^3，部分地段为枯水河川。小银河，发源于殿头村，至槐荫村南与滹沱河汇合，全长 30km，流速 0.3m/s，年总流量 1 774m^3。共有小泉小水 244 处，总流量为 2.76m^3/s，全年总径流量为 0.870 3 亿 m^3。神西乡水泉湾泉水总径流量 0.82 亿 m^3。五台地下水总储量 1.49 亿 m^3，水质大部分为重碳酸盐型。

五台县森林面积约 8.47 万 hm^2，覆盖率 28%。由于境内海拔高度差大，气候类型多，生物垂直分布明显，植被分布有明显的变化。海拔 2 500m 以上为高山草甸，2 500m 以下为乔、灌混交，乔木以极易燃烧的油松为主。植物种类繁多，共有 99 科 351 属 595 种。主要树种有柏树、柳树、榆树、槐树、椿树、松树、杨树、云杉等。经济林以木本粮油为主，有核桃、花椒、柿子、梨、苹果、杏、枣、槟果、葡萄、黑枣、文冠果等 10 余种。梨为大宗，主要分布在阳白地区，花椒也久负盛名。野生牧草有 73 种，牧坡 115 块，年产草量可达 10 亿 kg。

案例分析讨论题

1. 根据所造成的损害程度，本次火灾属于哪类火灾类型？
2. 如何利用火场侦察所取得的资料展开灭火战斗？
3. 对五台县的森林防火工作给出自己的建议。

分析思路或要点

1. 从受害森林面积和伤亡人数两个方面进行判定。
2. 根据侦察取得的火场及其周边植被类型分布、地形地理条件、气象条件等具体情况，确定投入兵力的数量、接近火场的路线、灭火的方式方法、友邻协作的关系等。
3. 可从预警响应、火源管控、林火监测、通信指挥、队伍建设等方面给出建议。

案例四 黑龙江省黑河市"5·21"森林火灾

内容摘要

2006年5月21日嘎拉山林场由于干雷爆引发山火，在5月24～26日，火场风力达到5～6级，出现多处火头，武警黑龙江森林部队黑河市支队在扑救过程中，采取快速转移、点火解围、开设安全区等方法，成功组织13个战斗分队，314名官兵安全避险。武警吉林森林总队直属净月大队在参加黑龙江省黑河市爱辉区滨南林场保卫战中，组织67名官兵实施火场紧急避险，避险中34名官兵被火烧伤。

案例正文

一、火场基本情况

2006年春季，黑河地区干旱少雨，火险等级居高不下。火场地形为浅山区，地势起伏虽不大，但柞桦混交林与大草塘沟交错，草高林密，地形、林相、植被极为复杂。火场平均风力达5～6级，加之火场小气候影响，瞬间可达到7～8级，时常产生火旋风，有些时段高强度地表火、地下火、树冠火呈立体燃烧趋势，发展速度快，方向不定，火情不易判断。

二、扑救经过

（一）点烧避险

2006年5月24日，按照支队前指命令，黑河支队嫩江大队22名官兵从看守的火场到距离火线3km的公路领取给养。12时45分返回途中，经过一座东西走向、长约600m、坡度大约25°的柞桦混交林的山顶，发现山的西北侧草塘沟和南侧山坡两股火头借助4～5级西南风，迅速向官兵逼进。南侧上山火距离官兵大约还有300m，西北侧草塘沟火向东迅速蔓延，封堵了返回的道路，将官兵围困在山顶。带队干部指挥人员迅速撤退至东北向山腰，点烧上山火，官兵进入火烧迹地避险。南侧的上山火烧至山顶，与点烧的火头相遇，西北侧草塘火烧至山跟儿迅猛向山坡发展，大火经过20min才渐渐熄灭，人员安全避险。

（二）开设安全区避险

5月26日9时40分，黑河支队直属大队96名官兵被机降至一处南北走向宽约300～400m鸡爪状的草塘内，准备拦截扑打东线火头。草塘的南部平缓的柞桦混交林相连，东北侧为南北走向的带状山脉，草塘向北延伸，草高70～80cm，官兵处在南部缓坡林地与东、西山相连的两山夹一沟地带，距机降点800～900m处有两处高强度地表火，在5～6级西南风作用下，狂燃的火头夹杂着浓烟呼啸而来，由于气压低，浓烟无法上升，能见度低，现有的装备根本无法控制火势的发展。大火从西北和南部两个方向同时向官兵所处位置逼近，附近又没有可避险的区域，凶猛的火头一旦窜入草塘沟，将严重威胁官兵安全，后果不堪设想。指挥员鉴于严峻态势，迅速组织人员开设紧急避险区。为防止点火自救导致围困友邻部队的问题发生，指挥员果断决定采用"门"字型点烧方法，将官兵分成几组：先顺风点烧一条长80m、宽2.5m的隔离带，而后在隔离带两端侧风向南点烧两条宽3m、长140m的防火线，形成"门"字型。随后以下风口隔离带为依托，在"门"字内进行梯状点烧，10min内形成了一个约11 000m²的"口"字型安全地带。将点烧区域内的余火进行反复清理，迅速组织人员在迹地内用倒木搭设了一个隔热平台，将装备机具快速转移到平台。官兵随即用揪扒出土坑，用湿毛巾捂住口鼻，全部卧倒在地。3min后，西南侧火头突破有林地，蹿入草塘沟，火势瞬间增强，在7~8级大风作用下，约4m高的火头伴着轰隆声，在官兵身边呼啸而过。浓烟散尽，人员装备上落了一层厚厚的草灰，官兵成功避险。

（三）转移避险

5月23日17时，96名官兵被投入到火场东南火头一线，进行分段、封控拦截火头。在火场的东侧是一条宽500m、长数千米向西南延伸的大草塘，草塘沟的两侧是南北走向松桦混交林为主的带状山脉。草塘沟顶为缓坡林地。5月24日9时15分，96名官兵经过一昼夜的奋战，呈"舌"形将火线拦截在草塘沟顶部。而后扑打组25名官兵在前，清理组71名官兵在后，沿沟顶奋力向南扑打下山火。同时，又在扑打组东南侧草塘机降了100名官兵，准备兵分四路，采取"多点切入、多点突破、分段扑灭"的战术迅速扑灭南线明火。9时30分，支队长乘飞机观察火场时发现，由于火场风力突然加大至7~8级，在扑打组25名官兵西南侧3 000m处又形成新的火头，火借风势，瞬间剧烈燃烧，形成火爆，蹿入草塘，几十米的烟柱沿草塘迅猛向南平推，向96名官兵包抄过来。在草塘沟顶"舌"尖处，多处复燃，急速向草塘沟底袭来。如不拦截火头，官兵一昼夜的辛苦将要化为乌有，火场面积也将迅速扩大，如果强行拦截，人力已无法扑救，必将造成人员伤亡。根据火场态势，支队长立即果断命令部队迅速转移至火烧迹地避险，暂避火头，伺机待扑。此时向火线开进的100名官兵还未到达火线，距25名扑打组官兵还有500m，接到命令后，100名官兵迅速向扑打组靠拢。扑打组25名官兵集中10台灭火机轮番强攻，全力压制火线一点，向前推进，阻止火势发展，为100名官兵争取时间，在扑打组的掩护下，10min内100名官兵快速冲入火烧迹地内。清理组的71名官兵，也迅速沿火线向"舌"尖处集结，在火线内侧追打阻击向沟塘发展的火头，与火头展开拉锯战，但由于火头突入阳坡灌林草地，与沟底形成空气对流，火头高达6m，东突西进，浓烟滚滚，人员已无法接近火线，在100名官兵快速转移进入火烧迹地后，71名官兵停止扑打，迅速撤入火烧迹地避险。10时15分，火头突破草塘，向东南快速发展，所扑打的火线成为内线火，196名官兵成功避险。

（四）冲越火线避险

5月26日，大火从东、南、北三面逼近黑河市爱辉区滨南林场，严重威胁林场和林场内人员的安全。根据命令，黑龙江森林总队大兴安岭支队209名官兵、地方专业扑火队500人在滨南林场东北、西北两个方向阻截大火侵入滨南林场。

26日11时30分，距滨南林场西南7km处出现一个新火点，为防止滨南林场被大火四面包围。根据命令吉林森林总队出动1个分队拦截大火，确保人员、村屯、资源的绝对安全。

吉林森林总队前指命令总队直属净月大队66名官兵赶赴火场。12时40分,净月大队从滨南林场出发向新火点徒步开进。14时20分,部队抵近火线,火场风向西北,风力4~5级,新火点西南风2~3级;植被为疏林草甸,草甸中塔头比较多;地形平缓,局部略有起伏。部队前方和左后方均为大面积开阔草甸,右侧为疏林地。火势为稳进地表火,火焰高度不足1m,火强度较低。根据火场情况,指挥员决定兵分两路,从火线两翼包抄实施灭火。

14时30分左右,部队接近火线边缘时,风向突然变为西北风,风力8~9级,火强度、火速度增大,官兵人身安全受到严重威胁。左翼分队指挥员组织8名干部骨干准备点烧迎面火实施紧急避险,但由于距离火线过近、火强度过高,没有成功。指挥员组织左翼分队31人迎风冲越火线实施避险。因火强度过大,31名官兵和滨南林场副场长被火不同程度烧伤。

右翼分队36名官兵和2名向导在现场指挥员指挥下迅速向右侧林地撤离。大火在林木阻挡下,火强度、蔓延速度降低。右翼分队选择安全路线,向东北方向(滨南林场)跑步撤离,脱离了危险区域。避险中,3名战士被轻度灼伤。

附 录

嘎拉山林场位于嫩江县最北部,嫩呼公路230km处,东经125°58′50″~126°20′12″,北纬50°47′25″~50°59′30″。东与爱辉区滨南林场相邻,南与嫩江县中央站、卧都河林场相连,西以嫩江为界与大兴安岭地区加林局相望,北与大兴安岭地区呼玛县相接。

林场地处小兴安岭山脉西坡,海拔450m,地势东高西低,丘陵起伏,山川交错,以低山河谷地貌类型为主。土壤分3类,从高处到低处,由暗棕壤到草甸暗棕壤过渡到草甸土和沼泽土。海拔300m以上,林下发育为暗棕壤,土层浅薄,夹石砾,有明显的暗棕化过程。在山间谷地,平缓坡地及河岸地等低湿地有草甸化过程,以草甸土和沼泽土为主。施业区内河网密布,水源丰富,共有大小河流7条,均属嫩江水系。较大河流有十站河、场前河、海里图河等,天然泡泽众多。

该地属于寒温带大陆性季风气候,冬季气候寒冷干燥,夏季温暖多雨,基本特点是气温低、无霜期短,小兴安岭山地小气候变化甚为明显,年平均气温-3.5℃左右,无霜期80d左右,年平均降水量490mm,有效积温1900℃左右,日照时数2500h。

林场地处兴安岭植物区与松嫩平原草甸草原植被区的过渡地带,森林植物明显具有兴安岭植被区的特点,主要乔木树种有落叶松、白桦、黑桦、柞树等10多种,灌木有榛子、胡枝子、杜鹃、笃斯越橘等40多种,草本植物100多种。天然林多,人工林少;中幼林多,成过熟林少;低效林多,高效林少;林分质量低。

案例分析讨论题

1. 结合本案例,谈一下火场"小气候"对火行为的影响。
2. 试分析草塘沟的火行为特点及其对防灭火工作的启示。
3. 如何开设避险区?

分析思路或要点

1. 在理解"小气候"含义基础上，主要从其特殊性方面谈一下其与林火行为变化间的关系。

2. 从草塘沟的植被类型和地形位置条件等方面进行分析。

3. 可分别从有依托和无依托两个方面进行分析。

案例五　黑龙江省沾河林业局"4·27"草甸森林火灾

内容摘要

2009 年 4 月 27 日 13 时 21 分，黑龙江省沾河林业局伊南河林场因雷击引发一起草甸森林火灾，经过全体扑火指战员的团结协作，艰苦奋战，火灾于 5 月 11 日 22 时全部扑灭。过火总面积 155 756. 2hm²，其中有林地 107 274. 6hm²。火场投入总兵力 14 305 人，投入飞机 19 架，飞行 916 架次、计 1 613h，调用各种车辆 1 354 辆。此次扑火费用总支出 1. 16 亿元。

案例正文

一、火场基本情况

2009 年 4 月 27 日 13 时 21 分，黑龙江省沾河林业局伊南河林场因雷击引发一起草甸森林火灾，由于火场风大物燥、地形地势复杂，致使火灾扑救极为困难，火势发展迅猛。在国家林业局和省委、省政府的正确领导下，在各级森林防火指挥部的科学指挥下，在社会各方面的大力支持和帮助下，经过全体扑火指战员的团结协作，艰苦奋战，火灾于 5 月 11 日 22 时全部扑灭(其中，森工西线战区和沾河林业局施业区内的森林火灾于 5 月 2 日 10 时全部扑灭)。过火总面积 155 756. 2hm²，其中有林地 107 274. 6hm²。沾河林业局施业区过火面积 5 914. 2hm²，其中有林地面积为 1 890. 6hm²，疏林地面积 603. 5hm²，草塘沼泽地 3 420. 1hm²；过境到伊春的火场过火总面积 149 842hm²，有林地面积 105 384hm²。火场投入总兵力 14 305 人，其中，森林部队 3 025 人、解放军 2 480 人、专业森林消防队 5 042 人，其他队伍 3 758 人。投入飞机 19 架，飞行 916 架次、计 1 613h，调用各种车辆 1 354 辆。此次扑火费用总支出 1. 16 亿元。

(一)气象环境

2009 年 3 月末至 5 月 4 日，森工北部林区异常干旱，一直没有有效降水，森林火险等级居高不下。大风日数比历年多 2~3 成。据 4 月 27 日至 5 月 2 日气象资料记载，平均湿度在 30% 以下，火场风力平均 5~6 级，火场最高顺时风速达 30m/s 以上。特别是 4 月 27 日上午沾河林区突然升至 25~28℃ 的高温，并伴随 7~8 级大风，瞬时风力达 9 级，致使因雷击形成的阴火迅速扩展蔓延。

（二）自然环境

（1）地理环境复杂

整个火场为低丘陵山地，坡度平缓，大部分都是凸处杂草丛生、凹处满是积水的塔头甸子。草塘呈鸡爪型延伸，大小草塘纵横交错，塔头甸子遍布。一部分草塘长满藤条灌木，形成塔头、杂草、灌丛共生的状态，大片的藤条灌木连绵 10km 余。火场有古代火山爆发后形成的"跳石塘"和半裸或裸露的岩石，"跳石塘"岩石叠加连片，部分"跳石塘"上长着伏地植物"爬山松"，大部分长满苔藓地衣。火场有林地为天然次生林，约八成杨桦木、两成落叶松。小部分为疏林地，以杨桦木为主，灌木杂草丛生，地形复杂。

（2）运兵困难

沾河顶子周边地区道路网密度仅为 $0.92m/hm^2$，发生"4·27"草甸森林火灾的重点森林火险区道路网密度为 0，通行能力差，运兵困难。伊南河林场与火场中间横亘一条嘟噜河，由于正值春季，水势凶猛，水深 $1.5 \sim 2.0m$，无过河运输工具，加之 2009 年春防因机源原因幸福航站无载人直升机，致使携带扑火工具的扑火队员只能在崎岖不平的塔头甸子上缓慢行进，难以快速到达火场。

（3）易燃物载量高

由于 2006 年秋季以后省里禁止计划烧除，沾河林区可燃物载量高达 $43t/hm^2$，杂草丛生，草塘沟的草又高又密，见火就着，并会迅速顺着草塘沟呈星状急速蔓延。

（三）林火行为

林火初发期为高强度急进地表火，中期伴有飞火、火爆和树冠火。

二、扑救经过

火情发生后，沾河林业局高度重视，立即启动扑火预案，紧急调动附近林场（所）80人为第一梯队、林业局森林消防二大队 90 人为第二梯队分别乘坐汽车、6 台履带式水陆两用运兵车赶赴火场，沾河林业局领导在第一时间赶到火场一线带队打火。黑龙江森工总局领导连夜驱车赶赴火场一线指挥灭火，协调灭火工作。省委、省政府对扑火工作高度重视，4 月 27 日 23 时，省委领导指示：抓紧组织扑救，防止火势扩大蔓延，要加强现场组织领导，关注火情发展，做好应对各种局面的准备，特别要避免人员伤亡，扑火情况要及时上报。4 月 28 日，省委主要领导先后到达火场一线指导扑救工作。国家林业局、东北航空护林中心有关领导相继率工作组，赶赴火场"前指"指导火灾扑救工作，为扑救火灾提供了强有力的组织保障。本次火灾扑救总体战略方针：巩固北线，坚守东线，扑打西线，阻截南线，集中优势打歼灭战。总体扑火战术：重兵投入，分兵合围，多点切入，边打边防，打清结合。

扑救这次草甸森林火灾主要经过 3 个阶段：

（1）发现火情紧急处置阶段

4 月 27 日 13 时 21 分，沾河林业局尖新山瞭望塔发现烟点，经几个瞭望塔交汇在伊南河施业区 48 林班。接到火情报告后，沾河林业局立即启动扑火预案，13 时 23 分紧急通知附近林场（所）专业队 80 人迅速赶往伊南河林场，林业局森林消防二大队 90 人乘车于 13 时 31 分从幸福前指出发赶往伊南河林场。第一梯队的 80 人 15 时 40 分到达伊南河，步行

8km 于 17 时 17 分到达嘟噜河边。二大队 90 人行车 90km，于 17 时到达伊南河林场，乘水陆车赶往火场，趟过 16m 宽、1.5m 深的嘟噜河，在灌木丛生、塔头遍布、塔头下是积水、通行极其艰难的条件下，90 人乘水陆车，80 人步行于 20 时 49 分进入火场，立即兵分两路分段全力扑打。沾河武警森林大队和沾河林业局其他林场（所）专业队 230 人连夜陆续进入火场。沾河林业局有关领导率第一梯队进入火场指挥扑火。因火场毗邻伊春的友好、上甘岭林业局，为防止林火过境，友好、上甘岭林业局按照黑龙江森工总局和伊春林管局的指令，于火情发生后立即组织专业扑火队员赶往火场过境扑打。经扑火指战员一夜的全力扑打，共扑灭火线 13km，初步遏制了火势。火场位置地处沾河顶子国家级重点火险区，地形地势复杂，草塘多，加之气候条件十分不利，扑火难度十分大，本着重兵出击，打早、打小、打了的原则，为有效加强火场扑救力量，扑火前线指挥部连夜火速从松花江林管局所属 7 个林业局调集专业队 950 人昼夜兼程开赴火场，调集伊春所属翠峦、乌马河消防专业队 300 人立即赶赴火线驰援。同时，合江、牡丹江、伊春所属各林业局立即组织森林消防专业队 2 000 人紧急集合待命。由于天干物燥、风力较大，藤条灌木枝丫多，清理难度大，28 日 7 时 30 分，尽管付出了最大努力，大部分外围明火得到控制，但火场还差 2km 多没有合围。此时气温骤升、风力急剧加大，瞬时风力达到 9 级，致使火势从没有合围的东侧急速向前推进，火借风势，风助火威，扑救人员无法靠前，火势瞬间难以控制，在此后的 40h 之内，山火先后烧进上甘岭、红星、五营林业局施业区。

（2）火势蔓延全力阻击扑救阶段

4 月 28 日，省森防指主要领导到达火场一线，立即在沾河林业局幸福林场成立扑火前线总指挥部，下设伊南河和奋斗两个分前指。针对迅速发展的火势，副省长召开紧急会议，部署扑火战斗。决定在巩固北线的基础之上，对东、西、南三线火场进行分兵合围，并组织火头方向的林场、村屯做好人员撤离准备，加紧拓宽防火隔离带，阻止火势蔓延。29 日晨，火场经一夜奋力扑打后，火势趋于平稳。9 时后，风速渐大，扑救条件越发恶劣，为保证队员安全，不得不命令各线扑火人员撤到安全地带避险，并开设隔离带。鉴于东线火势凶猛，按照总前指的要求，对可能受到威胁的伊春所属山峰、奋斗、团结、岭峰、枫桦场所下达了居民紧急撤离的命令。13 时，火头掠过 150m 宽隔离带烧过上甘岭林业局山峰、枫桦两个林场，由于组织疏散及时，群众全部安全撤离，无一伤亡。随着森工援助扑火及其他各方力量陆续到达火场，总前指根据火场态势，研究制定了"巩北、守东，打西，截南"的作战部署，先后进行了"伊南河保卫战""岭峰保卫战""红星地质公园保卫战"等重大战斗。4 月 30 日，省委、省政府主要领导抵达幸福前线总指挥部，在深入细致了解火场情况的基础上，召开指挥部会议，下达了集中优势兵力对重点火场实施大兵团作战的命令，会议进一步明确火场各扑火队伍任务和责任，加紧开设南线、东线重点防火隔离带，对火场实施有效合围。至 4 月 30 日，火场西线的沾河火场被有效控制；5 月 4 日，过境烧入伊春的火场也被有效控制在相对固定的范围。

（3）火场合围全线总攻阶段

4 月 30 日上午，在省委、省政府主要领导的亲自主持下，幸福前线总指挥部召开了指挥部成员会议，根据当前火场态势，决定于当日 21 时发起全线总攻。会议进一步明确了责任和分工：火场西线战区由森工总局领导负责指挥，兵力 4 415 人（其中，武警 1 000 人、森警 200 人，森工森林消防专业队 3 215 人）；火场东线战区由伊春林管局领导负责指挥，兵力 1 230 人（其中，森警 200 人）；火场北线战区由黑河市委领导负责指挥，兵力 2 035 人（其中森警 1 500 人）；火场西南和南线战区由武警黑龙江森林总队总队长、伊春林管局局长两名同志负责指挥，兵力 4 690 人（其中，森警 1 609 人，解放军 2 000 人），火场总攻全面展开。分配给森工总局的火场西线战区，在总局党委书记、局长的直接指挥下，按照国家林业局和省委、省政府及火场总前指的要求，及时调整作战部署，有序调动兵力，科学指挥，精心组织，全体指战员克服连夜奋战的疲劳，众志成城，协同配合，积极应战，采取边打边防、打清结合的战术，展开了艰苦的攻坚战，5 月 1 日晚，抓住夜间气温低、风力小、出现零星降雨的有利时机，根据火场态势，利用飞机化学灭火、装甲车碾压灭火、高压水枪灭火等多种设备、多种手段综合运用，全面发起总攻。5 月 2 日 10 时，分配给森工战区的火场明火被全部扑灭，广大参战人员发扬连续作战的精神，坚持外清内打，彻底清除余火。

由于受火场地形地势复杂、高温大风气候极度恶劣的影响，火场北线和南线战区扑救十分困难，经过全体指战员几个昼夜的艰苦战斗，火场被有效合围控制。5 月 5 日，各战区组织参战部队发起全线总攻，实施多兵种、立体化推进作战，采取飞机吊桶洒水灭火及化学灭火、直升机载人机降、装甲车快速运兵、人工增雨作业、消防车沿公路阻火等综合措施，合力奋战 4 个昼夜，火场明火全部被扑灭，取得了这次扑火的全面胜利。5 月 8 日，开始对火场清理，划分责任区，地毯式排查，对残点、暗火彻底清理，防止死灰复燃，进入看守阶段。

三、火因调查

火灾发生后，黑龙江省林业公安局、沾河林业地区公安局立即成立了 14 人组成的火灾调查勘查组，于 4 月 27 日下午赶赴伊南河林场开展起火原因调查工作。调查组围绕起火原因深入开展了社会调查、初起火灾现场勘查、调取相关信息、专业咨询等方面的大量工作。通过深入的社会调查和实地勘查，没有人为失火迹象，排除放火现象。之后，调查组围绕自然形成火灾开展了勘查和踏查工作，搜集了大量的信息、资料和物证，发现在现场有两株鲜活落叶松树头折断，顶部暴露劈裂痕迹，树头断裂落地。起火点为"V型"倒木处，燃成灰化状的落叶松倒木及其周边可燃物是阴燃起火物，现场有残留未燃尽的脱落劈裂的落叶松树杈，由此判定该树杈被雷击劈落到倒木附近的地面上，引起地面可燃物及倒木阴燃，经过阴燃在气象条件变化情况下产生明火燃烧成灾。根据气象资料和当地群众证实，在 4 月中下旬在伊南河林场曾有雷电形成。最后确定起火原因为雷击所致。

四、预防和扑救工作评析

（一）扑救成功经验

（1）领导重视，靠前指挥

火灾发生后，国家、省领导极为关切，国务院领导多次做出重要批示，对扑救此次过境山火提出明确要求。多名省领导亲临火场一线坐镇指挥，并根据火场形势，及时组织召开火场形势分析会议，研究制定作战部署，并深入火场实地查看火情，靠前组织指挥扑救。在扑救火灾的关键时刻，国家林业局主要领导分别率工作组亲临火场进行指导。参战的森警、武警、解放军、公安消防等各部队首长也亲临火场一线带队作战。省林业厅、总局党委、总局对这起火情高度重视，省林业厅领导在第一时间赶赴火场一线指挥灭火，总局领导、伊春林管局、松花江林管局有关领导一直坚守在扑火第一线，深入火场现场督察指导，进行现场指挥扑救。沾河、友好、上甘岭、红星、五营林业局党政领导都带队赶赴火场一线，各负其责，身先士卒，组织指挥扑火工作。森工各林业局集中本单位精兵强将，由主管领导带队远征支援火场。

（2）科学调度，超前部署

总前指根据火势情况及时制定作战方案，确定了"打堵结合、分兵合围"的战略指导方针，采取主动出击与战略防御相结合，全面围堵与重点扑打相结合的战略战术，确定了以伊南河施业区为中心的西线战区、岭峰为中心的南线战区、翠北为中心的东线战区和大平台为中心北线战区4个中心战区，依托河流、山脉、公路、农田路、人工隔离带构筑重点防线。在战略上合围攻坚，在战术上强攻猛打，抢抓战机，步步为营，改变过去火跟风跑、人跟火跑的打法，增强作战的主动性。指挥部根据火场形势变化，适时调动调整兵力部署。在整个扑救战斗中，围绕总的作战方针，突出"打、堵、围、保、清"5个关键环节。"打"，集中优势兵力，打关键性战役，先后组织进行了"伊南河保卫战""红星地质公园保卫战""库斯特沿线阻击战""松园母树林保卫战"等大小近百次战斗，有效控制了火势，保住了重点战线和区域。"堵"，在推进火线既长又凶猛的危险地段，放弃一段距离，赢得一定时间，构筑防火隔离带，死死控制火势发展，先后开设了鸡爪河—三合—永清—广川隔离带、库尔滨水库—库尔滨河—二皮河隔离带，成功阻止了火势南下东进。"围"，一方面实施战略合围，另一方面抓住战机，将分散零星火头用强兵死死围住，既控制火头，又包抄两翼，割断火线，分段歼灭，用局部的胜利稳定整个战局。"保"，对火头威胁的林场，提前做好居民紧急撤离准备，确保林场和村屯的安全。共转移居民1 718户共计5 695人，无一人伤亡，并全部予以妥善安置。"清"，火场明火扑灭后，及时对火场残火、暗火进行彻底清理，划分责任区，地毯式排查，巩固成果，防止死灰复燃，并组成督查组，对各战区火场清理情况进行逐段检查。同时，加强火场管理，防止火场变成垃圾场，防止传染病发生。

（3）戮力同心，协同作战

参加扑救这次过境火灾的有森警部队、武警部队、解放军部队、公安消防部队、边防部队及各林业局扑火专业队和群众扑火队，是一场多兵种、立体化、大兵团协同扑火战役。参战的各队伍认真贯彻总前指和分前指的指挥意图，服从命令，听从指挥，顾全大局，团结协作。各战区之间主动互通情况，遇有紧急事态，主动派出兵力前去支援，特别是对战区结合部都能主动承担责任，一旦发现火情，快速出击，勇挑重担。所有参战人员不分职位高低，不论来自何方，都以对国家森林资源和人民生命财产安全高度负责的精神，对各种艰难险阻无所畏惧，敢打硬仗，风餐露宿，斗志不减，表现出了顽强的拼搏精神、众志成城的团结协作精神。森警部队充分发挥战斗力强的优势，主动承担关键地段的突击任务，在扑火战斗中发挥了主力军和突击队的作用；解放军部队、武警部队和广大林业干部职工决战一线，坚守火场，为扑火取得阶段性胜利发挥了重要作用；参战航空护林站克服火场上空风大烟浓的困难，充分发挥空中优势，及时完成拍摄火情图像资料、运输兵力、空中巡察、吊桶灭火等各项任务，大大提升了扑救效率；气象部门加密制作短时火场天气和森林火险等级预报，及时为各级防火指挥部门制定火灾扑救方案提供科学依据，并及时开展人工增雨作业；大兴安岭、哈尔滨、鹤岗、绥化、大庆、佳木斯、中铁十九局及建设厅、水利厅等兄弟地市和单位援助了大量的机械设备，为各战区快速集结兵力、挖掘隔离带等扑火工作顺利开展提供了保障。正是由于各个方面的密切配合，才使这场特大草甸森林火灾在极端困难的情况下，取得了全面胜利。

(4)全力以赴，保障有力

生活保障组不分昼夜，全力组织物资采购、运送及捐赠物资分拨等工作，及时将给养物资送到扑火前线，保证物资供给充足，为夺取这场艰苦卓绝的扑火战斗全面胜利提供了强有力的给养供应保障；交通运输组组织林区公安干警全部上岗，疏导火场周边生活区的道路交通，向通往火场车辆发布路况信息及车辆引导信息，确保安全畅通，有效维护了社会秩序；医疗保障组派出了由数十名医护人组成的医疗救助队，出动救护车，到火场一线为扑火官兵和队员诊治疾病，及时展开医疗救助；油料保障组分别为火场一线调配了12台10t以上油槽车，保证了扑火车辆和机具用油需要；通信保障组派出了应急通信车，配备卫星电话，并在前指开通了EGPRS业务，对火场通信设备进行了扩容，确保了前指及涉火区域内通信畅通；宣传组派出战地记者，深入火场一线采访，为火灾扑救营造了良好的舆论氛围。同时，社会各界普遍关注，对扑火纷纷给予支持和援助。

"4·27"草甸森林火灾的成功扑救，展现出了各级指挥员反应迅速、身先士卒、科学指挥、把握战机、果断出击的严谨科学精神；展现出了全体参战扑火人员的攻坚克险、英勇善战、敢打必胜、顽强拼搏精神；展现出了各保障单位听从指挥、密切配合、形成合力的强有力协作精神。正如省委、省政府2009年6月2日召开的"4·27"草甸森林火灾扑救工作总结表彰会上指出的："扑火战斗的实践充分证明，我们这支队伍是能征善战的、英勇无比的队伍、战无不胜的队伍、英雄的队伍、伟大的队伍。我们的各级指挥员、各级领导干部，意志是坚强的，能力是优秀的，作风是过硬的，是能够压上担子、完成急难险重任务的。我们考试合格了。"

(二)扑救中教训

尽管，我们把沾河重点火险区摆到了最重要的位置，组建了人数最多的505人专业扑火队，成立了幸福前线指挥部，紧靠航站屯兵机动力量，去年又自购8台履带式装甲运兵车，全部整修了瞭望塔，层层落实森林防火责任制，建立了重奖重罚机制，采取了超常规措施严管火源、依法治火，加大基础设施建设的投入力度，实现了连续7年半未发生重特大森林火灾。但发生这起雷击草甸森林火灾，给国家和人民生命财产造成了损失，教训非常沉痛。主要是：

(1)对雷击火的认识不足

对雷击火还缺乏足够的警惕和应有的准备，预警监测系统不完善，今后需进一步完善森林火险预警系统和雷击火监测体系建设。

（2）应急准备工作不充分

在幸福航站没有载人直升机的情况下，应该在交通不便的偏远重点火险区最前沿重兵布防，死看死守，及时发现和排除火险隐患，确保实现打早、打小、打了。

（3）重点火险区投入不足

由于该地带防火道路建设严重不足，现有道路无法满足扑火运兵需要，即使在第一时间发现火情，也很难快速把扑火队伍运达到火场附近，在火势还没有形成强势的可控时机，无法进行有效扑救。今后需继续增加对重点火险区的投入，重点抓好偏远林区防火道路、阻隔网络建设，增加特种有效的扑火机具装备和大型灭火设备。

（4）重点火险区综合治理措施有待于进一步完善

应对重点火险区，特别是偏远林区的森林防火综合治理工作进行深入的科学研究，建立科学的森林防火综合治理机制和措施。特别是对重点火险区的大草塘应采取开设隔离带等多种措施实施综合治理，消除形成森林大火的立地条件。

五、建议

（一）将重点国有林区的森林防火纳入公益性事业管理

森林防火是一项社会性公益性事业，但由于森工所属各林业局的森林防火组织机构、人员编制和管理体制等均属企业性质，使森工国有重点林区的森林防火工作形成了职责、责任和权力的不对称，不利于森工各级森林防火组织依法行政，不利于森工森林防火的建设，不利于森工森林防火的科学发展。特别是由于森工专业扑火队员工资低、待遇差，一些林业局已经出现了青壮年队员少、难招聘、青黄不接的现象。建议应将森工国有重点林区的森林防火纳入公益性事业管理。

（二）保证幸福航站载人直升机的需求

幸福航空护林站是目前唯一坐落在重点国有林区腹部的航空护林站，兼顾多个国家级重点火险区的航空护林任务。特别是针对沾河顶子重点火险区森林防火任务极其繁重、交通不便、火险等级高等实际，幸福航空护林站在每个防火期至少应派驻 1～2 架运兵用直升机，以满足应急的需要。

（三）加强重点火险区的防火道路及阻隔网络建设

由于森工防火公路密度低、路况差、等级低，致使一些区域出现火情扑火队伍既不能及时到达，又缺少依托控制火势蔓延的阻隔网络，往往小火酿成大灾，建议应增加对森工重点火险区的防火道路和阻隔网络建设的投入，对重点国有林区的防火道路和阻隔网络建设用地审批，国家林业和草原局应给予倾斜。

（四）加强重点火险区的装备建设

由于森工重点火险区缺少大型灭火机具和特种设备，建议对重点区域配备一定数量的全道路运兵车、消防水车、应急通信指挥车及大型灭火机具和特种装备，解决处置大面积草塘火、高强度地表火和地下火缺少有效控制手段的问题，提高处置较大森林火灾的能力。

附 录

沾河林业局位于黑龙江省东北部,施业区地处小兴安岭北坡,地跨五大连池市、孙吴、逊克三市县部分领域。东邻伊春市友好林业局,南靠绥陵、通北林业局,西与五大连池市、北安两市县农田相毗连,北至孙吴、逊克两县农牧区。

地理坐标为东经 $127°00'56''$~$128°27'24''$,北纬 $48°01'23''$~$49°14'27''$。东西最大宽度为 105km,南北最大长度为 135km,周界线长为 578km,占地面积 7 512.83km²。经营总面积 751 283hm²。其中,天然林 562 616hm²,人工林 25 560hm²;禁伐林区 178 470hm²,限伐林区 249 555hm²,商品林区 182 555hm²,其他 140 703hm²。总面积中有林地面积 588 176hm²,无立木林地 11 153hm²,苗圃地 91hm²,疏林地 3 671hm²,其他 148 192hm²。有林地面积 588 176hm² 中:防护林 150 331hm²,用材林 177 885hm²,特用林 7 279hm²,其他 252 681hm²。无立木林地面积 11 153hm² 中:采伐迹地 289hm²,荒山荒地 6 136hm²,多种经营用地 52hm²,其他 4 676hm²。森林覆盖率为 78%。活立木总蓄积量 47 077 383m³,其中,天然林蓄积量 45 712 815m³,人工林蓄积量 1 364 568m³。禁伐林区 12 370 187m³,限伐林区 18 845 088m³,商品林区 15 204 867m³,其他 657 241m³。总蓄积量中有林地蓄积量 45 046 869m³,疏林地蓄积量 118 695m³,散生木蓄积量 1 911 819m³。有林地蓄积量 45 046 869m³ 中:幼龄林面积 102 214hm²,蓄积量 3 730 579m³,中龄林面积 422 016hm²,蓄积量 33 716 505m³,近熟林面积 55 965hm²,蓄积量 6 447 964m³,成熟林面积 7 771hm²,蓄积量 1 093 811m³,过熟林面积 210hm²,蓄积量 58 010m³。

案例分析讨论题

1. 如何监测雷击火?如何确定雷击为火因?
2. 谈一下林火快速扩展的条件。
3. 如何有效降低林内可燃物载量?

分析思路或要点

1. 清楚雷击产生的原理、密切观察易产生雷击的天气条件及当时所俱备的可燃物条件、运用技术手段时刻跟踪雷击发生地的情况变化;从火灾发生的初始地点位置及其现场特征进行分析。
2. 从本次火灾的可燃物、地形、气象等因素进行分析。
3. 营林手段、清理手段、烧除手段、生物手段等。

案例六 云南省大理州剑川县"3·2"森林火灾

内容摘要

2011 年 3 月 2 日,大理州剑川县金华镇金和村委会金场自然村仙岭山因村民家事用火引发森林火灾，经奋力扑救，4日9时40分明火被全部扑灭。此次火灾过火面积175.08hm²，受害森林面积85.11hm²，造成9人牺牲、7人受伤。

案例正文

一、火场基本情况

2011年3月2日，大理州剑川县金华镇金和村委会金场自然村仙岭山因村民李萍在自家荒地烧包谷秆引发森林火灾，经1 140余人近40h的奋力扑救，4日9时40分明火被全部扑灭。经调查核实，此次火灾过火面积175.08hm²，受害森林面积85.11hm²。在扑火救灾中，参加余火清理的29名扑火队员和村民被大火围困，为组织和掩护村民安全转移，造成9人牺牲、7人受伤安全事故。

（一）起火位置

剑川县金华镇后山，东经99°55′00″，北纬26°35′54.51″。

（二）火场天气

当日，天气晴，最高温度23℃，西南风3~4级。

（三）火场地形和植被

火场海拔2 315~2 733m，坡向为东、南、北、东南、东北、西南，坡度为12°~29°，林相为云南松中幼林，久旱无雨，极度干燥，极易燃烧，火险等级为4级。

（四）火场态势

由于火场地形复杂，山高坡陡，3日16时许16时许，火场西南风起，风力达到5~7级，且风向混乱，在阵性大风的作用下，已控制的火场发生火爆、飞火现象，引发新火点，火场态势骤变，面积迅速扩大，造成火场的二次强烈燃烧。

二、扑救经过

（一）扑救阶段（3月2日16时30分至3日9时）

火灾发生后，剑川县森林防火指挥部迅速组织140人开展扑火工作，由县林业局副局长、森林防火指挥部专职副指挥长任现场指挥长，金华镇有关领导任现场副指挥长。明火于当晚23时基本扑灭。3月3日上午9时，火场明火全部扑灭，全体扑火队员转入火场值守和余火清理阶段。

（二）复燃阶段（3月3日16时许）

3月3日16时许，火场西南风起，风力达到5~7级，且风向混乱，在阵性大风的作用下，已控制的火场发生火爆、飞火现象，引发新火点，火场态势骤变，面积迅速扩大。

（三）事故阶段（3月3日16时后）

当时，在火烧迹地内避险的扑火队员正准备就餐，突然火场西南方向发生飞火，突如其来的二次燃烧瞬间向扑火队员袭来，现场扑火指挥员立即组织扑火队员逃生，但由于海拔高、地形复杂、风向混乱，在紧急避险和逃生中，清守人员9人不幸牺牲、7人受伤。

经过确认，发现遇难地点坐标：东经99°54′8.352″，北纬26°36′49.428″。

（四）围歼阶段（事故发生后至 4 日 10 时 30 分）

事故发生后，党中央、国务院，省委、省政府及州委、州政府领导高度重视和关心，做出重要批示。大理州副州长带领州级相关部门人员，迅速赶赴现场，指导组织扑火、伤员救治和善后工作，并先后调集兵力 840 人参加扑救工作，其中，77275 部队 230 人、77278 部队 260 人、武警大理支队 200 人、武警大理州森林支队 150 人。按火场指挥部现场勘察确定的扑火方案，由 77275 部队和县森工企业红旗扑火队 50 人负责西北线，由77278 部队、武警大理支队和武警大理州森林支队负责火场西南线。

火场清理采取地毯式全面清理，采取开挖防火沟和浇水方式清理火场内的火点，并严防死守重点隐患部位。地方扑火力量积极为火场送水，吊桶式航空飞机不断向火场运水，有效地增加火场湿度、降低余火燃烧强度。在森警、内卫部队、解放军、民兵预备役等部队官兵的共同努力下，剑川县金华镇"3·2"山火明火于 3 月 4 日上午 9 时 40 分全部扑灭，全面转入清理余火阶段。3 月 5 日下午 18 时，余火得到彻底清理，扑火官兵撤离火场，移交剑川县看守。3 月 8 日 10 时 30 分，县林业局、红旗林业局和乡镇村留守人员按指挥部命令，全部撤离火场。

三、事故处置

省、市、县领导高度重视善后处置工作，3 月 11 日，剑川县委、县人民政府追授"3·2"森林火灾牺牲的 9 名同志"扑火英雄"荣誉称号；县委追授杨育林、杨玉林、苏昆华、赵四忠 4 名同志"优秀共产党员"荣誉称号；共青团剑川县委追授施俊成同志"优秀共青团员"荣誉称号；并发出关于开展向剑川"3·2"森林火灾英雄模范学习的通知。

3 月 15 日 9 时，剑川县委、县人民政府在剑川会堂广场举行牺牲同志哀悼仪式。3 月15 日，剑川县林业局、金华镇人民政府与 9 名牺牲同志家属分别签订了《剑川县"3·2"山火因公牺牲人员一次性伤亡补偿协议》，按协议，给每户支付了丧葬补助金和一次性公亡补助金 39.661 万元，供养亲属抚恤金按相关规定另行签订协议执行。

四、评析总结

省、州森林防火指挥部通过认真总结、深入分析，认为"3·2"森林火灾事故的原因是主观和客观综合作用的结果。

（一）事故主观原因

（1）预防和管理方面存在漏洞

火灾发生当日，村民李萍在接近后山的自家荒地劳作时，在没有采取任何防范措施的情况下，用打火机点燃堆积在荒地里晒干的包谷秆，最终引发森林火灾。说明剑川县在宣传教育的深度和广度不够，村民防火意识不够高，依然存在林缘山脚烧荒烧地、烧秸秆、烧草木灰等备耕用火陋习；这次火灾发生正值春耕备耕时节，林农烧地、烧山的情形依然普遍存在，野外火源关没有管死，说明剑川县在全面落实火源管理工作中存在漏洞，没有抓死、抓牢、抓严违规野外用火行为，最终酿成野外烧荒不慎引发森林火灾，导致了火灾的发生。

（2）火灾扑救过程中存在安全隐患

尽管明火于当晚 23 时基本扑灭，3 日上午 9 时，全部扑灭，全体扑火队员转入火场值守和余火清理。但火场扑救人员，对扑救工作的危险性估计不足，警惕性不够，余火清理不彻底，火场清守人员在火烧迹地只开出一个 $30 \sim 50 m^2$ 作为避险就餐地点，没有设立火场前哨，这些都充分暴露出了火灾扑救过程中存在安全隐患，导致火场发生复燃，发生二次燃烧时，不能及时发现、有效地组织撤离，从而造成人员伤亡。

（二）事故客观原因

剑川县"3·2"森林火灾是在山高、坡陡、箐深、林密、物燥、风大的极端恶劣条件下发生的，由于非常特殊的高原气候及火场海拔高、地形复杂、风向混乱而导致的意外事故。具体为：

①事故地点为不完全燃烧的火烧迹地（山脊上），只烧了地表的细小可燃物，中幼林没有烧到，顺山脊有一条半米宽的小道，导致发生复燃时不易逃跑或避险。

②事故发生时风向为西南风，风力达到 $5 \sim 7$ 级，风向混乱，却伴有阵性大风，导致火场的复燃。

③事故地周围林相较好，多为云南松中幼林，复燃时，导致清守人员不知道复燃火的方向，错失避险良机。

④事故地位于山脊、林相为云南松中幼林、林下可燃物已烧过，风大伴有阵风、余火清理不完全等特殊的综合因素，导致了火场复燃时，瞬间形成高温度、高速度的树冠火和火爆。

（三）经验

一是瞭望监测及时，火情报告准确，森林防火调度有力，扑火工作有序组织开展。

二是领导高度重视，统揽全局，突出重点，扑火力量组织到位，出动迅速。

三是各级领导组织协调和调度指挥有力，火案查处迅速，投放兵力适当，将森林火灾损失降低到最低限度。

四是州委、州政府和县委、县政府高度重视，各级各部门密切配合，启动预案及时，善后处理和伤员救治工作深入细致、扎实有序，确保了社会稳定。

五是针对高森林火险情况，重申森林防火责任制，强化森林防火工作措施，突出野外违规火源管理，突出火源管控工作，火灾处置工作宣传到位，深入人心。

（四）教训

一是森林火险持续高危，2010 年剑川县遭受了百年一遇的特大干旱，春天剑川无明显降水，立春后气温快速回升，林区植被处于极度干燥状态，森林十分易燃，短时间内能够形成高强度、大面积的森林火灾，火情异常复杂，火灾强度明显增大。

二是林区可燃物载量剧增，火灾发生区域云南松中幼林、灌木林混交，植被茂盛，林下腐殖层厚，二次燃烧时地下火、地表火与树冠火立体推进，林火蔓延速度极快且温度高。

三是地形地貌极其复杂，火环境恶劣。

四是风力较大，风向混乱多变，在 $5 \sim 7$ 级阵性大风作用下，风无定向，火无定势，已控制的火场发生火爆、飞火情况，引发新火点，火场态势骤变，面积迅速扩大。

五是火源管理还存在漏洞，剑川是典型的山区农业县，传统落后的耕作方式仍然存在，违规野外用火面广且情况复杂，落实防范措施还有差距，个别环节和部位还存在管护漏洞，部分群众安全用火和防火意识还不强。

六是专业应急能力与现实需要还有较大差距，森林消防专业队伍巩固和稳定比较困难，在处置特殊地形、特殊气候、特殊火情方面的经验、技能上还有差距，基层一线防火物资储备不足，扑火装备和手段落后，力量调配比较困难。

七是对森林防火的严峻形势估计不足，去年剑川县经历了百年一遇特大干旱和长期森林高火险的严峻考验，加之冬防形势比较稳定，对森林防火的严峻形势估计不足，存在经验主义，甚至有侥幸心理，森林防火的具体措施需进一步加强落实。

附　录

云南省大理州，即大理白族自治州，地处云南省中部偏西，海拔2 090m，东邻楚雄州，南靠普洱市、临沧市，西与保山市、怒江州相连，北接丽江市。

地跨东经98°52′~101°03′，北纬24°41′~26°42′，东巡洱海，西及点苍山脉，辖大理市和祥云、弥渡、宾川、永平、云龙、洱源、鹤庆、剑川8个县以及漾濞、巍山、南涧3个少数民族自治县，是我国西南边疆开发较早的地区之一。

地处低纬高原，四季温差不大，干湿季分明，以低纬高原季风气候为主，境内以蝴蝶泉、苍山、洱海、大理古城、崇圣寺三塔等景点最有代表性。

大理州地处云贵高原与横断山脉结合部位，地势西北高，东南低。地貌复杂多样，点苍山以西为高山峡谷区，点苍山以东、祥云以西为中山陡坡地形。境内的山脉主要属云岭山脉及怒山山脉，点苍山位于州境中部，如拱似屏，巍峨挺拔。北部剑川与丽江地区兰坪交界处的雪斑山是州内群山的最高峰，海拔4 295m。最低点是云龙县怒江边的红旗坝，海拔730m。

境内以老君山—点苍山—哀牢山一线的大断裂为界，构成两大部分。东部属扬子准地台区，西部属藏滇池槽褶皱区（又称三江区）。其东部扬子准地台区，西以洱海—红河深（大）断裂为界，往东延入楚雄州境，为扬子准地台西缘的一部分。其西部藏滇池槽褶皱区，是州境内西部及南部广大地区，东以洱海—红河深（大）断裂为界，西至怒江、澜沧江河谷，呈南北纵贯州境，点苍山上还有苍山十九峰。

大理州地处低纬高原，在低纬度高海拔地理条件综合影响下，形成了低纬高原季风气候特点：四季温差小。较接近北回归线，太阳辐射角度较大且变化幅度小，形成年温差小，四季不明显的气候特点，"四时之气，常如初春，寒止于凉，暑止于温"，四季温差不大；热带季风气候，分雨旱季。大理州冬干夏雨，赤道低气压移来时（冬半年11月至次年4月）为干季，雨量仅占全年降水量的5%~15%，信风移来时（夏半年5~10月）为雨季，降水量占全年的85%~95%；垂直差异显著。大理州由于地形地貌复杂，海拔高差悬殊，气候的垂直差异显著。气温随海拔增高而降低，雨量随海拔增高而增多。河谷热，坝区暖，山区凉，高山寒，立体气候明显；气象灾害多。由于季风环流的不稳定性和不同天气系统的影响，大理州气象灾害较多。常见的气象灾害主要有干旱、低温、洪涝、霜冻、冰雹、大风等。

州内湖盆众多，面积在 1.5km² 以上的盆地有 18 个，面积共 1 871.49km²。占大理州总面积的 6.6%。盆地多为线形盆地，呈带状分布，从西向东排列为 6 个带。第四纪山岳冰川遗址分布于洱海以西，永平以北的高山区，大理点苍山是中国最后一次冰期"大理冰期"的命名地。主要河流属金沙江、澜沧江、怒江、红河（元江）四大水系，有大小河流 160 多条，呈羽状遍布大理州。州境内分布有洱海、天池、茈碧湖、西湖、东湖、剑湖、海西海、青海湖 8 个湖泊。

水资源有淡水湖泊洱海，丰富的苍山泉水和地下水；地热资源有温泉，仅塘子铺温泉，水流量就达 1 310m³/h，水温达 76.5℃。地下水径流量以最枯流量资料的 75% 计算也达 2.26 亿 m³。

非金属矿有驰名中外的大理石大型矿床。据初步勘查，仅苍山小岑峰一带大理石储量就达 1 亿 m³。还有储量丰富的石灰石、石英砂、萤石、黏土、煤等；金属矿有铂、钯、锰、锑等。其中，鹤庆县北衙新发现超大型金矿，已累计查明黄金资源量 127t，估算共生铁矿石 5 000 万 t，共伴生银 3 000t，铜金属量 20 万 t。专家认为，目前，探明的金矿资源说明云南金资源也已经位居西南第一位。

大理州有 13 个世居民族，分别是汉、白、彝、回、傈僳、苗、纳西、壮、藏、布朗、拉祜、阿昌、傣。有 8 个人口较少民族，分别是傈僳、苗、傣、阿昌、壮、藏、布朗、拉祜。

大理州是典型的农业州，大理州山区面积占大理州国土面积的 93.4%，山地农业是大理州农业的一大特点，州内最低海拔 730m、最高海拔 4 295.3m、海拔高差 3 565.3m，具有低纬高原季风气候特点，雨热同季、干冷同季，立体气候明显。

剑川县位于云南省西北部，大理州北部。县境东西横距 58km，南北纵长 55km，总面积 2 318km²，其中，山区面积占 87.78%。总人口 17.46 万人（2006 年），有白、汉、彝、傈僳、回、纳西等民族，是州内主要白族聚居县。剑川地处全国历史文化名城和省级旅游度假区大理、丽江之间，滇藏公路 214 国道纵贯县内。

剑川位于云南省西北部，大理白族自治州北部。东邻鹤庆，南接洱源，西与兰坪、云龙接壤，北与丽江毗连。县境东西横距 58km，南北纵长 55km，面积约 2 250km²。

剑川境内地势西北高，东南低。主要山脉有老君山、石宝山、金华山、盐路山、雪斑山等，山区面积占 87.78%。县城海拔 2 200m、县内最高点雪斑山主峰海拔 4 295.3m，最低处米子坪海拔 1 973m。县内地貌类型复杂、海拔高差悬殊 2 300m 多，从垂直带看，具有多层性。

境内河流众多，主要河流有金龙河、海尾河、白石江、弥沙河、象图河等。

案例分析讨论题

1. 如何处理好农事用火与森林防火的关系？
2. 火险等级如何分类？怎样确定其相应等级？
3. 高能量火对灭火工作会有哪些不利影响？

分析思路或要点

1. 可从农事用火的时间选择、规模控制、行政技术手段等方面进行分析。
2. 从火险等级的分类方法及分类标准入手。
3. 从高能量火的特征入手，主要从对火的蔓延传播和灭火工作的影响等方面进行分析。

案例七 广西大明山国家级自然保护区"11·5"森林火灾

内容摘要

2010 年 11 月 5 日 18 时，广西大明山国家级自然保护区因周边村民在林区乱扔烟头引发森林火灾。火灾持续近 20h，南宁市政府领导亲自到现场指挥扑救，动用各种车辆 150 多台，经 12 支专业森林消防队 328 人的奋力扑救，于次日 14 时彻底扑灭。过火面积 34.33hm²，受害森林面积 8.67hm²，属较大森林火灾，无人员伤亡。

案例正文

一、火场基本情况

(一)气象情况

天气：晴；风力：1~5 级；风向：西北风；最高气温：25℃；最低温度：10℃；湿度：24%。

(二)地形地貌

大明山林区最低海拔 200m，最高 1 760m，山体庞大、陡峭，地形复杂。火场位于大明山脉西北部山腰间，海拔 800~950m，分布在垂直落差 150m 的 5 个小山头之间，山体坡度 40°~60°，属于大明山保护区的实验区。火场内植被主要为阔叶林和八角林，周边东、西、北三面植被是当地群众上万公顷的松、杉商品林，南面是大明山保护区的核心区。

(三)起火点位置图

起火点在保护区的实验区，于八角林与灌木林交杂处。东经 108°22′4.7″，北纬 23°33′42.8″。

(四)火场植被情况

植被面积占地比例：松、杉林为 30%，八角林为 30%，阔叶林为 30%，灌木林为 10%。

(五)火场周边情况

火场东、西、北三面连接马山县、上林县，全部是当地群众的松、杉林，南面相连保护区的阔叶林、灌木林，通往缓冲区与核心区。因此，前期能否及时阻止火势蔓延，特别是阻止火势向群众商品林区、经济林区蔓延是整个扑火战斗的重点所在。因此，前线扑火指挥部设立在距火场约 2.5km，靠近群众林区的马山县古零镇陆件屯。

火场周边交通情况图，火场主要有两个入口：一是为北面通往古零镇的小林道，约 2km；二是南面通往保护区护林点的巡护道路，约 3km。

（六）林火行为

（1）起火阶段

11 月 5 日约 18 时起火。因为山高路远，初期扑火力量不足，只能死守北面群众的松、杉林区，控制东西两面，火势逐渐向南面蔓延发展。

（2）发展阶段

11 月 5 日 22 时开始，火场风向转化，风力 3~5 级。火场内大量八角林燃烧速度快，且多在高山，火线为上山火、悬崖火，火势逐渐变猛，火线变宽，向东南、西南扩张。

（3）结束阶段

11 月 6 日 6 时，气温降低，风力变弱，火势发展缓慢，天开始变亮使火场周边视野逐渐清晰。前线指挥部决定抓住此有利时机进行决战。11 时，经过全体扑火队伍的奋战，火情得到有效控制。12 时，明火基本全部扑灭。

二、扑救经过

（一）初发阶段

①接到火警 11 月 5 日 18 时 30 分，大明山保护区防火办接到村民报警电话，核实后，立即向南宁市防火办汇报，与此同时，大明山保护区紧急启动《大明山处置森林火灾应急预案》。紧急集合专业森林消防队，紧急通知林区联防的马山县和上林县森林消防队，迅速前往火场全力扑救。组织扑火指挥部，保护区管理局局长亲自挂帅，全体职工全力配合扑火。后勤保障部做好饭，准备充足的干粮、水和油料等补给物资，安排后勤运送队伍，安排职工和熟悉地形的当地村民做向导，给各前来支援的专业森林消防队带路。初到现场的大明山专业森林消防队要第一时间准确汇报火场情况，扑火指挥部及时向南宁市防火办准确汇报火情。

②火场初发态势。天色已暗，刮西北风，风大火猛，火线主要向南面蔓延，山险坡陡难以扑救。

③最初扑救情况最初到达火场的大明山保护区、马山县和上林县 3 支专业森林消防队根据火灾现场实际，决定兵分三路：一队阻隔北面火线，另外两队分开从东、西两面打开阻隔带包围火场，控制火线向东、西和北面蔓延。

（二）相持阶段

11 月 5 日 19 时 30 分，南宁市森林防火指挥部接到前线专业森林消防队提供的准确火场信息后，立刻启动《南宁市处置森林火灾应急预案》。

①建立扑火前线指挥部，南宁市副市长、林业局局长立即赶赴前线指挥。

②南宁市政府领导到南宁市防火办坐镇协调，保证增援队伍及时到位，确保后勤保障到位。

③要求正在扑火的专业森林消防队务必注意安全。

④立刻调动宾阳县、横县、隆安县三支专业队紧急增援。

⑤依照《广西处置森林火灾应急预案》的规定，火灾燃烧超过3h，即将火情报告自治区防火办。自治区林业厅主要领导接到火情汇报后，做出指示：防火办要时刻掌握一线详细情况，迅速研究制定扑救方案，立即增派专业队支援，领导要亲临一线协调指挥，在确保安全的同时力争迅速将火扑灭。并要求南宁市增加扑火力量，加大扑救力度。自治区防火办依照厅长指示，立刻调动自治区直属的高峰林场、七坡林场、良凤江森林公园专业队前往支援。同时，通知南宁市增加扑火队伍。

11月6日凌晨，参加增援的宾阳县、横县、隆安县、青秀区、华侨投资区5支地方政府专业队和高峰林场、七坡林场、良凤江森林公园、五象岭森林公园等4支林场专业森林消防队先后赶到现场参加扑救。

（三）决战阶段

11月6日6时，天蒙蒙亮，火场气温降到最低，风力减弱，火势稳定。前线指挥部抓住最有利时机下令：各专业队明确任务分段包干，采取穿插扑打分隔火线，减弱火势，隔打结合，逐条消灭火线的战术全力奋力扑救，缩小火势四周蔓延。至11月6日11时，火情得到了有效控制，火势明显减弱，火线变短变少。通过全体消防队员继续努力、勇猛奋战。至12时，火场明火基本全部扑灭。

（四）清守阶段

11月6日12时30分，稍做休息后，前线指挥部命令各专业队和当地干部群众对火场进行地毯式的全面排查，采取各种办法清理未燃尽的树干树枝，做到有效防止火场死灰复燃。火场完全无火无烟，清理完毕后，专业森林消防队伍才撤离火场。保护区管理局领导和干部职工留守火场至9日12时，确保万无一失。

三、案件查处情况

火灾扑灭后，自治区森林防火指挥督促南宁市按照"四不放过"的原则，抓紧查处火案。奉南宁市人民政府指示，南宁市森林公安和地方公安立即组成火案查处工作组进驻调查，初步查实火灾原因是当地村民在保护区的八角林地乱扔烟头所造成。此案已经依照法律程序进行处理。

四、案例剖析

（一）扑救成功经验

这起森林火灾发生在极易酿成火烧连营的重、特大森林火灾的险要位置，各级政府都意识到其极端危害性。因此，一接到火情报告立即启动预案，小火当大火打，坚决把火灾消灭在初发阶段。这是一个求真务实，打破常规，敢打敢拼的成功战例。有以下7个方面的经验：

①突出一个"早"字 这起森林火灾做到早发现、早处置、早扑救。大明山保护区历来与当地政府、群众长期保持密切联系，每年召开森林防火联防会议，让林区干部群众对大明山脉周边4县逾15万hm^2森林的保护达成共识。因此，火灾一发生，村民立即报警，能够及时发现、及时处置，大明山保护区专业森林消防队在接警后不到2h到达火灾现场，为后面的及时扑救奠定了基础。

②突出一个"准"字　专业队准备充分，能及时赶赴现场，准确分析火情发展情况，在抓住战机控制火线的同时，准确将现场火情及时向大明山森林防火指挥部报告，及时准确地向南宁市、自治区防火办汇报。并每半小时准确报告火情，利于指挥部准确判断准确决策。

③突出一个"快"字　针对火情，南宁市政府决策有力，行动快速。副市长立即同林业局局长赶赴前线指挥，委派市政府副秘书长坐镇南宁市防火办协调调度。自治区林业厅审时度势，果断决策，紧急调动自治区直属林场专业队增援，要求南宁市增加扑火力量。各专业队坚决执行命令，快速赶赴增援。

④突出一个"猛"字　各专业森林消防队伍服从命令听指挥，勇猛顽强，作风过硬，在保证安全的前提下正确判断火势，克服地形复杂、山高坡陡等困难，敢打上山火，敢于穿插分隔火线，抓准时机采取以火攻火、隔打结合、突击或坚守相结合等方法进行有效扑救。

⑤突出一个"稳"字　明火全部扑灭以后，全体专业森林消防队按照前线指挥部命令，发扬不顾疲劳饥渴，连续奋战夺取全面胜利的战斗作风，为防止火场死灰复燃，拉网式地全面清扫火场，确认万无一失后才撤退。为稳住扑火成果，保护区组织干部群众留守火场3d，确保平安无事。

⑥突出一个"和"字　一是地方政府和保护区、保护区和当地群众和睦相处，一旦发生火情，全力踊跃扑救。二是地方政府、保护区和国有林场专业森林消防队团结合作，服从命令，和谐作战，整个扑火过程中做到配合默契、井然有序、安全、高效、快捷。三是地方公安和森林公安，密切配合，形成合力快速查处火案。

⑦突出一个"能"字　保护区工作出色，协调能力非常强。一是能及时准确报告火情，动员全体职工参加扑火工作。二是能挑选带路的人员责任心强，能够准确传达贯彻前线指挥部意图，把支援的各专业队带到指定地点，并且能及时反馈当时火场情况。三是能搞好后勤保障，食品、饮用水、油料等都保证及时供应。四是能守候火场避免死灰复燃，明火扑灭后，保护区领导亲自带队巡查火场。五是能及时慰问当地政府、增援的专业队和支持扑火的当地干部群众，进一步加强了保护区和当地社区的关系，进一步增进保护区与周边村屯群众的友谊，给今后森林防火的群防群治增强了可行性和自觉性。扑火胜利结束后，南宁人民市政府、自治区林业厅对参加扑火的各单位、各部门敏捷、高效的工作效率高度肯定；对各专业森林消防队服从命令、团结协作、敢打敢拼、英勇善战的优良作风予以大力表彰；对当地干部群众密切配合积极参战给予亲切慰问。最终目的要达到大明山林区在集体林权改革胜利完成后，更加和谐稳定，进一步促进人们和睦相处，防范灾害，共谋发展，建设平安家园。

（二）扑救中教训

（1）通信不畅

火场位于深山内部，山体陡峭，落差很大，大部分地区手机无信号。对讲机通信盲区多，电池容量有限，制约了局部火情不能及时汇报，制约了各专业队的互相联络沟通，制约了指挥部不能及时了解局部火情。

（2）机具落后

这起火灾的扑火工具，主要为风力灭火机、二号工具。国产风力灭火机质量不高且笨重，连续工作时间不长，易出故障。进口小松牌风力灭火机虽然质量好，可以连续打火，但是风力太小。

附　录

大明山山脉位于广西中南部，山脉中心距首府南宁市 80km，总面积逾 15 万 hm²，横跨武鸣、马山、上林、宾阳 4 县。林区在北回归线上，是周边 33 条河流的发源地，有 62 个水电站，灌溉 30 万 hm² 农田，300 多万人直接受益。大明山保护区在林区的中部，占地 1.7 万 hm²，2002 年升级为国家级自然保护区。保存有较完整的常绿阔叶林、松林和八角经济林，以及黑叶猴等珍稀濒危动物，属于亚热带特征森林生态系统的典型。同时又是广西著名风景区，每年接待游客 10 多万人。大明山林区空气清新，负氧离子最高含量为 19 万个/m³，属于全国最高负氧含量的地方之一。大明山生态旅游稳步发展，近年先后被评为"广西最好玩的十个地方"之一和"南宁最具休闲养生特色景区"。2009 年 12 月，经国家旅游局评审，大明山被授予国家 4A 级旅游景区。同期，大明山被国际生态合作组织命名为"国际生态安全旅游示范基地"。大明山自然保护区周边有 218 个村屯，保护区管理局把搞好社区关系作为主要工作来抓，加大宣传教育力度，增强林区干部群众生态保护意识。当地群众积极担任保护区兼职护林员，大部分村屯成立了半专业森林消防队，随时参与林区保护和森林防火工作。

广西大明山国家级自然保护区地处广西中南部的南宁市武鸣、上林、马山和宾阳 4 县交界处。保护区管理局设在武鸣县两江镇汉安村那汉屯南侧。地理坐标为东经 108°20′～108°24′，北纬 23°24′～23°30′，地处北回归线上，境内保存着多样性山地混合森林和珍贵稀有生物物种资源，是不可多得的地带性生物物种基因库和生态系统平衡观测实验室，属于森林生态系统类型自然保护区。保护区的气候属南亚热带湿润山地季风气候，受海洋性气候和大明山地理环境的影响显著。大明山国家级自然保护区主要保护对象为北回归线上丰富多样的山地森林生态系统；同时大明山保护区还是 1996 年世界自然基金会认定的中国 40 处具全球意义的自然保护区之一。

保护区的气候属南亚热带湿润山地季风气候，受海洋性气候和大明山地理环境的影响显著，具有夏湿冬干，干冷同期，湿热同季，气候垂直变化明显的特点。由于地处北回归线上，太阳日照时间长，光热充足，保护区年日照时数 1 295.4～1 665.1h，年太阳总辐射量 393～429kJ/cm²，生理辐射量 192.5～214.7kJ/cm²。年平均气温 12.4～19.7℃，最热月均温 21.9℃，最冷月均温 5.8℃；极端最高温 28.6℃，极端最低温 -6.0℃；≥10℃的有效活动积温为 4 278～6 614℃，无霜期 292～312d。年均降水量 2 630.3mm，雨季从 5 月上旬开始至 9 月下旬结束，持续日数 152d。

由于大明山山体相对高差大，特别是大明山主脉从西北至东南连亘于武鸣县与上林县之间，形成了广西中南部的一道天然屏障，使冬季盛行的东北风及东北方向来的冷空气流和夏季南海吹来的暖湿气流常在这一带受阻停滞，从而无论是在海拔上还是在不同的地形坡面上，水分、热量都存在着明显的差异，并导致土壤、植被在垂直方向上呈规律分布。

大明山是广西六大暴雨中心之一和重要的水源林区，是上林县清水河、武鸣县武鸣河等河流的主要源头，是周边 4 个县工农业生产和人民生活用水的主要水源区。保护区境内溪涧河流纵横交错，发源于大明山的主要河流有 33 条，其中，流向武鸣县的有达响河、汉江河等 15 条，全部流入武鸣河后依次进入右江、邕江、郁江；流向上林县的有橄榄河、东春河等 16 条，全部流入清水河后依次进入红水河、黔江；流向马山县的有达栏沟和水绵沟 2 条，汇入姑娘江后依次进入红水河、黔江；最后这些河流全部汇入浔江，属珠江水系。

大明山国家级自然保护区总面积 16 994hm^2，核心区面积 8 377hm^2，缓冲区面积 4 358hm^2，实验区 4 259hm^2。

大明山生境多样性，植物群落也多样性。共有南亚热带季风常绿阔叶林、常绿阔叶林等 6 个植被类型。同时仍保存着近 6 000hm^2 的原生植被，以桫椤、黑桫椤为代表的蕨类植物在大明山形成了较大面积的优势群落。

(1)具有全球意义的山地森林生态系统

大明山季风常绿阔叶林生态系统在全国范围内或生物地理上具有突击的代表性，保护区境内保存着多样性山地混合森林和珍贵稀有生物物种资源，其森林植被保存之好，植被类型如此之多，在世界其他区域没有，在国内其他地区也不多见。其多样性的山地森林生态系统的自然价值在国内外是较为少有的。大明山保护区是 1996 年世界自然基金会认定的中国 40 处具全球意义的自然保护区之一。

(2)物种的多样性

大明山已知有维管束植物 209 科 764 属 2 023 种，野生脊椎动物有 31 目 90 科 208 属 294 种。大明山的动植物物种占广西已知种数的比例都在 30% 以上，形成了小面积高密度的生物多样性区域，是广西不同植物区系的交汇点，动物区系特征上表现出明显的过渡性质。

(3)生物的稀有性和特有性

大明山野生植物中，属国家保护的有钟萼木、桫椤等 16 种，在其他地方很难见到的白豆杉在大明山这里的峭壁上形成了比较优势的群落；野生脊椎动物中，国家保护的有黑叶猴、黑熊等 37 种。特别是，黑叶猴在大明山的栖息地海拔高达 1 500m，这种现象在广西境内实属罕见，有很高的科研价值。

大明山自然保护区地处北回归线上，境内保存着多样性山地混合森林和珍贵稀有生物物种资源，是不可多得的地带性生物物种基因库和生态系统平衡观测实验室。

案例分析讨论题

1. 怎样避免出现火源管理的死角？
2. 如何有针对性地做好国家级自然保护区的森林火灾预防工作？
3. 试分析本次森林火灾的森林可燃物的燃烧性。

分析思路或要点

1. 针对各种不同的火源类别分别进行阐述。

2. 从国家级自然保护区的特点出发，从林火发生条件、森林火灾预防技术手段、行政管理手段等方面进行分析。

3. 从可燃物的组成、类型、混合条件、含水率、易燃性、抗火性、密实度、载量、分布等方面进行分析。

案例八　黑龙江省伊春市乌伊岭林业局移山林场 746 林班"4·18"森林火灾

内容摘要

2008 年 4 月 18 日下午 14 时 59 分，在乌伊岭林业局移山林场 746 林班内发生森林火灾，经过 5 个昼夜的奋力扑救，于 4 月 22 日火场全部得到控制，18 时明火全部扑灭。这起火灾过火总面积 780hm²，投入总兵力 3 497 人，投入飞机 4 架，飞行 38 架次 91h，调用扑火运兵车、消防车 300 台次，直接经济损失 874 433.69 元。

案例正文

一、火场基本情况

2008 年 4 月 18 日 14 时许，乌伊岭林业局林海林场工人张天亮、孙振彬在移山林场 746 林班内割刺五加枝条时吸烟，引发山火，蔓延到林海林场施业区 825 林班（张、孙二人以后依法被判有期徒刑 5 年）。这起火灾过火总面积 780hm²，其中，有林地 72hm²、草塘 708hm²。投入总兵力 3 497 人，其中，森林部队 487 人，专业森林消防队 954 人，半专业森林消防队 558 人，扑火预备队 1 498 人。投入飞机 4 架，飞行 38 架次 91h，调用扑火运兵车、消防车 300 台次。直接经济损失 874 433.69 元。

（1）气象环境

2008 年春季，伊春市异常干旱，一直没有出现有效降水，大风日数比历年多 2~3 成。据 4 月 18~22 日气象资料记载，平均湿度在 30% 以下，火场风力平均 3~4 级，受地形影响瞬间风力达 7~8 级，西南、东南，而且风向多变，日最高气温达 32℃。

（2）自然环境

火场地形由高山、湿地构成，以湿地为主，林地为过伐迹地。植被为针阔混交林、草甸落叶松林，林分为复层异龄，灌木杂草丛生，地形复杂，可燃物载量大，林内伴有风倒风折。火场内有 4 条河流，由于干旱而干枯断流。林间路网密度低，通行能力差，运兵困难。林海、移山两个林场坐落在火场的边缘。

（3）林火行为

林火初发期为高强度急进地表火，中期伴有飞火、火爆和树冠火。

二、扑救过程

接到火情报告后，市、林管局有关领导在火情发生的第一时间赶到火场，并在乌伊岭林海林场成立了扑火前线指挥部，针对火场发展的趋势划分成 6 个战区，明确任务，落实责任，采取打烧、围堵结合等扑火战术，逐步控制了火势蔓延。

市委领导亲临火场，并做出重要指示，要求在确保扑火人员及林场安全情况下，集中优势兵力尽快将火扑灭，使损失降到最低。

省委、省政府对乌伊岭林业局移山林场发生的火灾高度重视，4 月 21 日，及时派出指导组亲临火场一线指导扑救工作，并做出 3 点指示：一是根据火场天气的恶劣变化和继续发展态势威胁移山、林海两个林场及樟子松天然林，兵力不足，再调集 1 000 人增加火场扑救力量；二是要坚持科学指挥，利用有利的天气条件，实施人工增雨；三是落实责任，确保安全，尽快形成合围，力争在 22 日实现有效控制。

本次森林火灾扑救总体战略方针：阻截东线，保护樟子松天然林；坚守南线，保护林海林场；扑打西线，保护移山林场，死守移山公路，集中优势打歼灭战。

扑火战术：重兵投入，分兵合围，多点切入，以打为主，烧、浇结合。城防、森防相结合。

扑救主要分为以下几个阶段：

1. 第一阶段 4 月 18～19 日

18 日下午，经过前指空中观测，火场西南风向东北发展，火场呈狭长型，由于受强阵风影响，东西两条燃烧的火线最为凶猛，火头已突破林海林场的长安生产岔线，前指立即决定一分指 250 人堵截东线，坚决扑灭过道火；二分指 750 人扑打向东北发展的火线，实施拦截火头；三分指 440 人扑打 451 高地的两翼火线；四分指 676 人扑打移山 8 km 支线以南火线；五分指 160 人负责 8 km 支线北侧火线；六分指 160 人负责东南部火线；力争明早 8 时，各分指形成合围。

经过一昼夜的奋力扑救和各分指的精心组织，火场的东、南线得到了有效的控制，西、北线的火线正在控制之中。由于地形复杂，受东南风的影响，给西线、北线合围带来一定困难。指挥部命令东线、南线分指抽调 200 名森警、60 名专业队，增援西、北两线。19 日下午，有关领导主持召开各战区指挥员会议，重新调整部署扑火作战方案，明确要求各战区指挥员要调动所有扑火力量，利用夜间气温下降、风速减弱的有利时机，巩固和扩大战果，力争尽快将山火扑灭。截至 19 日晚共投入扑火总兵力 3 497 人（森林部队 487人，专业森林消防队 954 人，半专业森林消防队 558 人，扑火预备队 1 498 人）。

2. 第二阶段 4 月 20～21 日

20 日 10 时 15 分，火场风力骤增，瞬间风力达 7 级，西线 451 高地因受地形影响，形成树冠火伴有飞火、火爆，火线迅速向西蔓延，在运用手持机具无力扑救的前提下，为防止人员伤亡，前指命令西线扑火队伍和车辆撤到安全地带，并做好安全避险。同时，前指召开会议，对火场西线、北线兵力进行了重新布防。19 时风力减小，各支队伍立即进入火场扑救。西线点烧防火隔离带，南线扑打明火，控制火势，形成合围；北线打烧结合加强堵截，防止向北蔓延；坚守东线，清理火场。21 日凌晨 1 时 30 分将突出的火线合围，明火全部扑灭。

21日上午9时30分，风力加大，风向由东北转向东南，再次形成树冠火，突破防线向西北蔓延，直接威胁移山林场，前线指挥部立即调集专业扑火队349人，扑火预备队600人，消防车20辆，以移山至林海公路干线为依托，采取打、烧、浇结合的战术，坚决不让火越过公路威胁移山林场。全体指战员发扬了连续作战、不怕疲劳、团结协作、敢打必胜的精神，确保了移山林场的安全。

3. 第三阶段4月22~23日

22日8时，火场天气转阴、风力减弱、温度降低，根据火场态势，前指抓住这一有利时机，发出总攻命令，要求20时前将明火全部扑灭。各分前指按照总前指的要求，明确责任、落实任务，扑火队伍全线出击，打清结合。参战队伍不顾疲劳、连续作战，克服重重困难，投身于决战之中。22日下午，省、市领导做出指示："已扑灭的火线，沿边缘向纵深彻底清理50m，坚决杜绝复燃。对尚未完全扑灭的火线，实行重兵围歼，尽快控制火场局势。"全体指战员经过10h奋力拼搏，于18时整个火场明火全部扑灭，取得了扑火战斗的全面胜利。23日凌晨整个火场进入看守阶段。

三、预防和扑救工作评析

（一）扑救成功经验

①省、市领导高度重视，果断决策，科学指挥。前指抓住高山林火的规律和特点，确定机动灵活的作战方案，切实加强第一扑救时间，重兵投入，有效防止了因扑火力量不足发生小火酿成大灾现象的发生。同时采取混成编组方法配置扑火战斗队，形成有机的扑救整体，密切配合，协同作战，确保各类扑火队的优势得到充分发挥，取得最佳扑火效率。

②采取超常规措施，及时调集消防水车20辆，实行打、烧、浇结合，形成一道战略防火阻隔屏障，使火势及时得到有效遏制，为保护场所安全起到了决定性作用。

③迅速启动人才库，调集全市森林防火专业指挥人员，进驻前指，为前指领导当好参谋，使指挥系统得到了完善。

④调集直升飞机进行空中侦察，及时为前指制定扑救方案提供第一手资料，为此次扑救成功赢得了宝贵的时间。

⑤运用地理信息系统搭建扑火前指的指挥决策平台，在构筑防火阻隔系统、确定扑火路径、实施以火攻火及指挥辅助决策中发挥了出色作用，大大提升了扑救效率。组建临时火场中继通信指挥网，迅速、准确地传递火场信息和作战命令，确保了扑火战斗的顺利进行。

（二）扑救中教训

①部分单位存在火源管理不细致、不到位，一些林场和村屯的干部责任心不强，督促检查工作没有完全落实，工作只停留在表面上。巡护检查人员的责任不到位。

②灭火手段单一，特别是树冠火的扑救缺少以水灭火的机械装备，直升机没有配备吊桶载水设备。

③林内路网密度低，尤其是支岔线路多年弃养路况差，无法通车。给扑救工作带来一定困难。

四、建议

①加强对各级扑火指挥员扑火作战指挥的培训。

②成立扑火预备队，增加扑火专业队伍兵力，确保扑大火需要。

③加大基础设施建设，特别是增加防火公路、增加林内公路网密度，既能达到快速将扑火兵力运送到火场，又能起到一定的阻隔作用。增加运兵车辆和通信设备的投入力度。

④进一步加强专业森林消防队员的技能培训，使每个队员不仅懂得扑火知识，还必须熟练使用风力灭火机、水泵、割灌机油锯等扑火机具，做到"一专多能、一兵多用"。

⑤今后在扑救森林火灾时需要统一调动通信指挥车到达指定地点，并分级设立通信网，保证火场通信畅通。

附　录

伊春市位于黑龙江省东北部，以汤旺河支流伊春河得名。东部与鹤岗市毗邻，东南部与佳木斯市毗邻，南部与省城哈尔滨市毗邻，西南部与绥化市毗邻，西北部与黑河市毗邻，北部嘉荫县与俄罗斯隔江相望，边境线长 249km，面积 39 017km²，属中温带大陆性季风气候。

伊春有世界上面积最大的红松原始林，号称"天然氧吧"，被誉为"祖国林都""红松故乡"。

伊春市位于黑龙江省东北部，东经 127°37′~130°46′，北纬 46°28′~49°26′。东与萝北县、鹤岗市、汤原县相邻，南与依兰县、通河县接壤，西接庆安县、绥棱县，北通逊克县；北部嘉荫县与俄罗斯隔江相望，界江长 246km。全市行政区划面积 32 759km²。

伊春属北温带大陆性季风气候。年平均气温 1℃，气温偏低；无霜期 110~125d，无霜期短；一年四季分明。春季为 4~5 月，夏季为 6~8 月，秋季为 9~10 月，冬季为 11 月至翌年 3 月。四季气候特点：春秋两季时间短促，冷暖多变，升降温快，大风天多；夏季湿热多雨；冬季严寒漫长，降雪天较多。年平均降水量 750~820mm，降水量较充沛。

伊春地貌特征为"八山半水半草一分田"，整个地势西北高、东南低，南部地势较陡，中部较缓，北部较平坦，海拔平均 600m。境内千米以上高峰 77 座，最高山为平顶山，海拔 1 423m。

伊春境内沟谷密布，水系发达，有大小河流 702 条，总蓄水量 102 亿 m³，其中河流分属黑龙江、松花江水系。汤旺河为伊春的主要河流，境内流长 443km，注入松花江下游。市内大部分城镇沿河分布，河水环绕山行，两岸山秀树奇，最适宜进行休闲及探险漂流。

伊春林城面积多达 300 万 hm²，森林覆被率为 82.2%，活立木总蓄积量 2.2 亿 m³。伊春拥有亚洲面积最大、保存最完整的红松原始林，森林类型是以红松为主的针阔叶混交林，蓄积量较多的树种有红松、云杉、冷杉、兴安落叶松、樟子松、水曲柳、山桃、核桃楸、黄杨木、枫树、暴马丁香、黄波罗等，藤条、灌木遍布整个施业区，各种珍惜名贵的针阔叶树种达 110 余种。

乌伊岭区位于黑龙江省东北部小兴安岭顶峰，属低山丘陵地带。东经 128°57′~129°44′、北纬 48°33′~49°08′。南与汤旺河区接界，西隔库尔滨河毗邻红星区，西北与逊克县接壤，东、东北与嘉荫县毗邻，东西长 75km，南北宽 65km。

乌伊岭区属温带大陆性季风气候，由于受海洋环流和西伯利亚冷空气影响，四季气候呈明显特点。冬季漫长而寒冷，多西北风；春季来得迟，解冻晚，季风大，降水少；夏季短促而燥热；多东南风和大暴雨，降水量大而且集中；秋季降温迅速，霜冻早，多大风。温度垂直变化明显，海拔高度每增 100m，积温减少 167℃；无霜期减少 15d，因此形成了施业区内气温北港市低的特点。

北部长青、福民、阿廷河、力争 4 个林场，年平均气温比南部增高，积温 2 000℃，无霜期 110d 左右。北部边缘地带年平均气温 -0.4℃，无霜期达 115d。南部的 10 个林场年平均气温 -1.2℃，积温 1 800℃，无霜期 95d 左右。

乌伊岭区年平均气温 -1.1℃，历年平均最低气温 -8.5℃，最高气温 6.1℃；极端最低温度 -47.9℃（1980 年 1 月 13 日），极端最高温度 34.6℃（1982 年 7 月 8 日）。1 月气温最低，平均气温 -24.6℃。7 月气温最高，平均气温 19.1℃。年平均降水量 585.7mm，一般初霜花 9 月上旬，终霜在 5 月中旬，无霜期 97d，全年大于或等于 10℃的积温。封冻期在 10 月中下旬，结冰期为 6 个月，冻层最深可达 2.5m，平均积雪厚 27m，年平均日照 2 254.3h。年晴天数平均 71d（按总云量），年阴天数平均 83d（按总云量）。大风天数年约平均 9 次（6 级以上，12m/s），风向多为东南和西北。

乌伊岭区地形以低矮山地为主，属低山丘陵。地势多东南，西北坡向。南部、中部高，而东北、西北低，山峰沿着支脉两侧呈枝状分布，顶峰起伏不大，坡势平缓，平均坡度为 10°~15°，最大坡度为 40°。纵坡较大，阳坡陡短，阴坡缓长，岗脊宽平。南部为山地与丘陵；北部为宣武台地；西部的克林河——库尔滨河谷地以山丘为主，多漫岗与平川地，形成山地与岗地、河谷与平川地相间分布，其中，低山丘陵占 87%，岗地占 5%，平川河谷地占 8%，除美峰林场地形起伏较大外，其余均属平缓山丘地带和少部水湿带。山脉纵横起伏，山势浑圆，平均海拔 350~400m。最高点在翠峰林场与东克林林场 85 林班 473 林班分界处，东场旺河北侧 3.5km 之顶峰，高 606m；最低点在扎克大旗河汇入乌云河的河口处，海拔 157m。

乌伊岭区内主要河流分 3 条水系，即乌云河水系、库尔滨河水系、汤旺河水系。

乌云河水系主要支流均在乌伊岭区境内，由乌云河、布鲁必鲁河、鲁必鲁河、扎克大旗河、樟子气河、王垮子河、美林河、沙罗里河、北伊支流河、北阿尔干西米干河、南阿尔干西米干河、福民河、大阿申其河、小阿申其河等 26 条主要支流组成。流经翠峰、美峰、上游、建新、移山、林海、福民、永胜共 8 个林场，流域面积 1 878km²，占乌伊岭区总面积的 61%，径流量 3.83 亿 m³。

库尔滨河水系由库尔滨河，阿廷河，阿廷河一、二、三、四支流和克林河 7 条主要河流组成，均在小兴安岭北坡，流经克林、前进、新生、阿廷河、力争 5 个林场，流域面积为 1 127km²，占乌伊岭区总面积的 33%，径流量 2.72 亿 m³。

乌伊岭区森林覆盖面积大，境内不仅河流多，泡泽也较多，乌伊岭区内铁路西侧有 4 个以其自然形状命名的泡泽：海马湖、五星湖、月牙湖、圈湖。

乌伊岭区有木本类、藤本类、草本类、菌类等植物。其中，木本类主要树种有：落叶松、白桦、红松、云杉、冷杉等。主要灌木有：榛子、蓝靛果、忍冬、东北山梅花、达子香、山高粱等。藤本类主要有：山葡萄、五味子、狗枣子、猕猴桃等。主要草本植物有：大小叶樟、蚊子草等；在山上腹有羊胡子草、蕨类等；在沟谷平坦地多生长薹草等；低洼地带生长苔藓、地衣、上马踪等。菌类主要有：榛蘑、油蘑、猴头蘑、元蘑、草蘑、松耳蘑等。

2004 年，乌伊岭区总人口 26 546 人，有汉族、满族、回族、朝鲜族、蒙古族等民族。

案例分析讨论题

1. 综合分析本次森林火灾发生及迅速发展的原因。
2. 如何抓住灭火的有利时机？
3. 本次森林火场内道路网密度不高，对灭火工作带来了哪些不利影响？

分析思路或要点

1. 从本次火灾的可燃物、地形、气象等因素进行分析。
2. 要先明确灭火的有利时机有哪些，然后再有针对性地进行分析。
3. 主要从林火阻隔和兵力运输两个方面进行分析。

案例九 湖南省岳阳市临湘市"3·19"森林火灾

内容摘要

2010 年 3 月 19 日 15 时许，岳阳市临湘市聂市镇五里乡朱贝村因村民黎洪明(男，67岁)烧田埂引发森林火灾。省、市、县、乡共组织 1 500 余人参与扑火战斗，大火在 3 月21 日晚 19 时全部扑灭，历时 52h，无人员伤亡。

案例正文

一、火场基本情况

火灾过火面积共 307.6hm²，烧毁有林地面积 255.1hm²，烧毁未成林造林地面积29.7hm²，造成直接经济损失共 339.72 万元。

(1)起火点位置及卫星热点分布情况

起火点为东经 113.49°、北纬 29.544°，靠近县级公路，为农林交错地带，冬茅茂盛，极易走火。火场为丘陵地区，最高海拔 457m，相对高度 340m，地形复杂多变，大多山势陡峭。起火点北面距临湘市聂市镇 3.3km，南面距临湘市森林防火指挥部 10km。

(2)火场天气情况

3 月 19 日前 4 日火场天气连续晴好干燥；22～25 日火场有一次中到大雨的过程。19～21 日火场火险天气等级均为 4 级，高度危险(表 7-1)。

表 7-1 3月19~21日临湘市气象条件

	气温(℃)			相对湿度				风向
	平均	最高	最低	平均	最小	平均	极大	
19 日	23.2	29.8	17.9	43	32	3.4	16.5	偏南风
20 日	21.9	24.8	19.2	45	20	4.5	12.3	偏北风—东北风
21 日	18.6	25.5	13.5	48	28	1.2	7.0	偏东风—偏南风

(3)火场植被情况

火场植被类型复杂多变,过火林地面积为307.6hm²,其中,有林地235.1hm²,有林地中乔木林地207.9hm²,其中,幼龄林178.3hm²,中龄林16.7hm²,成熟林12.9hm²,竹林地27.2hm²。灌木林地6.4hm²,疏林地17hm²,未成造林地29.7hm²,采伐迹地3.3hm²,宜林地16.1hm²。乔木林地主要为松杉林地,地被物主要为冬茅,在幼龄林抚育过程中割倒后就地堆积。

(4)扑火组织指挥情况

3月19日15时许森林火灾发生后,临湘市、聂市镇政府组织人员进行了扑救,并成立了由临湘市副市长为总指挥的扑火前线指挥部。

19日晚上,临湘市委、市政府启动了森林防火应急预案,成立了由市长任总指挥的扑火协调领导小组。

20日凌晨,岳阳市政府启动应急预案,并向省林业厅、省防火办申请支援。早上6时30分,省林业厅紧急调派驻湘武警森林部队76名官兵前往支援扑救。

20日下午,省林业厅启动重大森林火灾处置预案。省森林公安局政委赶赴火场一线协助指挥。岳阳市委副市长,市政府秘书长也于当晚赶到火场组织指挥扑救。

21日上午,省政府启动森林火灾应急预案。湖南省副省长、省森林防火指挥部指挥长和省政府副秘书长、省森林防火指挥部副指挥长亲临省森林防火指挥中心指挥调度。

21日下午,林业厅有关领导率工作组赶赴火场一线指挥扑火。17时,国家林业局防火办对如何扑救森林火灾做出了重要指示。省、市、县、乡四级共组织1 500余人参与扑火战斗,终于在21日19时将大火全部扑灭,确保了无人员伤亡事故发生。

二、扑救经过

(一)第一战:高家坡阻截战

3月19日15时火灾发生后,临湘市森林防火指挥部与聂市镇政府组织了20人(后增加至50人)在高家坡附近进行扑救。

战例分析:选择在火灾初发蔓延时期扑火,火场从杉木林转向了茂密的竹林和灌木林,火势大大减弱,还有水库作为天然阻隔,而且是扑打下山火,防止林火向冬茅密集的幼林地蔓延,时间、地点的选择都是正确的。但对这次火灾的严重性,临湘市、聂市镇有关干部判断不准、估计不足,重视很不够,灭火预案启动不及时,组织扑救不得力。扑救工作前期,临湘市分管市级领导没有及时赶赴火灾现场组织灭火工作,临湘市一级灭火指挥机构迟迟未前移到火灾现场,在县、乡两级和部门之间缺乏统一调度,加之缺乏专业扑火力量，参加扑火的干部群众未经专业训练，扑火工具原始简单，扑救能力差，致使火线越过鞍部向另一山头幼林地蔓延，火势迅速加大，此时已无法直接扑救，错失了扑救的最佳时期。

（二）第二战：油家山阻截战

19 日晚 9 时，临湘市森林指挥部组织扑火队员 80 人至距起火点西面 1 400m 的油家山开设防火线阻截，10 时左右防火线被突破。

战例分析：油家山是运兵车能尽快到达火场的地段，可依托已有山脊防火线开设阻隔带，是阻止林火继续蔓延的较理想位置。但扑火队伍连夜从高家坡赶往油家山，体力出现透支，又没有及时申请市政府及上级林火管理部门援助，加之没有专业扑火设备，开设阻隔带效率较低，致使大火越过阻隔带继续蔓延，又一次错过了扑救的良好时机。按照重要信息上报和临湘市森林防火应急预案的有关规定，临湘市委办公室、市政府办公室应在火灾发生后 2h 内向岳阳市委办公室、市政府办公室和岳阳市防火办公室报告信息。但火灾发生后，聂市镇和临湘防火办公室都未将火灾信息报告临湘市委办公室、市政府办公室，岳阳市防火办公室是在火灾发生 4.5h 后接到省防火办卫星监控火点警报时才获得火灾信息的。由于没及时启动应急预案和有效组织人员扑救导致火场失控继续蔓延。

（三）第三战：河冲水库阻截战

20 日凌晨，岳阳市政府启动应急预案，并向省林业厅、省防火办申请支援，扑救人员转移至河冲水库进行第三次阻截，但未能成功。6 时 30 分，省林业厅紧急调派驻湘武警森林部队 76 名官兵前往支援扑救。

战例分析：阻截的位置交通较方便，有小路直达阻隔带附近，又有水库作为自然隔离带作依托，比较合理。但人员通宵作战，极度疲劳，供给又不及时，效率大大下降，后续增援武警精锐部队又因大火阻隔进山道路而无法汇合。结果开设隔离带人员被大火包围，所幸有水库作为依托，扑火队伍进入水库周边得以避险。指挥员应对火蔓延速度和强度及时了解，正确设置隔离带位置，合理布置安排兵力，特别是要预先安排好撤离路线，保证人员安全。

（四）第四战：荆竹山保卫战

林火烧过河冲水库后，由于山脊大多为幼林地或荒地，火势较大，林火一路沿山脊蔓延，21 日下午到达最高峰荆竹山后开始向山脚乔木林地蔓延。所有扑救队伍迅速集结在山腰公路上，采取反烧作业的方式向山上点火，成功阻止了火灾的向下蔓延，最终将明火全部扑灭。

三、案例分析

经验与教训：

（1）加强林火管理，提高扑救能力

临湘市没有建立县级专业森林消防队伍和乡镇专兼结合的森林消防应急队伍，未按要求配齐县乡专职护林员，野外火源监管、巡查不力，值班制度不落实；装备建设、日常训练也不到位，各乡镇自备的扑火工具、设备简单且数量少，业余队伍未开展防火演练和专业培训。因而在此次火灾初发、最易扑灭阶段未能快速组织有效扑灭，错过了最佳灭火时机。

(2)重视应急预案的建设和落实

应急预案应制定完善并要求演练落实。但临湘市防火应急预案形同虚设,未能起到应急的效用。要重视科学制定应急预案,更要重视对应急预案的演练落实,一旦发生重大、突发性事件要立即启动预案,真正发挥其应有的作用。

(3)提高扑火指挥员的素质和能力

扑火指挥员应熟悉当地地形、植被等情况,了解不同地类、不同地形、不同气象条件下火蔓延特性,科学调度与决策,避免人员伤亡和财产损失。当各级别领导亲临火场时,应保证扑火指挥员指挥的连续性。

附 录

岳阳市位于湖南东北部,素称"湘北门户"。地处东经112°18′31″~114°09′06″,北纬28°25′33″~29°51′00″。东邻江西省铜鼓、修水县和湖北省通城县;南抵湖南省浏阳市、长沙市、望城区;西接湖南省沅江市、南县、安乡县;北界湖北省赤壁、洪湖、监利、石首县(市)。市东西横跨177.84km,南北纵长157.87km。土地总面积15 087km²,占全省总面积的7.05%。城市规划区面积845km²,其中,市区建成区 面积88km²。

全市总面积1.5万 km²,耕地面积30万 hm²。境内地貌多种多样,丘岗与盆地相穿插、平原与湖泊犬牙交错。山地、丘陵、岗地、平原、水面的比例大致为15:24:17:27:17。境内地势东高西低,呈阶梯状向洞庭湖盆地倾斜。东有幕阜山山脉蜿蜒其间,自东南向西北雁行排列,脊岭海拔约800m,幕阜山主峰海拔1 590m;南为连云山环绕,脊岭海拔约1 000m,主峰海拔1 600m;西南被玉池山脉所盘踞,主峰海拔748m。全市两面环山,自东南向西北倾斜,东南为山丘区,西北为洞庭湖平原,中部为过渡性环湖浅丘地带。全市山地占14.6%,丘岗区占41.2%,平原占27%,水面占17.2%。

岳阳市处在东亚季风气候区中,气候带上具有中亚热带向北亚热带过渡性质,属湿润的大陆性季风气候。其主要特征:温暖湿润,四季分明,季节性强;热量丰富,严寒期短、无霜期长,春温多变,盛夏酷热;雨水充沛,雨季明显,降水集中;年平均降水量为1 289.8~1 556.2mm,呈春夏多、秋冬少,东部多、西部少的格局,春夏雨量占全年的70%~73%,降水年际分布不均,最多达2 336.5mm,降水少的年份只有750.9mm。年平均气温16.5~17.2℃,极端最高温度39.3~40.8℃,极端最低温度-11.4~18.1℃。城区年平均气温偏高,为17.0℃。年日照时数为1 590.2~1 722.3h,呈北部比南部多、西部比东部多的格局。年无霜期256~285d。市境主导风向为北风和东北偏北风,年平均风速为2.0~2.7m/s。"湖陆风"盛行,"洞庭秋月"朗;湖区气候均一,山地气候差异大;生长季中光热水充足,农业气候条件较好。

岳阳市水系发达,湖泊星罗棋布,河流网织,有大小湖泊165个,280多条大小河流直接流入洞庭湖和长江。洞庭湖是长江中游最重要的调蓄湖泊,湖泊面积2 691km²,总容积170亿 m³,分为东、西、南洞庭湖。岳阳市境内洞庭湖面积约1 328km²。东洞庭湖是洞庭湖泊群落中最大、保存最完好的天然季节性湖泊,占洞庭湖总水面的49.35%,其水面大部分位于岳阳境内。在洞庭湖周边,沿东、南、西、北 4 个方向,分别有新墙河、汨罗江、湘江、资江、沅江、澧水、松滋河、虎渡河、藕池河 9 条大中江河入湖,形成以洞庭湖为中心的辐射状水系,也被称"九龙闹洞庭"。其中,前 6 条统称为"南水",后 3 条统称为"北水",南、北两水在洞庭湖"九九归一"于城陵矶汇入长江。全市长 5km 以上河流有 273 条,流域面积 100km² 的河流有 27 条,流域面积 2 000km² 以上的河流有两条:汨罗江发源于通城、修水、平江交界的黄龙山脉,长 253km,流域面积 5 543km²;新墙河长 108km,流域面积 2 370km²。黄盖湖位于湘鄂交界处,全流域面积 1 552.8km²,在岳阳市境内有 1 377.8km²。

地表水:年平均降水量 1 373mm,年径流量 95.21 亿 m³。

过境水:长江干流、洞庭湖水系过境水量以城陵矶下游的螺山为控制点,多年平均过境水量 6 370.29 亿 m³,其中,洞庭湖占 47%。过境水量为本境水量的 70 倍,人均约 14.7 万 m³。

地下水:俗称"阴河"。据勘测,地下补给水量年平均为 20.05 亿 m³,为地表水资源数量的 21%。全市多年平均径流量加地下水年平均水量,水资源年平均储量为 115.27 亿 m³。主要分布于洞庭湖平原及山丘岗地的溪谷河畔。

临湘地处湘北边陲,位于东经 113°15′~113°45′,北纬 29°10′~29°52′,是湖南的北大门,全市总面积 1 760km²。

北临长江,西傍洞庭,东南蜿蜒着罗霄山的余脉,居武汉、长沙经济文化辐射的中心地带。临湘与湖北的赤壁、通城、监利、通山、崇阳、洪湖,江西的修水 9 个县市接壤。长江水道依境而下,清末时期县境沿长江有儒溪、新洲脑、叶家墩等 18 处渡口。1949 年后,随着交通事业发展,京广铁路、武广高速铁路、107 国道及京港澳高速公路和杭瑞高速公路穿境而过,临湘与周边县市公路也相继拉通,临湘至赤壁、临湘至通城等客运线路也接连开通,有着得天独厚的交通条件和区域优势。

临湘境内南高北低,东南群峰起伏,中部丘岗连绵,西北平湖广阔,大体为"五山一水两分田,二分道路和庄园"。最高山药菇山海拔 1 261.1m,最低点江南镇谷花洲海拔 23m。

临湘年平均气温 16.4℃,无霜期 259d,日照率 41%,年降水量 1 469.1mm。气候温和,土壤肥沃,物产丰富。沿江水广洲阔,是鱼米之乡,为粮、棉、油、猪、鱼的重要生产基地;山丘林海苍莽,有松、杉、竹、茶、果、药等近百万公顷,尤以茶叶享誉中外。

案例分析讨论题

1. 在实际工作中,如何能真正实现打早、打小、打了?

2. 如何快速开设好隔离带?

3. 如何实现安全灭火?

分析思路或要点

1. 从火情监测、行动展开、靠前驻防、装备效能等方面进行分析。

2. 可从隔离带的开设工具、开设方法、开设位置、开设宽度等方面进行分析。

3. 可从灭火时间、灭火地点、灭火方法、避险方法及时机等方面进行分析。

案例十　内蒙古大兴安岭北部原始林区 "4·30" 俄罗斯入境森林火灾

内容摘要

2014 年 4 月 30 日，俄罗斯森林火灾越过界河烧入内蒙古大兴安岭北部原始林区乌玛林业局伊木河林场境内，于 5 月 2 日 23 时火场合围扑灭，过火森林面积 2 703hm²。

案例正文

一、火场基本情况

2014 年 4 月 30 日，俄罗斯森林火灾越过界河烧入内蒙古大兴安岭北部原始林区乌玛林业局伊木河林场境内，来势凶猛，迅速蔓延。经 1 400 余名林业专业扑火队员、武警森林部队官兵 59h 的奋力扑救，于 5 月 2 日 23 时火场合围扑灭，过火森林面积 2 703hm²。

本次森林火灾，其发生、发展、蔓延主要有以下几个特点：

（1）气象条件

林区属大陆性季风气候，春季干旱少雨，受副热带高压气流的影响，主要风向为西北风，与俄罗斯交界地区处于下风口，俄方一旦发生火灾，极易烧入我国境内。按正常年份，由于北部原始林区处于高纬度寒温带，重点火险期集中在 6～8 月，易发生雷击火，5 月 30 日前很少发生森林火灾。但 2014 年 3 月 15 日进入春防期后，林区气候反常，持续高温、干旱、大风，气温较往年偏高 6℃以上，最高温度达到 27℃，降水偏少 5～8 成，4 月 5～30 日连续 20 多天无降水，大部地区出现了重旱至特旱，林区提前 25d 进入防火紧要期，具备了大火燃烧蔓延的客观条件。

（2）地理情况

北部原始林区位于大兴安岭山脉西坡的北麓边缘地带，地貌为中、低山地，由北向南逐渐升高。境内山地约占 80%，主岭呈东北—西南走向，形成东高西低的坡面地形。一般坡度在 5°～20°，阴坡平缓，阳坡陡峭。海拔一般为 500～1 000m，山地相对高度在 100～300m，最高海拔 1 287m。植被以兴安落叶松为主，在高海拔地带分布有偃松灌丛。从火场情况看，由于处于河流边缘，断崖遍布，山高坡陡，部分火线在 60°～80°以上的陡坡上蔓延，加之海拔高，偃松遍布，树木油脂丰富，用常规风力灭火机扑打极为困难。

（3）林火行为

林区西北部以额尔古纳河为界与俄罗斯接壤，有 370km 国境线，界河宽度在 50～400m，遇有高温干旱年份，河流水位下降，河道变窄，岸边芦苇、灌木干枯易燃。一方面，遇有大风，俄方森林火灾易形成"飞火"烧入我国境内；另一方面，森林火灾形成的热辐射，可在真空中传播，热能转变为辐射能，被林木、岩石等其他物体吸收后，又由辐射能转变为热能，在森林大火长期的高温烘烤下，即使没有风力借助，热能积蓄到一定程度，也会引发距离很远的其他林木自燃。

（4）基础设施

由于北部原始林区属未开发原始林区，道路建设受到限制，只是从 1988 年开始，采取"以木换路"的方式修建了部分防火公路，在近 100 万 hm² 的范围内仅有公路 799.7km（含国防公路），路网密度仅为 0.84m/hm²，发生火灾后，运兵困难，扑火人员陆路很难快速抵达。在伊木河火场周边几十公里范围内没有公路，因此只能靠机降运兵进行扑救。

（5）历史火灾

2006 年 5 月 31 日，几乎在同一位置，俄罗斯森林火灾就曾经越界烧入伊木河林场，投入兵力 1 195 人，动用飞机 4 架，于 6 月 3 日扑灭，过火面积 6 606hm²。由于曾受过入境火的侵袭，该区域内站杆倒木多，灌木丛生，林下枯枝落叶层非常厚，易形成地下火，扑救清理异常困难。

二、扑救经过

4 月 30 日 6 时，一份由国家林业局卫星林火监测中心监测的热点报告单自内蒙古自治区防火办传到内蒙古大兴安岭森林防火指挥中心。经飞机观察，确认火灾由俄罗斯烧入我国境内。

火灾发生后，内蒙古大兴安岭林区迅速启动防扑火预案，立即在大兴安岭林管局成立了"4·30 俄入境火扑火总指挥部"，在靠近火场的原始林区中腹乌玛零公里成立了扑火前指，调集重兵积极组织扑救。

原始林区的森林火灾扑救工作，得到党中央、国务院，国家森林防火指挥部、国家林业局，武警总部，武警森林指挥部，内蒙古自治区党委、政府的高度重视，极大地鼓舞了前线扑火人员的战斗热情。5 月 3 日，在明火全部扑灭转入清理火场的关键时刻，国务院有关领导对扑火工作给予了高度认可，认为此次扑救工作指挥调度得当，森警作战得力，经验值得总结。

国家森防指迅速行动，及时启动国家处置火灾应急预案四级响应，并根据火场态势升级为三级响应。国家林业局主要领导在国家森林防火指挥中心坐镇指挥，多次调度火灾扑救情况；派出两个赴火场工作组，通过北方航空护林总站紧急协调增调 9 架直升机支援火灾扑救，紧急调拨扑火物资，为较短时间扑灭火灾抢得了时间、做足了准备。同时，协调外交部照会俄罗斯驻华使馆提请俄方对我在边境地区开展扑救工作提供方便。

武警森林指挥部迅速开设基本指挥所，主要领导坐镇指挥，全程指挥森林部队灭火行动，并要求森林部队官兵科学指挥，全力以赴，备足兵源，充分发挥扑火主力军的作用；副司令员郭建雄第一时间带前指昼夜兼程赶赴一线，靠前指挥部队灭火行动。同时，武警内蒙古森林总队后续 300 名兵力快速向火场附近集结，武警黑龙江森林总队相关部队也已进入一级战备状态，做好随时增援准备，确保火场兵员充足。

内蒙古自治区党委、政府高度重视，主要领导扑火工作提出具体要求，专门下拨 1 400 万元抢险救灾资金。各级领导第一时间赶赴扑火总指挥部指导扑救工作。

1 400 余名林业专业扑火队员、武警森林部队官兵在持续高温、干旱、大风的不利气候条件下，在地处偏远、临近国境、人迹难至的特殊复杂地形下，克服火场道路不通、运兵极为困难、昼夜温差极大、后勤保障难度高等诸多困难，发扬"公而忘私、顾全大局、团结协作、众志成城、敢打必胜"的火场精神，在短短59h就实现了火场合围，取得了扑灭境外烧入火灾的决定性胜利，又一次创造了依靠人力成功扑灭森林火灾的奇迹。为此，国家森防指、国家林业局、自治区党委、政府、自治区国资委党委发来慰问电。

三、案例分析

这次北部原始林区俄罗斯入境火发展之快、扑救之难、情况之复杂，为林区扑火历史所罕见。之所以能在较短的时间内、主要依靠人力实现"火扑灭、零伤亡"，主要得益于上级领导的高度重视、参战各方的高效协同、指挥决策的科学得力、扑火队员的英勇奋战。深入分析这一成功战例，主要有以下几个特点：

（一）火场形势判断准确

4月30日6时，接到火情报告后，黑龙江森工集团（林管局）立即决定派飞机准确观察定位火场。由于火场临近国界线，飞行受限，根河航站随即请示北方航空护林总站，总站调度室积极协调有关航行管制部门及时批准飞行计划，距火场直线距离228km的根河航空护林站派出Z-9型直升机起飞，到中午12时，火场情况反馈至指挥部。森林火灾分别由俄罗斯杜布基坦考娃谷、第三乌瓦里娜亚谷、奥斯特洛夫娜亚谷通过伊里木维岛三处烧入我国境内，火场呈肺叶状，东西长约9.4km，南北宽约5.5km，直线周长约25km。林火动态蔓延主要以较强度的地表火辅以较弱度的树冠火为主。火场西南风，火势向东蔓延。火场西南为界河，周围没有道路。飞机及时准确的观察，为扑火决策、制定科学的扑火战略提供了可靠依据。

（二）指挥机构健全高效

面对突发火情，黑龙江森工集团（林管局）成立扑火总指挥部，森防指领导坐镇指挥。根据扑火需求，在乌玛零公里设立前线指挥部，森防指领导靠前一线组织扑火战斗。由森防指办公室、森林部队负责人任总调度长，统筹兵力调动，信息汇总，协调各方。扑火组织机构设置规范，兵力部署科学恰当，信息上报规范及时，整个指挥部忙而有序。扑火一线由有扑火经验的领导指挥，展示了强大的综合扑火指挥能力。

随着国家森防指、武警森林指挥部、自治区赴火场工作组陆续抵达扑火一线，国家森防指总指挥明确要求，不管在火场的上级领导级别有多高，都只是起到指导、协调的作用，具体扑火工作必须由黑龙江森工集团（林管局）扑火总指挥部统一指挥，确保了扑火工作高度统一、上下联动、分工负责。

（三）战略战术科学合理

前线总指挥多次带领有关人员空中巡查，研究调整扑火战略；前线副总指挥带领管护局、森林部队有关人员深入火场腹地详细勘察，制定具体扑火战术。

根据火场态势、气象条件、火场偏远无路等综合情况，扑火前指决定采取"重兵集结，机降空投"的方式向火场运送兵力，向上级请调飞机支援；制定"守西、固北、打东"的扑火战略；在火场北线外围开设机降点，由此切入点进入火场，采取"一点突破、分兵合围""一条龙梯进式"灭火战术，抓住战机，抓住重点，合理布兵，集中优势兵力向东南线推进扑打，力争尽快合围。

（1）守西

4 月 30 日 12 时 50 分，北部原始林区森林管护局 16 名专业扑火队员和武警内蒙古根河大队 15 名官兵乘直升机索降在火场北线外围，成立火线分前指，开设 1 号临时机降点（120°04′30″E/52°35′00″N），为后续增援部队迅速到达火场抢得先机。同时，采取阻隔战术，间接灭火，以火攻火，利用河流天然屏障，逆风点烧隔离带 400 延长米。主要守护西线、西北线，防止过境火的继续侵入，保证附近的边防哨所、火线指挥部和 1 号机降点的安全，完成"守西"任务。

同时，调集满归、阿龙山、金河、根河、莫尔道嘎、得耳布尔 6 个林业局的 1 000 名林业专业扑火队员连夜向距离火场最近的"零公里"机降点集结。武警内蒙古森林总队莫尔道嘎大队、满归大队和根河大队 360 名官兵也紧急赶赴机降点待命。扑火总指挥部要求所有扑火队伍必须在 5 月 1 日中午前到达乌玛零公里集结点，待增援飞机到达后，机降运兵。

（2）固北

4 月 30 日晚，呼伦贝尔航站、兴安盟航站增援的 3 架米 171 和 1 架 K32 直升机于陆续到场。5 月 1 日 5 时起，开始陆续向火场机降运兵并实施吊桶灭火。至 1 日 22 时，360 名森警和 200 名满归林业局专业森林消防队陆续机降进入火场，采取"一点突破、重点突击、梯进跳跃直线推进"的战术，消灭火场侧翼尾火。由森警部队重点对火场正北、东北方向的 97、100、116 林班开展扑救，林业职工扑火队随后跟进，在北线、东线清理火场；在火场正东方向 117、118 林班寻找开设 2 号临时机降点，筹划机降运兵，主动封围。火场西线、北线得到控制，扑火前指留守部分兵力，平均每 15m 一人负责继续清理，将兵力重点调整至火场东北、东、东南一线，自此完成"固北"任务。

（3）打东

随着 M-26 大型直升机的到场，兵力运送速度加快。5 月 2 日 7 时，经一夜奋战，火场西、北、东北线已全部扑灭，仅剩东南角 4km 火线。调集 1 架 K32 飞机、1 架 171 飞机在火场东南线进行吊桶灭火。至 2 日 12 时，投入火场总兵力达到 1 290 人，其中，716 人继续在火场西线、东线、东北线清理守护；集中其余精锐兵力，重点扑打东南角火线。5 月 2 日下午，扑火总指挥部发出最新命令：在东南线再打一场歼灭战，力争夜晚实现合围，夺取扑救工作全胜。

在扑救东南火线的关键时刻，一支 15 人的森林部队突击队紧急成立，在武警大兴安岭森林支队满归大队大队长的带领下，突击队员轻装上阵，对剩余的火线突击扑打。林业专业扑火队的突击队随之形成，各局纷纷调派风力灭火机、油锯，组成了近 50 人的突击队，与森林部队官兵共同奋战，直插东南角 621.2 高地攻打火头，于 2 日 23 时全线合围，外线明火全部扑灭，取得了扑火救灾的决定性胜利。

（4）清理

在火场后续清理工作中，扑火前指将责任全部落实到具体单位、具体责任人，分段清理看守。要求火场相关责任单位，以外缘火线为基点，向火场内侧纵深清理 50m 以上，带队负责人相互签字、交接，定点分段，形成环环相扣、段段相连的闭合圈，彻底清理火场死角，连续清理看守 72h 以上，达到"三无"，严防死灰复燃。

（5）安全

在整个扑火过程中，牢固树立"以人为本、安全第一"的思想，狠抓安全工作落实。针对林区山高坡陡林密的实际，各级指挥员认真勘察火场地形，准确判断火情，明确主攻方向、兵力配置、任务区分和主要战术手段，制定多种险情的紧急避险方案，并提前开设安全区域，选择撤离路线，做到了未雨绸缪。

（四）机群灭火至关重要

由于火场临近国境，属未开发原始林区，地形复杂，山高林密，偏远无路，只能依靠直升机调运兵力进行扑救，给火灾扑救工作带来极大困难。

国家森防指通过北方航空护林总站紧急协调增调 9 架直升机支援火灾扑救。航护飞机主要用于扑火运兵、观察火场及吊桶灭火，无特殊情况不得用于接送视察前线相关领导人员，确保飞机最大限度地发挥扑火救灾作用。总站长亲自率领航行管制、飞行观察、通信指挥等 15 名专业人员，兵分三路、陆空同步，在第一时间赶到火场一线，在距火场最近的满归林业局设立灭火飞机调度指挥分前指，全面了解火场态势，指挥航空消防人员迅速投入到灭火工作中。针对火场处于狭窄国境区域及作业飞机多的特点，派出航行管制员与航站管制员一起协同配合指挥飞行，并积极协调有关省区确保世界载重量最大的 M-26 直升机及时投入扑火，紧急从加格达奇调运航油 36t，有力保障了在扑火重要时段大型飞机机降运兵能力强和直接吊桶威力大的优势发挥。仅 5 月 2 日一天，M-26 直升机就飞行 5 架次 7h，向火场投送兵力 444 人，为快速灭火起到了至关重要的作用。

在此次灭火作战中，飞机在投放兵力、吊桶灭火、运送物资中发挥了不可替代的作用。在空军长春指挥所和民航黑龙江空管局的大力支持下，北方航空护林总站总调度室和根河航站飞行管制员，全力保障飞行安全。据统计，整个扑火期间飞机安全飞行 494 架次，其中，最高日（5 月 1 日）飞行 140 架次，运送扑火人员 2 576 人次，吊桶洒水灭火 294t，运送物资、给养 20t，打开了原始林区扑火救灾的空中运输线和生命线。在地面形势复杂、能见度差的条件下，短时间内如此高密度的飞行尚属首次。之所以能够安全、高效完成任务，得益于良好的地空配合、科学指挥。

（五）参战各方高效协同

火灾发生后，呼伦贝尔市委、市政府全力支持，要求地方各部门密切配合，为扑火救灾开通"绿色通道"；气象部门全力保障，及时发布火场实时天气信息，提供气象卫星云图，提早制定人工增雨方案。5 日，在天气有利的条件下，发射了 24 枚人工增雨弹，为火场清理看守提供了极大便利；电信部门组织专业人员维护通信线路和设备，携带移动中继设备，搭建火场应急通信网络，确保信息畅通；电力部门针对飞机增多、电力负荷过大的情况，及时抢修线路，排除故障，保证飞机正常运转。有关各方的迅速响应、通力合作，是对扑火救灾有力支持，形成了强大的合力。

（六）后勤保障及时有力

随着各方前指人员、扑火人员、机组人员的陆续抵达，后勤保障压力巨大。后勤保障主要由北部原始林区管护局负责，该局成立了由主要领导挂帅的组织机构，抽调精干力量，精心组织，周密计划，开启了 24h 后勤保障"全天候"模式。由于火情紧急，加之满归镇地处偏远，物资储备有限。一时间，满归小镇的蔬菜、肉类告急，商店可供应的扑火急需食品全部售罄。为全力做好前线给养物资的供应，管护局派出车队和人员，从周边的阿龙山镇、根河市、漠河县等地紧急采购调配物资，保证了近 2 000 人的后勤供给和上百次的临时供餐，使前线扑火人员保持了旺盛的战斗力。同时，在火场正东方向开设 2 号临时机降点，便于运兵和取送给养。

四、火灾启示

通过这次灭火作战，我们切身体会到，尽管气候条件不利，森林火灾突发性强，火势发展迅猛，但只要科学指挥，处置得当，就能够完全依靠人力在较短的时间内扑灭森林大火。森林火灾是可控的，这为我们今后灭火作战总结了经验，坚定了信念。为更加科学高效处置特殊地区的森林火灾，有以下几点启示：

①关于森林火险预警监测 内蒙古大兴安岭地处偏远林区，山高林密，地广人稀。近些年，国家实施以生态建设为主的林业发展战略及林区棚户区改造工程，基层林业局林场撤并，人员多集中在林业局周边的地区，因此，林区公网信号覆盖范围小，有许多地区通信信号时好时坏，许多地区没有通信信号。林区的森林火险预警监测系统的森林火险监测站点已经布设完成，但是由于许多站点没有公网信号或者不稳定，数据传不出去。目前，我国北斗卫星通信系统已经可以全天候、全天时提供高可靠短报文通信服务，因此，建议偏远林区的森林火险监测站点可以利用北斗进行数据传输。

②国境线外侧的卫星林火监测 内蒙古大兴安岭林区西北部有 370km 余与俄罗斯接壤的国境线，西南部与蒙古国接壤的国境线 70km 余。2014 年 7 月中下旬，内蒙古大兴安岭林区雨量充沛，但由于俄罗斯远东林区多处发生森林火灾，烟尘在西南风的带动下，飘入林区北部，当时气候湿润、气压低、风速小、雾气大，许多地区烟尘及草木灰味道很难散去。林区瞭望塔无法观测是否发生火情，各级部门的领导都非常关心林区是否发生了森林火灾，因此，建议关键时段对林区交界的俄罗斯、蒙古进行必要的卫星监测，及时发布卫星监测云图，使林区的森林防火工作更具主动性。

③关于防火公路 北部原始林区路网密度低，为林区平均路网密度 1.72m/hm² 的 48.8%，现有公路等级低，多为沙石路面，年久失修，一旦发生火灾很难及时将兵力运抵火场。因此，建议对北部原始林区公路进行升级改造。

④关于航空护林 此次火灾扑救，飞机机群灭火在偏远无路的原始林区发挥了至关重要的作用。因此，建议在北部原始林区永安山林业局的恩和哈达、莫尔道嘎林业局修建直升机机场，具有夜航功能，可以弥补现有航站巡护跨度大、航线过长的不足的现状。同时，增加停机坪数量，提高机动运兵能力。增加直升机数量、飞行时间，发挥机群灭火的优势。

⑤关于水路运兵 北部原始林区河流众多，额尔古纳河是中俄的天然分界线，其主要支流有恩和哈达河、毛河、八道卡河、托里苏玛河、乌玛河、伊里吉奇河、乌龙干河、阿巴河等，水系格局表现为树枝状纵横交错。有些火场需水路运兵，涉河扑救。因此，建议

购置气垫船、冲锋舟、橡皮艇等，修建简易码头，填补水路运兵、巡逻的空白，形成空中、地面、水路运兵的格局。

⑥关于靠前驻防　北部原始林区管护局是森工集团（林管局）下属的事业单位，编制160余人，扑火人员较少，每年需派森林部队靠前驻防。目前，仅在乌玛零公里有一处靠前驻防兵站，但设施不全。因此，建议在奇乾、乌玛、永安山选择合适位置，修建三处靠前驻防兵站、物资储备库、油库、停机坪等，提前部署兵力，发现火情，就近扑救。

⑦关于边境联防　目前，边境地区发生森林火灾，协调困难，程序烦琐。因此，建议由国家、自治区牵头，与俄罗斯定期召开联防会议，建立快捷的沟通机制。同时，提高边境地区飞行计划审批速度，防止贻误战机。

⑧关于防火通信　北部原始林区通信覆盖率为50%，存在盲区死角。因此，建议结合信息化指挥系统建设，坚持顶层设计，统一标准，充分发挥现有CDMA通信网作用，以数字超短波通信为主，综合利用其他通信手段，重点加强数字超短波通信网、卫星通信网、移动通信网和以指挥中心为基础的地面有线网的联网建设，形成上下信息贯通、防扑火指挥顺畅的森林防火综合通信指挥调度系统。

⑨关于瞭望监测　北部原始林区现有瞭望塔19座，由于管护面积大，瞭望监测率仅为63%，观察火情易出现误差。虽然通过综合治理二期项目建设，增加了一些远程视频监控设备，但由于高纬度、高寒地区的特殊地理、气候条件，以及技术上的不成熟，没有发挥应有的作用。因此，建议增加瞭望塔数量，在视频监控试点建设的基础上，引进成熟的技术和设备，加强林火监控。

⑩关于大型设备　在北部原始林区应购置大型机械设备和以水灭火设备，大型机械设备应具备全道路通过能力、快速的机动性能、强大的运载能力、破障开路能力、隔离带开设能力、救援牵引能力等；以水灭火设备适合原始林区扑火实际，应购置越野能力强的履带式森林消防水车、车载式高压细雾灭火装备、水泵灭火系统及单兵以水灭火机具等。在快速抵达火场，强攻突破火线，扑打高强度树冠火、地下火和草塘、林草结合部火灾时，能充分发挥作用，直接进入火场扑打和清理，从而达到快速灭火的作用。

⑪关于森林保险　2013年，内蒙古自治区政策性森林保险的正式启动，林区积极参保，每年需拿出近3 000万元保险费。"4·30"火灾发生后，即第一时间与人保财险呼伦贝尔市分公司取得联系，提前做好理赔相关工作，这是林区首例森林火灾理赔案例。按照参保合同，公益林乔木林地、灌木林地和商品林乔木林地的保险赔付金额，分别按再植成本每亩① 500元、300元和600元计算，理赔金额较少。因此，下一步我们将与保险公司对接，从火灾预防、火灾施救等方面提出理赔要求，争取更多的赔付费用，用于森林火灾预防，探索新的森林保险机制。

附　录

内蒙古大兴安岭林区是我国最大的重点国有林区，被誉为祖国北方重要的生态屏障。

---

① 1亩≈0.067hm²。

其北端与俄罗斯交界的北部原始林区，地处额尔古纳河下游，所辖乌玛、奇乾、永安山 3 个未开发的林业局，生态功能区总面积 94.7 万 hm^2，活立木总蓄积量 1.2 亿 m^3，森林面积 90 万 hm^2，森林覆盖率达 95.0%，拥有丰富的野生动植物资源，是我国唯一集中连片面积最大的未开发的原始林区，是中华民族弥足珍贵的绿色宝库、基因库，是黑龙江的发源地，也是松嫩平原、呼伦贝尔大草原的天然屏障，生态地位极其重要。内蒙古大兴安岭重点国有林区是我国五大国有林区之一，南北长约 696km，东西宽约 384km，与俄罗斯、蒙古接壤的边境线长 440km。地理坐标为东经 119°36′30″~125°24′00″，北纬 47°03′40″~53°20′00″，地跨呼伦贝尔市、兴安盟等 9 个旗市，管理机构为内蒙古大兴安岭重点国有林管理局，管理局下设 19 个林业局。内蒙古大兴安岭国有林区林业主体生态功能区总面积 10.67 万 km^2，占整个大兴安岭的 46%；森林面积 8.17 万 km^2，活立木总蓄积量 8.87 亿 m^3，森林蓄积量 7.47 亿 m^3，均居全国国有林区之首。现有 70% 的森林被列为国家重点、一般公益林实行全封闭保护和限制性开发，其中，有 110 万 hm^2 从未开发的原始林，8 个共计 124 万 hm^2 的国家级和省级自然保护区。

内蒙古大兴安岭重点国有林区作为欧亚大陆北方森林带的重点组成部分，拥有完备的森林、草原、湿地三大自然生态系统、特殊的生态保护功能和多种伴生资源，是国家重点的纳碳贮碳基地。在森林总量上，林区活立木蓄积量和天然林面积以省为参照均居全国第 6 位，森林年生长量 1 200 万 m^3，潜力达 1 700 万 m^3，在生态区位上，大兴安岭主山脉贯穿全林区，形成的天然屏障通过阻隔太平洋暖流和控制西伯利亚寒流、蒙古干旱季风，保障了呼伦贝尔大草原和东北粮食主产区的生态安全；在生态作用上，是我国最大集中连片明亮针叶原始林，7 146 条河流和多处湿地是黑龙江、嫩江的发源地，其森林生态系统在涵养水源、保育土壤、碳汇制氧、净化环境、保护生物多样性等方面发挥着不可替代的重要作用，被世人称为"北疆的绿色长城"，被胡锦涛同志誉为"祖国北方的重要生态屏障"。同时，内蒙古大兴安岭林区地处高纬、高寒地带，年平均气温 − 3.5℃，极端温度达 − 50.2℃，土层贫瘠，树木生产缓慢，一旦破坏，不可复制。

北部原始林区属寒温带大陆性季风气候，地处中国高纬度地区生长着大面积的兴安落叶松林、樟子松林、白桦林、针阔混交林及偃松林等典型寒温带森林植物群落，有大面积的湿地沼泽，是天然的自然博物馆、生物基因库和生态实验室。主要河流有恩和哈达河、托里苏玛河、伊里吉奇河、八道卡河、乌龙干河、乌玛河、阿巴河、毛河等大小 400 余条河流。森林与湿地这两大生态系统共同维护着公园内物种的多样性，是北部原始林区冷极野生动植物生存和繁衍的天堂。这里的植物群落四季变化明显，春来草木萌生，杜鹃花烂漫；夏季苍松翠柏，流光溢彩；秋到野果飘香，层林尽染；冬临银装素裹，冰清玉洁。这里是树的海洋、雪的世界、河的源头、云的故乡、珍禽异兽的天堂。

境内河流属于额尔古纳河水系，由额尔古纳河干流与支流组合形成。额尔古纳河是北部原始林区最主要河流，也是中俄的天然的分界线，额尔古纳河水系主要支流有恩和哈达河、乌玛河、阿巴河等大小河流 400 余条。

案例分析讨论题

1. 结合本案例谈一下如何有效防止境外火入境。

2. 分析"火窝子"形成原因。("火窝子"是指多年内经常反复发生森林火灾的地域)

3. 试分析本次森林火灾发生的客观因素及其对森林火灾预防的指导意义。

分析思路或要点

1. 可从国情、阻隔网建设、靠前驻防、跨境增援等方面进行思考。

2. 可从可燃物、地形、气候、气象等条件进行分析。

3. 从本次火灾的可燃物、地形、气象等因素进行分析。

参考文献

曹艳峰，黄春长，韩军青，等，2007. 黄土高原东西部全新世剖面炭屑记录的火环境变化[J]. 地理与地理信息科学，23（1）：92－96.

曾孝平，刘敬，刘德，等，2005. 基于BP神经网络的森林火环境预测方法[J]. 重庆大学学报：自然科学版，28（1）：73－76.

单延龙，张敏，于永波，2004. 森林可燃物研究现状及发展趋势[J]. 北华大学学报：自然科学版，5（3）：265－269.

单延龙，金森，李长江，2004. 国内外林火蔓延模型简介[J]. 森林防火，4（4）：18－21.

傅泽强，陈动，王玉彬，2001. 大兴安岭森林火灾与气象条件的相互关系[J]. 东北林业大学学报，29（1）：12－15.

何诚，舒立福，张思玉，2014. 我国寒温带林区地下火发生特征及研究［J］. 森林防火（4）：22－25.

何芸，2018. 广西森林火灾的发生规律及其与气象因子的相关性分析［D］. 长沙：中南林业科技大学.

胡海清，2005. 林火生态与管理［M］. 北京：中国林业出版社.

李德文，高跃，高志勇，等，2006. 川西亚高山岷江冷杉林小气候特征［J］. 四川林业科技，27（6）：30－34.

李世友，2014. 滇中森林可燃物燃烧性及林火行为研究［D］. 北京：中国林业科学研究院.

李小川，李兴伟，王振师，等，2008. 广东森林火灾的火源特点分析[J]. 中南林业科技大学学报，28（1）：89－92.

李兴东，李鑫，李晓锟，等，2019. 一种基于元胞自动机的林火蔓延模型[J]. 林业机械与木工设备，47（6）：48－55.

李忠琦，张淑云，李华，等，2004. 黑龙江省呼中林区地下火发生的气象条件分析[J]. 森林防火（1）：28－29.

林花明，2017. 福建省森林火灾发生和火源时空分布规律研究[J]. 林业勘察设计（3）：10－12.

林其钊，舒立福，2003. 林火概论[M]. 合肥：中国科学技术大学出版社.

龙腾腾，高仲亮，王秋华，2017. 云南省森林火源特点分析[J]. 安徽农业科学，45（32）：165－166.

路长，2000. 阴燃与森林地下火特性研究［D］. 北京：中国科技大学.

宁吉彬，2019. 基于室内模拟的兴安落叶松林飞火引燃试验研究［D］. 哈尔滨：东北林业大学.

彭贵芬，刘瑜，张一平，2009. 云南干旱的气候特征及变化趋势研究[J]. 灾害学，24（4）：40－44.

秦富仓，王玉霞，2014. 林火原理［M］. 北京：机械工业出版社.

秦剑，余凌翔，2001. 云南气象灾害史料及评估咨询系统[M]. 北京：气象出版社.

舒立福，王明玉，田晓瑞，等，2003. 大兴安岭林区地下火形成火环境研究[J]. 自然灾害学报，12（4）：62－67.

舒立福，刘晓东，2016. 森林防火学概论［M］. 北京：中国林业出版社.

舒立福，田晓瑞，马林涛，1999. 林火生态的研究与应用[J]. 林业科学研究（4）：422－427.

舒立福，王明玉，李忠琦，等，2004. 大兴安岭山地偃松林火环境研究[J]. 山地学报，22(1)：36-39.

舒立福，王明玉，田晓瑞，等，2003. 大兴安岭林区地下火形成火环境研究[J]. 自然灾害学报，12(4)：62-67.

舒立福，王明玉，田晓瑞，等，2003. 我国大兴安岭呼中林区雷击火发生火环境研究[J]. 林业科学，39(6)：94-99.

宋光辉，李华，方海滨，等，2019. 吉林省主要森林火灾火源的时间变化特征[J]. 森林防火(1)：15-18.

唐翠英，林龙沅，卢毅，等，2019. 典型条件下火旋风的特性研究[J]. 消防科学与技术，38(10)：1357-1361.

唐抒圆，李华，单延龙，等，2019. 森林地下火特征及防控措施[J]. 世界林业研究，32(3)：42-48.

陶玉柱，邸雪颖，金森，2013. 我国森林火灾发生的时空规律研究[J]. 世界林业研究(5)：75-80.

田晓瑞，舒立福，2005. 我国境外火的火环境分析[J]. 森林防火(3)：24-26.

田祖为，张志东，曾冀，等，2019. 森林植被可燃物状况对火行为的影响概述[J]. 森林防火(3)：35-37.

王明玉，2009. 气候变化背景下中国林火响应特征及趋势[D]. 北京：中国林业科学研究院.

王鹏，2018. 基于混合HOGA-SVM信息融合的林火蔓延模型研究[D]. 长沙：中南林业科技大学.

王秋华，肖慧娟，仝艳民，等，2014. 滇中地区地盘松林凋落物燃烧特征[J]. 林业科技开发，28(6)：83-86.

王秋华，徐盛基，李世友，等，2013. 云南松林飞火形成的火环境研究[J]. 浙江农林大学学报，30(2)：263-268.

王秋华，2010. 森林火灾燃烧过程中的火行为研究[D]. 北京：中国林业科学研究院.

肖金香，彭家武，袁平成，等，1999. 庐山森林火灾的环境因素分析及对策[J]. 江西农业大学学报，21(4)：592-596.

徐毅，2016. 我国森林火灾的特点及原因分析[J]. 森林防火(1)：36-38.

闫想想，王秋华，李彩松，等，2019. 昆明重大森林火灾火烧迹地可燃物研究[J]. 西南林业大学学报：自然科学版，39(5)：157-164.

尹赛男，宋光辉，单延龙，等，2019. 吉林省主要森林火灾火源的空间分布[J]. 东北林业大学学报，47(3)：79-83.

于森，2016. 北京房山林火发生预测模型及小班火险等级区划研究[D]. 北京：北京林业大学.

袁春明，文定元，2000. 林火行为研究概况[J]. 世界林业研究，13(6)：27-31.

张思玉，蔡金榜，陈细目，2006. 杉木幼林地表可燃物含水率对主要火环境因子的响应模型[J]. 浙江林学院学报，23(4)：439-444.

张思玉，2013. 我国森林火灾特点的动态分析[J]. 森林防火(2)：15-19.

张晓玉，田晓瑞，2019. 厄尔尼诺/拉尼娜事件对中国火险天气和森林火灾的影响[J]. 森林防火(1)：24-30，45.

张媛，李胜男，张运生，2018. 森林雷击火特点和监测预警技术研究进展[J]. 森林防火(3)：44-48.

赵璠，2017. 云南松林火险与火行为模型研究[D]. 北京：中国林业科学研究院.

赵凤君，王明玉，舒立福，2010. 森林火灾中的树冠火研究[J]. 世界林业研究，23(1)：39-43.

郑焕能，胡海清，1987. 森林燃烧环[J]. 东北林业大学学报(5)：1-6.

中国气象局，2017. 厄尔尼诺/拉尼娜事件判别方法QX/T 370—2017[S]. 北京：中国质检出版社.

周志权，高国平，曲艺，1999. 辽西主要林型地被可燃物与林火发生关系的研究[J]. 东北林业大学学报，27(1)：75 - 77.

张敏琦，戴明，等，2014. 林火阻隔系统建设标准[M]. 北京：中国林业出版社.

AGEE J K, SKINNER C N, 2005. Basic principles of forest fuel reduction treatments [J]. Forest Ecology and Management, 211(1 - 2)：83 - 96.

ANDERSON H E, 1970. Forest fuel ignitibility [J]. Fire Technology, 6(4)：312 - 319.

ANTHENIEN A, TSE S D, FERNANDEZ - PELLO A C, 2006. On the trajectories of embers initially elevated or lofted by small scale ground fire plumes in high winds [J]. Fire Safety Journal, 41(5)：349 - 363.

ARROYO L A, PASCUAL C, MANZANERA J A, 2008. Fire models and methods to map fuel types: the role of remote sensing [J]. Forest Ecology and Management, 256(6)：1239 - 1252.

BENSCOTER B W, THOMPSON D K, WADDINGTON J M, et al, 2011. Interactive effects of vegetation, soil moisture and bulk density on depth of burning of thick organic soils [J]. International Journal of Wildland Fire, 20 (3)：418 - 429.

BRADSTOCK R A, BEDWARD M, COHN J S, 2006. The modelled effects of differing fire management strategies on the conifer Callitris verrucosa within semi - arid mallee vegetation in Australia [J]. Journal of Applied Ecology, 43(2)：281 - 292.

COUNTRYMAN C M, 2004. The Concept of fire environment [J]. Fire Management Today, 64(1)：49 - 52.

DAVIES G M, GRAY A, REIN G, et al, 2013. Peat consumption and carbon loss due to smouldering wildfire in a temperate peatland [J]. Forest Ecology and Management, 308：169 - 177.

ELLISON D, MORRIS C E, LOCATELLI B, et al, 2017. Trees, forests and water: Cool insights for a hot world [J]. Global Environmental Change, 43：51 - 61.

MOUILLOT F, RAMBAL S, JOFFRE R, 2002. Simulating climate change impacts on fire frequency and vegetation dynamics in a Mediterranean-type ecosystem [J]. Global Change Biology, 8(5)：423 - 437.

GARDNER T A, BARLOW J, CHAZDON R, et al, 2009. Prospects for tropical forest biodiversity in a human - modified world [J]. Ecology Letters, 12：561 - 582.

MORITZ M A, ODION D C, 2005. Examining the strength and possible causes of the relationship between fire history and sudden oak death [J]. Oecologia, 144：106 - 114.

OTTMAR R D, SANDBERG D V, RICCARDI C L, et al, 2007. An overview of the fuel characteristic classification system - quantifying, classifying, and creating fuelbeds for resource planning [J]. Canadian Journal of Forest Research, 37(12)：2383 - 2393.

PAGE S E, SIEGERT F, RIELEY J O, et al, 2002. The amount of carbon released from peat and forest fires in Indonesia during 1997 [J]. Nature, 420 (6911)：61.

GLEASON P, 2004. LCES - a key to safety in the wildland fire environment [J]. Fire Management Today, 64 (1)：70 - 71.

REARDON J, CURCIO G, BARTLETTE R, 2009. Soil moisture dynamics and smoldering combustion limits of pocosin soils in North Carolina, USA [J]. International Journal of Wildland Fire, 18 (3)：326 - 335.

REIN G, CLEAVER N, ASHTON C, et al, 2008. The severity of smouldering peat fires and damage to the forest soil [J]. Catena, 4 (3)：304 - 309.

RICCARDI C L, PRICHARD S J, SANDBERG D V, et al, 2007. Quantifying physical characteristics of wildland fuels using the Fuel Characteristic Classification System [J]. Canadian Journal of Forest Research, 37(12)：2413 - 2420.

ROY D P, BOSCHETTI L, JUSTICE C O, et al, 2008. The collection 5 MODIS burned area product - Global evaluation by comparison with the MODIS active fire product [J]. Remote Sensing of Environment, 112(9): 3690 - 3707.

SANDBERG D V, RICCARDI C L, SCHAAF M D, 2007. Fire potential rating for wildland fuelbeds using the Fuel Characteristic Classification System [J]. Canadian Journal of Forest Research, 37(12): 2456 - 2463.

STUART M, ANDDREW L, SULLIVAN L, et al, 2012. Climate change, fuel and fire behavior in a eucalypt forest [J]. Global Change Biology, 18(10): 3212 - 3219.

Turetsky M R, Kane E S, Harden J W, et al, 2011. Recent acceleration of biomass burning and carbon losses in Alaskan forests and peatlands [J]. Nature Geoscience, 4 (1): 27 - 31.

WATTS A C, 2013. Organic soil combustion in cypress swamps: moisture effects and landscape implications for carbon release [J]. Forest Ecology and Management, 294: 178 - 187.

WHEELER T, VON B J, 2013. Climate Change Impacts on Global Food Security [J]. Science, 341(6145): 508 - 513.

WILLIAMS J, 2004. A changing fire environment: The task ahead [J]. Fire Management Today, 64 (4): 7 - 11.